数字经济赋能食品安全现代化的
理论逻辑与实践探索

Theoretical Logic and Practical Exploration of
Digital Economy Empowering Food Safety Modernization

张　蓓　马如秋　朱吉婵　著

中国农业出版社

北　京

图书在版编目（CIP）数据

数字经济赋能食品安全现代化的理论逻辑与实践探索/
张蓓，马如秋，朱吉婵著 . —北京：中国农业出版社，
2024.9
　　ISBN 978-7-109-31975-2

　　Ⅰ. ①数⋯　Ⅱ. ①张⋯②马⋯③朱⋯　Ⅲ. ①食品安
全－研究－中国　Ⅳ. ①TS201. 6

中国国家版本馆 CIP 数据核字（2024）第 101482 号

数字经济赋能食品安全现代化的理论逻辑与实践探索
SHUZI JINGJI FUNENG SHIPIN ANQUAN XIANDAIHUA DE
LILUN LUOJI YU SHIJIAN TANSUO

中国农业出版社出版
地址：北京市朝阳区麦子店街 18 号楼
邮编：100125
责任编辑：闫保荣
版式设计：小荷博睿　　责任校对：吴丽婷
印刷：北京印刷集团有限责任公司
版次：2024 年 9 月第 1 版
印次：2024 年 9 月北京第 1 次印刷
发行：新华书店北京发行所
开本：700mm×1000mm　1/16
印张：17.25
字数：300 千字
定价：78.00 元

本书受华南农业大学经济管理学院高水平学科建设经费、国家自然科学基金面上项目"消费者食品安全风险响应与引导机制研究：以跨境电商为例"（72273046）、国家自然科学基金面上项目"生鲜电商平台产品质量安全风险社会共治研究"（71873046）和国家自然科学基金青年项目"农产品伤害危机责任归因与消费者逆向行为形成机理研究"（71503085）资助出版，在此表示衷心感谢。

前　　言

　　食品安全是关乎全球和谐稳定的重大战略问题。党的二十大报告提出以中国式现代化全面推进中华民族伟大复兴，强调中国式现代化是人口规模巨大的现代化，是全体人民共同富裕的现代化，是物质文明和精神文明相协调的现代化，是人与自然和谐共生的现代化，是走和平发展道路的现代化。食品安全是构建"大食物观"供给体系、实施乡村振兴战略、助力膳食结构优化、推进生态文明建设及促进世界繁荣兴盛的重要基点。我国始终将保障食品安全作为治国理政的头等大事，并取得了瞩目的成就。在食品安全战略不断推进的背景下，将食品安全纳入中国式现代化范畴，是对中国式现代化这个时代命题的理论探索和实践创新。食品安全现代化强调政府、企业、媒体和消费者等食品安全多元主体通过源头优化供给、产业联动发展、食安素养提升等方式，构建"多方参与、社会共治、绿色和谐"的食品安全格局。食品安全现代化是中国式现代化的重要基础，也是我国驱动食品产业高质量发展、提升人民群众幸福感和获得感、迈进全面建设社会主义现代化国家新征程的必然举措。由此，实现中国食品安全现代化，必须立足中国独特的国情、农情和食情，着力构建食品安全现代化供给体系、打造食品安全现代化产业链条、培育食品安全现代化健康素养、促进食品安全现代化生态治理以及探索食品安全现代化互惠格局。

　　人工智能、区块链等新型信息技术蓬勃发展催生了数字经济浪潮。农业农村部数据表明，2020年我国农业生产信息化水平为22.5%。商务部数据显示，2022年全国农产品网络零售额达5 313.8亿元，同比增长

9.2%。数字经济驱动食品产业向信息化、规模化方向发展。以数字平台为主要载体，以数字技术为核心驱动力，以数字新模式、数字新业态等为表现形式的数字经济，具有高创新性、强渗透性、广覆盖性等特征，能够推动我国食品产业链条和经营模式现代化转型。数字经济背景下，我国食品安全迎来品类研发创新、产业联动融合、消费理念重构等时代机遇，也面临源头风险难识别、智慧监管难应用、主体素养难提升等巨大挑战。2021年《"十四五"数字经济发展规划》提出"大力提升农业数字化水平"；2023年《数字中国建设整体布局规划》提出"以数字化驱动生产生活和治理方式变革"。中国食品安全现代化既要贯彻"大食物观"回应中国式现代化的深刻诉求，又要运用数字经济开展全过程、全环节赋能。数字经济推动食品安全现代化过程中，催生了跨境电商平台、数字餐饮服务等食品产业新业态。据海关统计调查显示，2022年我国跨境电商进出口额度达2.11万亿元，同比增长9.8%。其中，进口数额达0.56万亿元，同比增长4.9%，进口食品生鲜占14.7%。数字经济为食品安全现代化提供了新内涵和新思路。

数字经济为我国提升食品安全供给质量、提高食品安全消费素养、推进食品安全绿色发展提供了强大动力和技术支撑。党和国家高度重视数字经济在赋能食品安全现代化中的重要作用，出台了一系列政策保障我国食品安全现代化稳步推进。在供给端，2023年《质量强国建设纲要》提出"调整优化食品产业布局""开展质量管理数字化赋能行动"，为我国丰富食品供给类型提供坚实基础。在需求端，2021年《关于加快发展外贸新业态新模式的意见》强调"积极支持运用新技术新工具赋能外贸发展。推广数字智能技术应用"，有效推动食品产业转型升级、满足消费者膳食营养需求。在监管端，2022年《"十四五"国民健康规划的通知》出台，明确应"持续完善国民健康政策，强化食品安全管理"，为我国优化食品安全监管方式提供实践依据。从供给端、需求端、流通端、监管端等多角度探索数字经济赋能食品安全现代化实现路径，是驱动消费者膳食营养健康转型、助力食品产业高质量发展、践行"大食物观"食品安全战略的重要保障之一。在全球食品供应链日益延长、利益相关主体日益增多，我国居民消费水平不断提升、膳食营养需求转型升级的背景下，消费对于食品品种类型、营养成分和质量安全程度等产生更高的要求和标准，我国食品安全现代化供需环境日趋复杂，食品产业面临生产资源约束、跨境流通断链、风险全球传播等危机，凸显资源要素开发不足、智慧物流建设滞后、风险预警机制缺失等困难，且食品优质供给难革新、冷链流通难推广、营养需求难转型、生态场景难搭建、智慧监管难应用等关键问题更加突出。由此，本书着力厘清数字经济赋能食品安全现代化的理论逻辑和实践探索。

在数字经济蓬勃发展、新零售新电商快速普及、人民营养健康需求显著提升的背景下，必须遵循"大食物观"发展理念，保障食品安全有序、有效发展，让人民吃得饱、吃得好。由此，如何有效构建数字经济赋能食品安全现代化的演进逻辑和理论框架，并在借鉴数字经济赋能食品安全现代化的国际和国内经验基础上，辨析数字经济赋能食品安全现代化面临的窘境与关键症结，进一步从食品安全现代化供给、食品安全现代化需求、食品安全现代化流通、食品安全现代化场景和食品安全现代化监管角度出发，明晰数字经济赋能食品安全现代化的实践视角与多维探索，并明确数字经济赋能食品安全现代化的未来愿景与支撑保障，是一个迫切需要展开研究的课题。基于此，本书遵循数字经济赋能食品安全现代化"演进逻辑与理论框架-面临窘境与关键症结-实践视角与多维探索-未来愿景与支撑保障"的研究线索，探究数字经济赋能食品安全现代化的理论逻辑与实践探索，为推动我国食品产业高质量发展、满足人民群众美好生活需要、实现中国式现代化提供理论支撑和参考依据。

本书主要研究内容和研究贡献体现在以下方面：首先，明确数字经济赋能食品安全现代化的演进逻辑与理论框架。基于供需理论与制度变迁理论，由"孕育萌芽阶段-调整深化阶段-稳健推进阶段-全面决胜阶段"

四阶段明确中国食品安全现代化的使命与演进。基于赋能理论，从"数字资源赋能、数字组织赋能、数字心理赋能、数字技术赋能及数字文化赋能"五个维度明确数字经济赋能食品安全现代化的逻辑与框架；其次，厘清数字经济赋能食品安全现代化面临的窘境与关键症结。梳理总结国内外地区数字经济赋能食品安全现代化的成功经验，在总结数字经济赋能食品安全现代化成效和挑战的基础上，明确数字经济赋能食品安全现代化的窘境与症结。再次，洞悉数字经济赋能食品安全现代化的实践视角与多维探索，一方面，以预制菜为例，从数字标准体系视角分析数字标准体系与食品安全现代化供给。另一方面，从消费者视角出发，综合运用情境实验、结构方程技术等研究方法，及风险感知理论、解释水平理论、保护动机理论、ABC 理论及精细加工可能性模型等理论，对数字标签质量与食品安全现代化需求、数字信息公开与食品安全现代化流通以及数字信息线索与食品安全现代化场景等展开探究。此外，基于数字治理理论及社会共治理论探究数字餐饮服务与食品安全现代化监管，从而洞悉数字经济赋能食品安全现代化的实践视角与多维探索。最后，基于信息不对称理论、数字治理理论和信息生态系统理论，分析数字信息生态系统与食品安全现代化治理，并明确数字经济赋能食品安全现代化的未来愿景与支撑保障。

（1）明确中国食品安全现代化的使命与演进。首先，从供给端、需求端和监管端三元视角分析中国食品安全现代化的政策背景。其次，明确中国食品安全现代化是积极践行"大食物观"的重要动力，也是满足人民群众美好生活需要的必然要求，更为世界食品安全现代化进程提供实践指引，从而厘清中国食品安全现代化的时代意蕴。最后，基于供需理论和制度变迁理论视角，沿袭食品数量安全、食品卫生安全、食品质量安全和食品营养安全理念演进轨迹，将中国食品安全现代化演进历程划分为孕育萌芽阶段、调整深化阶段、稳健推进阶段及全面决胜阶段等四个阶段，为第三章分析数字经济赋能食品安全现代化的逻辑与框架提供研究背景与依据。

（2）明确数字经济赋能食品安全现代化的逻辑与框架。首先，从赋能理论视角出发，明确数字经济赋能食品安全现代化的理论基础。其次，基于赋能理论资源赋能、组织赋能、心理赋能、技术赋能及文化赋能五个维度，分析数字经济赋能食品安全现代化的理论逻辑框架。最后，从数字资源赋能、数字组织赋能、数字心理赋能、数字技术赋能及数字文化赋能角度出发，通过构建食品安全现代化供给体系、打造食品安全现代化产业链条、培育食品安全现代化健康素养、促进食品安全现代化生态治理及探索食品安全现代化互惠格局，助力满足超大市场规模、实现人民共同富裕、物质精神文明协同、人与自然和谐共生及世界和平发展道路，从而明确数字经济赋能食品安全现代化的过程机理。为第二篇明确数字经济赋能食品安全现代化面临的窘境与关键症结提供研究思路与基础。

（3）明确数字经济赋能食品安全现代化的经验与借鉴。一方面，通过明晰日本、美国、俄罗斯和欧盟等国际地区数字经济赋能食品安全现代化做法，借鉴其在创新资源类型，丰富食品安全多元供给品类；数据精准追溯，打造食品安全智慧流通网络；挖掘市场需求，拓宽食品安全在线销售渠道；部门跨界联动，构筑食品安全云端监管生态等方面的国际经验。另一方面，通过辨明浙江省、江苏省、广东省及四川省等国内地区数字经济赋能食品安全现代化做法，借鉴其在区域特色资源汇集，研发新型食物品类；多元主体联合参与，培育智慧产业集群；膳食营养在线科普，引领健康消费需求；数字技术深度应用，提升生态治理效能等方面的国内经验。为后续厘清数字经济赋能食品安全现代化的成效与挑战、窘境与症结提供研究基础和分析依据。

（4）明确数字经济赋能食品安全现代化的成效与挑战。一方面，从食品种类丰富多元、消费需求转型升级、食安技术创新驱动和治理边界拓展延伸等四个方面阐明数字经济赋能食品安全现代化的重要成效。另一方面，从源头风险识别响应性、食安主体类型多元性、智慧监管应用复杂性及跨界治理场景动态性等四个方面明确数字经济赋能食品安全现代化的现实挑战，从而为第六章进一步厘清数字经济赋能食品安全现代化的窘境与症结提供研究基础与分析依据。

（5）明确数字经济赋能食品安全现代化的窘境与症结。一方面，从数字品控标准建设不足、数字智慧链条衔接不够、数字膳食健康拥护不强、数字治理技术应用不深及数字全球文化交流不多等五个方面出发，阐明食品安全现代化供给难革新、食品安全现代化流通难推广、食品安全现代化需求难转型、食品安全现代化场景难搭建及食品安全现代化监管难应用等数字经济赋能食品安全现代化的关键问题。另一方面，从数字资源要素应用不足、数字组织链条整合不畅、数字健康意识培育不够、数字关键技术研发不力及数字文化价值挖掘不深等五个方面出发，明确制约食品安全现代化供给体系扩容提质、阻碍食品安全现代化流通网络智慧转型、限制食品安全现代化消费素养整体提升、束缚食品安全现代化生态环境绿色和谐及影响食品安全现代化民族精神传承延续等数字经济赋能食品安全现代化的核心症结，从而为第三篇"实践视角与多维探索"提供理论基础与现实依据。

（6）分析数字标准体系与食品安全现代化供给。首先，从数字标准体系和食品安全现代化供给两个角度出发，厘清数字标准体系与食品安全现代化供给的文献综述和理论基础，其次，以预制菜为例，从数字标准体系有待细化、智慧监管标准有待规范、数字营商环境有待加强等三个方面，剖析数字标准体系视角下食品安全现代化供给实践特征。最后，从建立品控数字标准、推广智慧冷链物流、打造产业示范园区、擦亮区域特色品牌及设立数字监管机制等五个方面，提出数字标准体系助推食品安全现代化供给的重要抓手。

（7）分析数字标签质量与食品安全现代化需求。从食品现代化需求视角出发，对数字标签质量对消费者拥护行为影响机制展开探讨。以数字标签内容质量、数字标签展示质量、数字标签规制质量为前因变量，风险感知为中介变量，心理距离为调节变量，消费者拥护行为为结果变量，构建消费者拥护行为研究模型，运用问卷调查法和结构方程技术，揭示消费者拥护行为形成机制，并检验风险感知的中介效应和心理距离的调节效应。研究结果表明，数字标签内容质量、数字标签展示质量、数字标签规制质量对消费者拥护行为均有显著正向影响；数字标签内容质量、数字标签展示质量、数字标签规制质量对风险感知均有显著正向影响。风险感知在数字标签质量与消费者拥护行为关系间起中介效应；心理距离负向调节数字标签内容质量、数字标签展示质量、数字标签规制质量与风险感知的关系。由此提出推广可视化数字标签，提升信息质量水平；推广智能化食品展示，降低风险感知程度；开展多渠道宣传科普，引导消费者拥护；促进个性化精准推荐，拉近网购心理距离等管理启示。

（8）分析数字信息公开与食品安全现代化流通。基于保护动机理论和 ABC 理论，探讨食品安全现代化流通视角下数字信息公开的作用。以跨境电商流通环节为例，通过两组情景实验，构建"风险感知-风险内部响应-风险外部响应"理论框架，明确在跨境电商流通环节食品安全风险情境中数字信息公开在消费者风险感知与风险响应间的调节效应，揭示风险内部响应的深层作用机制。研究结果表明：不同的消费者跨境电商流通环节食品安全风险感知对风险响应具有显著差异，其中，恐惧风险对风险响应中的健康促进影响更大，而未知风险对风险响应中的信息参与影响更大；关乎生命健康安全、危机严重威胁增加个体的健康保护等促进行为，而对危机不确定性引发的未知风险感知导致个体信息参与行为明显增加；风险卷入度、风险责任感分别在风险感知与信息参与、健康促进中发挥中介效应，在风险感知的刺激下，当消费者风险卷入度越高其信息参与强度越大，而消费者风险责任感越高其健康促进可能程度越大；数字信息公开在风险感知对风险内部响应的影响中起调节作用，进而影响风险外部响应。据此，为加强食品安全现代化流通中的数字信息公开，引导消费者形成科学的食品安全风险感知及响应，有效防范化解流通环节食品安全风险，助推数字经济赋能食品安全现代化，提出加强跨境电商流通风险预警，优化风险感知识别应对、培育风险责任主体意识，改进食品卷入心理调适、培育风险责任主体意识，改进食品卷入心理调适、规范跨境电商数字信息公开，严肃舆论信息引导担当等管理启示。

（9）分析数字信息线索与食品安全现代化场景。基于精细加工可能性模型，在以跨境电商为例的食品安全现代化场景下探讨数字食品安全信息线索中心路径变量（信息质量、信息呈现）和边缘路径变量（信息追溯、信息标识）影响消费者溢价支付意愿的内在机理，通过结构方程模型方法实证检验消费者溢价支付意愿形成的内在机理，并探究产品卷入度的中介效应及营养安全意识的调节效应，构建"食品安全信息线索-产品卷入度-溢价支付意愿"的理论框架，在跨境电商场景下开展食品安全信息线索与消费者溢价支付意愿研究。采用结构方程模型研究方法，通过问卷调查采集316份有效样本，揭示数字食品安全信息线索对消费者溢价支付意愿的影响机制，并检验产品卷入的中介效应和营养安全意识的调节效应。研究结果表明：信息质量、信息呈现、信息追溯和信息标识对溢价支付意愿有显著正向影响；产品卷入度在信息质量、信息呈现、信息追溯与信息标识与溢价支付意愿间关系中均有中介效应；营养安全意识在信息呈现、信息追溯与产品卷入度之间发挥正向调节效应。据此，为促进跨境电商数字食品安全信息线索信息化进程，助推跨境电商食品产业健康发展，推动食品安全现代化场景构建提供理论支持与实践经验，提出健全政策法规标准、扩大数字信息应用、完善数字精准推送、构筑跨界联动平台、搭建媒体宣传矩阵等管理启示。

（10）分析数字餐饮服务与食品安全现代化监管。首先，对数字治理理论及社会共治理论展开分析，厘清我国数字餐饮服务与食品安全现代化监管的文献综述和理论基础。其次，一方面通过分析数字餐饮服务食品安全现代化监管的演进过程和发展趋势，明确其研究思路。另一方面通过分析数字餐饮服务食品安全现代化监管的具体类型和数据搜集，明确其数据来源。再次，在分析监管目标和监管效果的基础上，明确数字餐饮服务食品安全现代化监管的实践目标，在明确多方主体、技术支撑和多维应用的基础上，明确数字餐饮服务食品安全现代化监管的具体应用。最后，通过分析数字餐饮服务食品安全现代化监管的关注重点和实践重点，明确其实践特征，通过分析数字餐饮服务食品安全现代化监管的对策建议和优化路径，明确其重要抓手，为推动数字餐饮服务食品产业高质量发展，促进食品安全现代化监管推广普及，进而助力我国食品安全现代化进程提供发展方向。

（11）分析数字信息系统与食品安全现代化治理。首先，基于信息不对称理论和数字治理理论，分析信息不对称视角下的食品安全现代化治理，明确我国食品安全现代化治理存在理念相对落后、要素整合不强、智能应用不够和多方参与不足等现实情境。其次，基于信息生态系统理论提出数字信息生态系统概念，通过明确食品安全现代化治理基础，辨析数字信息主体、数字信息内容、数字信息技术和数字信息环境等食品安全现代化治理要素。再次，从系统理论出发，遵从协同性、最优性、涌现性和调适性等系统特征，归纳食品安全现代化治理原则。最后，通过信息主体数字理念创新、信息内容数字要素聚集、信息技术数字智能驱动和信息环境数字组织互联等均衡协调，提出食品安全现代化治理思路，实现食品安全现代化治理整体化、精准化、敏捷化和协同化，为后续数字经济赋能食品安全现代化的支撑保障和未来愿景提供分析模型和实践依据。

（12）提出数字经济赋能食品安全现代化的未来愿景。通过数字资源要素精准应用、数字产业链条智慧融合、数字食安素养多维培育、数字食安技术研发创新及数字文化价值挖掘传承，从而实现食品安全现代化

"市场高质量供给"、践行食品安全现代化"惠民富民目标"、开创食品安全现代化"营养健康文明"、助力食品安全现代化"绿色生态治理"及推动食品安全现代化"和平互鉴进程",以此提出数字经济赋能食品安全现代化的支撑保障,为实现我国食品安全现代化提供思路。

（13）明确数字经济赋能食品安全现代化的支撑保障。通过强化政策支持引导、推动数字设施革新、践行食安人才培育、加大技术资金投入及开展全球文化交流,进一步整合食品安全现代化资源要素、重塑食品安全现代化产业链条、构筑食品安全现代化知识网络、实现食品安全现代化智慧治理及助力食品安全现代化多方参与,从而明确数字经济赋能食品安全现代化的支撑保障,为实现我国食品安全现代化提供实践思路。

目　　录

绪　论

第一章 研究主题

一、研究背景

食品安全是关乎全球和谐稳定的重大战略问题。党的二十大报告提出以中国式现代化全面推进中华民族伟大复兴，强调中国式现代化是人口规模巨大的现代化，是全体人民共同富裕的现代化，是物质文明和精神文明相协调的现代化，是人与自然和谐共生的现代化，是走和平发展道路的现代化。食品安全是构建"大食物观"供给体系、实施乡村振兴战略、助力膳食结构优化、推进生态文明建设及促进世界繁荣兴盛的重要基点。我国始终将保障食品安全作为治国理政的头等大事，并取得了瞩目的成就。国家市场监督管理总局数据显示，2022年上半年我国食品安全抽检合格率高达97.5％，可见，我国食品安全形势稳定趋好，这为新时代推动食品安全迈向更高水平提供了发展优势。在食品安全战略不断推进的背景下，将食品安全纳入中国式现代化范畴，是对中国式现代化这个时代命题的理论探索和实践创新。食品安全现代化强调政府、企业、媒体和消费者等食品安全多元主体通过源头优化供给、产业联动发展、食安素养提升等方式，构建"多方参与、社会共治、绿色和谐"的食品安全格局。食品安全现代化是中国式现代化的重要基础，也是我国驱动食品产业高质量发展、提升人民群众幸福感和获得感、迈进全面建设社会主义现代化国家新征程的必然举措。由此，实现中国食品安全现代化，必须深入挖掘食品安全与中国式现代化间的联系，立足中国独特的国情、农情和食情，着力构建食品安全现代化供给体系、打造食品安全现代化产业链、培育食品安全现代化健康素养、促进食品安全现代化生态治理以及探索食品安全现代化互惠格局。

人工智能、区块链等新型信息技术蓬勃发展催生了数字经济浪潮。农业农村部数据表明，2020年我国农业生产信息化水平为22.5％。《中国数字经济发展研究报告（2023年）》指出，2022年我国农业数字经济渗透率达10.5％。可见，数字经济能够驱动食品产业向信息化、规模化方向发展。以数字平台为主要载体，以数字技术为核心驱动力，以数字新模式、数字新业态等为表现形式的数字经济，具有高创新性、强渗透性、广覆盖性等特征，能够推动我国食品产业链条和经营模式现代化转型。数字经济背景下，我国食品安全迎来品类研发创新、产业联动融合、消费理念重构等时代机遇，也面临源头风险难识别、智慧监管难应用、主体素养难提升等巨大挑战。2021年《"十四五"数字经济发展规划》提出"大力提升农业数字化水平"；2023年《数字中国建设整体布局规划》提出"以数字化驱动生产生活和治理方式变革"。中国食品安全现代化既要贯彻"大食物观"回应中国式现代化的深刻诉求，又要运用数字经济开展全过程赋能。如京东着力推进数字经济与食品产业相互融合，其开发C2M反向定制系统拓展新型食品多元类型、建设食品数字经济产业园区、开展膳食营养知识在线科普、打造绿色生态循环牧场、参与"国货发光"项目传播饮食文化，展现了数字经济在食品供给方式优化、产业链条融合、消费素养提升和生态绿色发展，并构筑全球食品安全互利互惠格局等方面的优势。数字经济的蓬勃发展为食品安全现代化提供了强大驱动力，也催生了跨境电商平台、数字餐饮服务等食品产业新业态。据海关统计调查显示，2022年我国跨境电商进出口额度达2.11万亿元，其中进口数额达0.56万亿元，进口食品生鲜占14.7%。可见，数字经济为食品安全现代化提供了新内涵和新思路。然而，全球变暖加剧、食品贸易限令、病虫灾害频发等风险叠加共振，在全球食品供应链日益延长、利益相关主体日益增多，我国居民消费水平不断提升、膳食营养需求转型升级的背景下，消费对于食品品种类型、营养成分等因素产生更高要求，我国食品安全现代化供需环境日趋复杂。我国食品产业面临生产资源约束、跨境流通断链、风险全球传播等危机，凸显资源要素开发不足、智慧物流建设滞后、风险预警机制缺失等困难，以及优质供给难革新、冷链流通难推广、营养需求难转型、生态场景难搭建、智慧监管难应用等问题。由此，亟需通过数字经济赋能食品安全现代化。

数字经济为我国提升食品安全供给质量、提高食品安全消费素养、推进食品安全绿色发展提供强大动力和技术支撑。党和国家高度重视数字经济在赋能食品安全现代化中的重要作用。2017年党的十九大报告提出实施食品安全战略和健康中国战略，为我国深入推进食品安全现代化奠定政策基础。随后，我国在供给端、需求端及监管端等均出台相关政策，共同助推食品安全现代化进程。在供给端，2023年《质量强国建设纲要》提出"调整优化食品产业布局，加快产业技术改造升级""开展质量管理数字化赋能行动"，为我国丰富食品供给类型、拓宽食品来源渠道等提供坚实基础。在需求端，2021年《关于加快发展外贸新业态新模式的意见》发布，强调"积极支持运用新技术新工具赋能外贸发展"，有效推动食品产业转型升级、满足消费者膳食营养需求。在监管端，2022年《"十四五"国民健康规划的通知》出台，明确未来应"持续完善国民健康政策"，为我国明确食品安全监管目标、优化食品安全监管方式提供实践依据。可见，从供给端、需求端、流通端、监管端等多角度探索数字经济赋能食品安全现代化实现路径，是驱动消费者膳食营养健康转型、助力食品产业高质量发展、践行"大食物观"食品安全战略的重要保障之一。一方面，数字经济通过拓宽资源利用渠道、促进产业结构优化，提升食品供给质量和效益，为助力食品安全现代化供给、食品安全现代化流通奠定良好基础；另一方面，数字经济能够推进膳食营养科普、助力农业低碳转型，推动消费理念健康化、生态环境绿色化，进而为促进食品安全现代化需求、构建食品安全现代化场景提供内在动力；同时，数字经济通过构建"文化互鉴、贸易互促"的全球食品安全共同体，促进食品安全现代化监管，进而提升世界食品安全水平。由此，本书着力厘清数字经济赋能食品安全现代化的理论逻辑和实践探索。

已有研究主要从数字经济推动食品安全的实施主体、实施客体及实施环境等三个方面展开深入探讨。在实施主体方面，数字经济能够促进食品安全相关各主体多方联动、共同参与，即政府部门通过强化食品标准体系、推动食安信息在线披露等践行智慧监管理念，权威媒体、专家等普及均衡饮食模式，高等院校、科研单位等推进食安技术研发，助力权威主体优化危机治理流程；食品行业协会、第三方检测机构等专业主体应用数字追溯场景、推广食品电子标签等，确保食品安全风险可视可控；家庭农场等生产经营主体，生鲜电商等数字餐饮服务企业或新型经营主体革新食品供应方式、丰富食安营养信息，居民、消费者等社会主体开展云端监督维权，驱动市场主体挖掘产业价值潜力、提高风险响应水平，促进食品安全现代化转型。在实施客体方面，数字经济重构了食品生产方式、消费生活方式和社会交流方式。亟需发挥数字经济在革新食品生产设施、搭建智慧产业园区、辨析消费需求特征、建立信息交流平台等方面的引领作用，拓宽其在科普食品安全知识、打造冷链溯源系统、健全环境监测机制等方面的应用边界，拓展其在数据资源共享、监管主体联动、食安素养培育等方面的赋能路径，打造供应链协同、产业链互融、跨区域合作的食品安全格局，助力我国食品安全向"供给精准、产业关联、主体参与、生态集约、共建共享"的现代化目标迈进。在实施环境方面，我国仍处于食品消费需求多样与供给质量不高现象并存、大产业与弱监管矛盾凸显的关键时期。质量安全、产业安全和营养安全是食品安全现代化的实现基础。亟需立足构建人类命运共同体的时代背景，在世界范围内形成食品安全共治合力，运用数字经济推动食品安全现代化向信息化、融合化、全球化发展。

综上所述，已有研究为深化数字经济推动食品安全现代化的认识提供坚实基础和逻辑起点，但其多从数字经济推动食品安全现代化的单一维度或单个主体出发进行探讨，基于制度变迁理论、赋能理论等理论对数字经济赋能食品安全现代化的理论逻辑和实践探索进行深度解构和整体阐释的研究较少，从我国食品安全基本国情和中国式现代化的内涵出发，对数字经济赋能食品安全现代化的实践探索进行分析和梳理的研究更为少见。在全球经济一体化不断推进、数字技术应用普及、新零售新电商方兴未艾、居民膳食营养水平转型升级的背景下，必须对数字经济赋能食品安全现代化的依据和思路展开深入探究。如何有效构建数字经济赋能食品安全现代化的演进逻辑和理论框架，并在借鉴数字经济赋能食品安全现代化的国际和国内经验基础上，辨析数字经济赋能食品安全现代化面临的窘境与关键症结，进一步从食品安全现代化供给、食品安全现代化需求、食品安全现代化流通、食品安全现代化场景和食品安全现代化监管角度出发，探究数字经济赋能食品安全现代化的实践视角与多维探索，并明确数字经济赋能食品安全现代化的未来愿景与支撑保障，是一个迫切需要展开研究的课题。基于此，本书遵循数字经济赋能食品安全现代化"演进逻辑与理论框架-面临窘境与关键症结-实践视角与多维探索-未来愿景与支撑保障"的研究线索，探究数字经济赋能食品安全现代化的理论逻辑与实践探索，为推动我国食品产业高质量发展、满足人民群众美好生活需要、实现中国式现代化提供理论支撑和参考依据。

二、研究意义

本书研究意义包括理论意义和现实意义两个方面。其中，理论意义包括以下三个方面：

第一，从赋能理论揭示数字经济赋能食品安全现代化的理论逻辑。已有研究为深化数字经济推动食品安全现代化的认识提供坚实基础和逻辑起点，但其多从数字经济推动食品安全现代化的单一维度或单个主体出发进行探讨，基于赋能理论对数字经济赋能食品安全现代化的理论逻辑进行深度解构和整体阐释的研究较少。本书立足数字经济赋能食品安全现代化的理论基础。基于赋能理论，构建数字经济赋能食品安全现代化的逻辑框架，从数字资源赋能、数字组织赋能、数字心理赋能、数字技术赋能及数字文化赋能角度明确数字经济赋能食品安全现代化的过程机理，明晰了数字经济赋能食品安全现代化的逻辑线索。

第二，深化数字经济赋能食品安全现代化理论研究与模型化研究。我国数字经济赋能食品安全现代化涵盖供给、需求、流通、场景、监管等多个视角，以往研究多关注单一视角，采用实证分析的成果相对欠缺。因此，本书综合运用风险感知理论、解释水平理论、保护动机理论、精细加工可能性模型等理论及情境实验、结构方程模型等方法分析数字标准体系与食品安全现代化供给、数字标签质量与食品安全现代化需求、数字信息公开与食品安全现代化流通、数字信息线索与食品安全现代化场景、数字餐饮服务与食品安全现代化监管。本书可推动数字经济赋能食品安全现代化定量化和模型化研究，以实证研究推动数字经济赋能食品安全现代化治理理论进展。

第三，剖析数字信息系统与食品安全现代化治理。现有研究成果大多从治理背景、治理逻辑和治理路径等视角分析食品安全现代化治理思路与对策，较少基于系统整体视角辨析食品安全现代化治理的逻辑规律与治理思路，围绕信息这一数字化治理核心要素出发，探究食品安全现代化治理路径的研究成果更为少见。本书通过信息不对称理论和数字治理理论，分析信息不对称视角下的食品安全现代化治理，在明确食品安全现代化治理基础上辨析数字信息主体、数字信息内容、数字信息技术和数字信息环境等食品安全现代化治理要素。从系统理论出发归纳食品安全现代化治理原则，最终提出数字信息系统视角下食品安全现代化治理思路，一定程度上为数字经济时代下我国食品安全现代化治理创新提供有益的新视角。

本书的现实意义包括以下两个方面：

第一，为加快推进食品安全现代化提供理论依据。数字经济赋能食品安全现代化需明晰其内涵特征、把握其演进逻辑、遵循其治理原则、明确其治理目标，为此，本书基于政策背景与理论背景，明确数字经济赋能食品安全现代化的时代意蕴，构建数字经济赋能食品安全现代化的逻辑框架，在剖析其现实挑战与关键症结的基础上，构建数字经济赋能食品安全现代化供给、需求、流通、场景和监管各视角的分析框架，将数字经济融合性、精准性、创新性等方面的优势纳入中国食品安全现代化进程厘清数字经济赋能中国食品安全现代化的探索路径，为我国助力食品产业高质量发展、推进食品安全战略提供理论依据。

第二，为加快推进我国食品安全现代化提供决策依据和实践思路。我国数字经济赋能食品安全现代化需要强化政策支持引导、推动数字设施革新、践行食安人才培育、加大技术资金投入及开展全球文化交流。本书结合国内外治理经验及我国发展基础，能够洞悉数字经济赋能食品安全现代化供给、需求、流通、场景及监管等各视角的现实挑战，促进数字经济赋能食品安全现代化理论研究的实际应用，为实现具有中国特色的食品安全现代化提供一系列制度设计与政策参考。

三、研究内容

本书综合运用供需理论、数字赋能理论等理论，以及情境实验、结构方程技术等研究方法，深入开展数字经济赋能食品安全现代化研究。首先，明确数字经济赋能食品安全现代化的演进逻辑与理论框架。基于供需理论与制度变迁理论，由"孕育萌芽阶段-调整深化阶段-稳健推进阶段-全面决胜阶段"四阶段明确中国食品安全现代化的使命与演进。基于赋能理论，从"数字资源赋能、数字组织赋能、数字心理赋能、数字技术赋能及数字文化赋能"五个维度明确数字经济赋能食品安全现代化的逻辑与框架。其次，厘清数字经济赋能食品安全现代化面临的窘境与关键症结。梳理总结国内外地区数字经济赋能食品安全现代化成功经验，在总结数字经济赋能食品安全现代化成效和挑战的基础上，明确数字经济赋能食品安全现代化的窘境与症结。再次，洞悉数字经济赋能食品安全现代化的实践视角与多维探索，一方面，以预制菜为例，从数字标准体系视角分析数字标准体系与食品安全现代化供给。另一方面，从消费者视角出发，综合运用情境实验、结构方程技术等研究方法，及风险感知理论、解释水平理论、保护动机理论、ABC 理论及精细加工可能性模型等理论，对数字标签质量与食品安全现代化需求、数字信息公开与食品安全现代化流通以及数字信息线索与食品安全现代化场景等展开探究。此外，基于数字治理理论及社会共治理论探究数字餐饮服务与食品安全现代化监管，从而洞悉数字经济赋能食品安全现代化的实践视角与多维探索。最后，基于信息不对称理论、数字治理理论和信息生态系统理论，分析数字信息生态系统与食品安全现代化治理，并明确数字经济赋能食品安全现代化的未来愿景与支撑保障。本书的技术路线如图 1-1 所示。

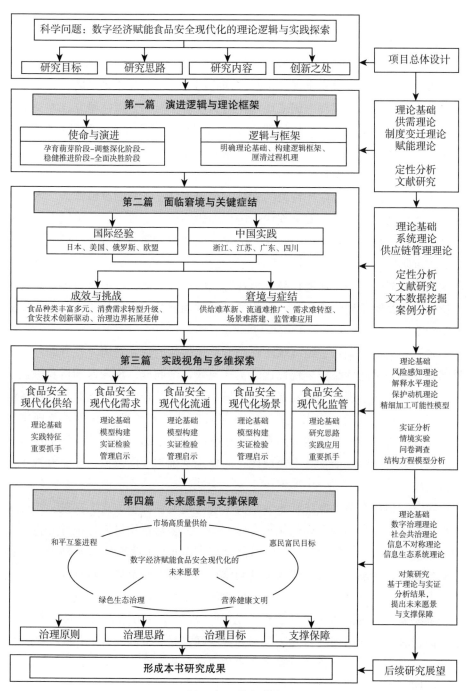

图 1-1　技术路线

四、创新之处

数字经济赋能食品安全现代化对推动我国食品产业高质量发展、满足人民群众美好生活需要、实现中国式现代化尤为重要。然而，以往研究成果关于数字经济背景下食品安全现代化的理论逻辑、实践路径等方面仍待进一步探究。本书拟在上述几方面进行更为全面的、深入的探索性尝试。本书的特色及创新集中体现在以下几方面：

第一，为推进具有中国特色的食品安全现代化提供新的逻辑框架。本书在数字经济蓬勃发展、食品安全现代化进程加快的现实背景下，基于供需理论和制度变迁理论视角，划分中国食品安全现代化"孕育萌芽阶段-调整深化阶段-稳健推进阶段-全面决胜阶段"四阶段演进过程。运用赋能理论，构建充分体现我国国情的数字经济赋能食品安全现代化的逻辑框架。本书努力推动具有中国特色的食品安全现代化研究，为数字经济赋能食品安全现代化研究构建新的逻辑框架。

第二，尝试挖掘数字经济赋能食品安全现代化的现实窘境。一方面，立足我国数字经济赋能食品安全现代化的实际成效，全面地、深入地剖析我国数字经济赋能食品安全现代化的发展基础；另一方面，综合研究我国数字经济赋能食品安全现代化供给、需求、流通、场景及监管等视角的运作规律及现实挑战，厘清推进数字经济赋能食品安全现代化的核心症结。本书从系统整体视角揭示我国数字经济赋能食品安全现代化的理论基础与现实依据，在研究视角上努力突破。

第三，尝试在数字经济赋能食品安全现代化实证分析方法上突破。当前关于数字经济赋能食品安全现代化相关研究中，大多数运用描述性统计分析、案例分析等方法。本书针对数字经济赋能食品安全现代化营养需求难转型、冷链流通难推广、生态场景难搭建等关键问题。构建数字标签质量与食品安全现代化需求、数字信息公开与食品安全现代化流通、数字信息线索与食品安全现代化场景模型，运用情境实验法、结构方程分析等实证方法，尝试性地将心理学、消费者行为学的理论和方法应用到数字经济赋能食品安全现代化实践探索研究中，在数字经济赋能食品安全现代化实证分析方法上取得突破。

第四，探讨数字经济赋能食品安全现代化的未来愿景与支撑保障，为加快食品安全现代化进程献计献策。本书基于理论和实证分析结果，展望未来数字经济赋能食品安全现代化将实现市场高质量供给、惠民富民目标、营养健康文明、绿色生态治理和和平互鉴进程的美好愿景,明确通过强化政策支持引导、推动数字设施革新、践行食安人才培育、加大技术资金投入及开展全球文化交流为数字经济赋能食品安全现代化提供支撑保障。本书努力为政府、企业、消费者、媒体等相关主体共同参与数字经济赋能食品安全现代化,推动食品安全现代化进程提供新的理论依据与决策参考。

五、本章小结

本章明确本书研究主题及思路。首先阐明本书的研究背景及研究意义。一方面,基于数字经济蓬勃发展、新零售新电商快速普及、人民营养健康需求显著提升的研究背景,提出数字经济赋能食品安全现代化的科学问题;另一方面,阐明从赋能理论揭示数字经济赋能食品安全现代化的理论逻辑、深化数字经济赋能食品安全现代化理论研究与模型化研究、剖析数字信息系统与食品安全现代化治理等理论意义,以及为加快推进食品安全现代化提供理论依据、为加快推进我国食品安全现代化提供决策依据和实践思路的现实意义。其次明确本书研究内容和创新之处。在研究内容方面,第一篇"演进逻辑与理论框架",基于赋能理论等明确数字经济赋能食品安全现代化的逻辑与框架;第二篇"面临窘境与关键症结",在总结数字经济赋能食品安全现代化成效和挑战的基础上明确其窘境与症结;第三篇"实践视角与多维探索",基于风险感知理论等,从食品安全现代化供给、需求、流通、场景、监管等角度厘清数字经济赋能食品安全现代化的实践探索;第四篇"未来愿景与支撑保障",基于数字治理理论等明确数字经济赋能食品安全现代化的未来愿景与支撑保障。在创新之处方面,本书为推进具有中国特色的食品安全现代化提供新的逻辑框架;尝试挖掘数字经济赋能食品安全现代化的现实窘境;尝试在数字经济赋能食品安全现代化实证分析方法上突破;探讨数字经济赋能食品安全现代化的未来愿景与支撑保障,为加快食品安全现代化进程献计献策。本章为后续开展数字经济赋能食品安全现代化研究提供了具体思路。

第一篇 >>>

演进逻辑与理论框架

第二章 中国食品安全现代化：使命与演进

一、中国食品安全现代化的政策背景

食品安全现代化关乎全球经济繁荣发展、社会和谐稳定及居民身体健康和生命安全。中国食品安全现代化既有全球食品产业朝工业化、信息化和科技化发展过程中的普遍性和规律性，又有我国大国小农明显、地域发展不均及农耕文明深厚等背景下的复杂性和特殊性（胡新艳等，2023；于安龙，2023）。数字经济蓬勃发展、新零售新电商迅猛普及、消费者膳食营养转型的现实情境，更凸显中国食品安全现代化的必要性和迫切性，亟需明确中国食品安全现代化的政策背景，为明确中国食品安全现代化的时代意蕴和演进历程提供政策依据。

我国高度重视食品安全现代化发展，出台了一系列政策保障我国食品安全朝现代化方向稳步迈进。2017 年党的十九大报告提出实施食品安全战略和健康中国战略，为我国深入推进食品安全现代化奠定政策基础。随后，我国在供给端、需求端及监管端等均出台相关政策，共同助推食品安全现代化进程。在供给端，2022 年习近平总书记在政协农业界、社会福利和社会保障界委员联组会上提出树立"大食物观"，即基于人民群众日益多元的食物消费需求，掌握人民群众食物结构变化趋势，在保护生态环境基础上，深入挖掘动物、植物、微生物等生物种质资源和森林、海洋食物资源，开发丰富多样的食物品种，保障肉类、蔬菜、水果、水产品等各类食物高质量供给。为我国深化农业供给侧结构性改革，保障人民群众吃得丰富、吃得安全、吃得营养，进而实现食品安全现代化提供发展方向。在此基础上，同年《扩大内需战略规划纲要（2022—2035 年）》提出增加健康、营养食品供给；《"十四五"生物经济发展规划》提出研发"人造蛋白"等新型食品。2023 年《质量强国建设纲要》提出"调整优化食品产业布局，加快产业技术改造升级""开展质量管理数字化赋能行动"，为我国丰富食品供给类型、拓宽食品来源渠道等提供坚实基础。在需求端，2021年《第十四个五年规划和2035年远景目标纲要》提出"鼓励商贸流通业态与模式创新，推进数字化智能化改造和跨界融合，线上线下全渠道满足消费需求"。同年《关于加快发展外贸新业态新模式的意见》发布，强调"积极支持运用新技术新工具赋能外贸发展。推广数字智能技术应用""提高海外仓数字化、智能化水平""带动国内品牌、双创产品拓展国际市场空间"，有效推动食品产业转型升级、满足消费者膳食营养需求。在监管端，2021年《第十四个五年规划和2023年远景目标纲要》提出"改进食品安全监管制度，完善食品安全法律法规和标准体系""以数字化助推治理模式创新"；2022年《国务院关于印发"十四五"数字经济发展规划的通知》提出"增强政府数字化治理能力""提升系统性风险防范水平"。2022年《"十四五"国民健康规划的通知》出台，明确未来应"持续完善国民健康政策，强化食品安全管理"，为我国明确食品安全监管目标、优化食品安全监管方式提供实践依据。

可见，中国食品安全现代化已有坚实的政策基础和良好的政策环境，为驱动消费者膳食营养健康转型、助力食品产业高质量发展、践行"大食物观"食品安全战略，进而提升人民群众幸福感和获得感提供良好政策依据。

二、中国食品安全现代化的时代意蕴

中国食品安全现代化是积极践行"大食物观"的重要动力，也是满足人民群众美好生活需要的必然要求，更为世界食品安全现代化进程提供实践指引，其创造性地丰富和发展了食品安全现代化的理论内涵，更丰富了立足中国情境下的实践经验，为世界各国从具体现实国情和食情出发，探索多层次、多元化的食品安全现代化发展道路提供中国方案和中国经验。

（一）中国食品安全现代化是积极践行"大食物观"的重要动力

党的二十大报告明确指出，实现高质量发展在于将"实施扩大内需战略同深化供给侧结构性改革有机结合"，并"提升产业链供应链韧性和安全水平"。积极践行"大食物观"食品安全战略，是驱动食品产业高质量发展、促进三产融合联动发展、实现联农带农共同富裕等的题中要义。中国食品安全现代化是积极践行"大食物观"的重要动力（孔祥智和何欣玮，2023）。具体来说，中国是传统农业大国，食品产业规模庞大、影响范围广、经营企业数量多（周芸帆和邓淑华，2023），但仍然存在生态环境资源有限、产业基础设施薄弱、风险控制能力不高等问题（陈锡文，2023；何秀荣，2023；张婷，2023），究其原因，主要是由于食品供给资源开发不足、冷链流通网络建设不足、智慧监管系统应用不够等（Likar 和 Jevšnik，2006；Fan，2019；Chen 等，2020）。食品安全关乎人民群众身体健康和生命安全，可见，在食品安全现代化作为一个复合目标，在其推进的过程中，如何处理好大产业与小农户之间的关系、处理好安全供给与多元化供应之间的关系、处理好区域联动与均衡发展之间的关系，是亟需关注的重点（韩保江和孙生阳，2023；耿鹏鹏和罗必良，2023；丁声俊，2023）。中国食品安全现代化是积极践行"大食物观"食品安全战略的理论前提与现实基础，我国能否顺利实现食品安全现代化，决定着"大食物观"食品安全战略的实施效率和效果（周立，2023；程国强，2023）。在深入推进"大食物观"食品安全战略的过程中，亟需将实现中国食品安全现代化作为一个前瞻性的战略问题放在更为突出的位置。

（二）中国食品安全现代化是满足人民群众美好生活需要的必然要求

顺利推进中国食品安全现代化，必须深刻把握和明确我国食品安全领域存在的主要矛盾，以满足人民群众美好生活需要为目标，开展一系列探索。当前，我国居民消费水平不断提升、膳食健康需求迫切，然而食物资源开发、供给和流通等有待进一步优化，居民膳食营养健康仍存在一定隐患（Nordhagen等，2022；王宣珂和高海伟，2023）。首先，安全、优质食品供求结构失衡（朱天义和黄慧晶，2022），有机食品、绿色食品等有效供给能力不足、市场售价偏高（Zhao 等，2020），2022 年上海市浦东新区消保委市场调查数据显示，"不含沙门氏菌"的可生食鸡蛋售价为普通鸡蛋的 3 倍以上。其次，食品市场流通地区不平衡，冷链物流能力有待提升（Qi 等，2014；张喜才，2019）。我国农产品冷链运输率相对偏低，约为发达国家 80%～90%，且果蔬、肉类和水产品冷藏运输率分别仅达 15%、57% 及 69%，因冷链断链问题造成每年约1 200 万吨水果、1.3 亿吨蔬菜浪费。再次，食品安全风险隐患不容忽视，食品假冒伪劣、品牌欺诈等伤害危机屡见不鲜（Griffith，2006）。2022 年 3·15晚会曝光老坛酸菜"土坑"腌制，禹州名特产红薯粉条造假等食品安全事件，严重威胁消费者健康安全。此外，我国消费者食品安全素养仍有待提高，"长期喝牛奶会导致乳腺癌"等数字谣言让居民难辨真假，并诱发焦虑等消极情绪。最后，我国居民膳食营养健康习惯有待引导（Anders 和 Schroeter，2017；Bech-

Larsen 和 Tsalis，2018）。《中国居民营养与慢性病状况报告（2020 年）》数据显示，我国居民膳食脂肪供能比突破 30% 推荐上限，家庭人均每日烹调用盐和用油量仍远高于推荐值。为此，亟需以满足人民群众美好生活需要为导向，优化大食物高质量供给，促进大食物高效率流通，加强大食物数字化追溯，践行大食物社会化交流，着力拓宽消费者食品选择品类，提升消费者膳食营养水平，助推中国食品安全现代化进程。

（三）中国食品安全现代化为世界食品安全现代化进程提供实践指引

中国食品安全现代化融合了中华民族传统文化的内在精髓，其是立足全球经济一体化发展、数字技术深度应用和食品产业转型升级的现实背景（杨少文和熊启泉，2023），通过综合考虑我国现实国情、农情及食情特征，在全面开启建设社会主义现代化国家新征程的历史新站位和新起点的基础上，基于全球现代化背景而提出的食品安全新道路。而西方传统"串联式"食品安全现代化发展方式，是以牺牲人民群众身体健康、影响自然资源环境等为代价的表面繁荣（燕连福和毛丽霞，2023；杜黎明，2023），其虽然提升了食品生产效率、丰富了食品供给数量，并创造了巨大的社会财富，但凸显了资本逐利的本性，一方面不断向自然环境索取物质资源，另一方面放任滥用食品添加剂、农兽药等经营主体不当行为（Wu 等，2018；司林波和裴索亚，2023）。由此，作为一个极其具有中国特色的表达方式，一方面，中国食品安全现代化以"合作共赢"为核心观点，鼓励多方主体共同参与食品安全治理，实现食品安全社会共治和跨界治理，能够营造和谐友好的食品安全社会氛围，促进政府等监管主体食品安全监管朝精准化、智慧化方向发展（Lin，2022；Gao 等，2023）；另一方面，中国食品安全现代化不但汲取了中华传统文化中蕴含的传承食品文化、彰显区域特色等智慧，更弘扬"崇尚节俭，反对浪费""敬畏生命""顺应自然，保护自然"等民族精神，为世界食品安全现代化提供中国道路及中国方案（侯彩霞等，2022）。

三、中国食品安全现代化的演进历程

供需理论强调"供给满足需求、需求支持供给"，供需平衡是使市场中产品供应数量和结构与产品需求数量和结构之间保持平衡（马克思，1975）。食品供需矛盾主要表现为食品供给不能满足需求、食品需求偏离供给等（黄少安，2021）。中国食品安全面临供需总量矛盾、供需结构矛盾和供需质量矛盾等挑战（谢艳乐和祁春节，2021），随着经济高质量发展和消费需求升级，我国食品安全现代化经历由食品总量供应不足转变为优质食品供不应求的演变过程，呈现由食品供给端主导转向需求端主导的逻辑主线（李国胜，2020），食品供需结构失衡、协同与适配驱动着食品安全现代化进程，进而提升食品安全保障能力（罗良文和梁圣蓉，2021）。

制度变迁理论最早由诺斯和托马斯（1973）提出，强调制度结构随时间、环境等因素变化而改变，进而提升资源配置效率，降低不确定性和风险。推进制度变迁的方式包含强制性制度变迁和诱致性制度变迁。其中，强制性制度变迁是国家通过行政权力和立法手段等进行"自上而下"变革性制度变迁；诱致性制度变迁是人们为追求获利机会进行"自下而上"自发性制度变迁（路玉彬等，2018）。制度变迁理论主张从制度形成的历史情境出发，分析制度更迭脉络（胡马琳，2022）。制度变迁理论在探究社会治理变迁轨迹（臧雷振和潘晨雨，2021）、农业现代化进程（计晗等，2021）和农地制度发展路径（徐亚东，2021）等领域得到积极运用。在食品安全领域，制度变迁理论在明确供需结构优化方式（王可山等，2020）、信任危机化解路径（张玉英和谢远涛，2022）和食安政策运行机制（刘鹏和张伊静，2020）等方面得到广泛应用。基于制度变迁视角，我国食品安全现代化进程是在食品供需矛盾变化下政府强制指令与市场自发改变共生演化的过程。由此，制度变迁理论可以为我国食品安全现代化研究提供逻辑脉络和理论支撑。

供需理论和制度变迁理论能够为辨析我国食品安全现代化演进历程提供研究视角。由此，本章基于供需矛盾特征和制度变迁方式，沿袭食品数量安全、食品卫生安全、食品质量安全和食品营养安全理念演进轨迹，将我国食品安全现代化的奋斗历程分为四阶段，为提升我国促进食品产业高质量发展、探索食品安全现代化实践路径提供理论视角和实践依据。

（一）孕育萌芽阶段（1949—1977 年）：**单一需求与有限性供给下的"数量安全观"**

从新中国成立到改革开放前期，计划经济体制下解决人民群众温饱需求与食品供给短缺间的矛盾成为当时食品安全发展的首要任务。中央和地方各级政府通过强制性制度变迁对食品生产经营进行严格管制，推行"数量安全观"保障食品基本供应，优化农产品生产方式并提升食品数量安全水平。

在供需矛盾特征方面，新中国成立初期我国自然灾害频繁、经济发展缓慢、食品生产能力有限，食品安全供需矛盾主要表现为单一需求与有限性供给间的矛盾。1949 年我国粮食产量为 11 318.4 万吨，粮食人均占有量仅为 208.9 千克，远低于国际粮食安全线规定的 400 千克（何可和宋洪远，2021）。新中国成立初期私营粮工商业占据市场主导地位，部分私人粮商囤积居奇，掀起粮食涨价风波，如上海市四次粮价严重波动引发全国粮价大幅上涨，粮食供给面临困难（武舜臣和王金秋，2017）。20 世纪 50 年代的"大跃进"和随后的三年困难时期严重影响农业生产水平，我国粮食产量骤降，农副产品供不应求等问题极为明显，1961 年我国粮食产量为 13 650.9 万吨，仅为 1958 年的 69.1%。1966—1976 年"文化大革命"制约了农业生产力发展，人民生活水平低下、食品需求单一，我国淡水产品产量仅从 92.0 万吨增至 106.0 万吨，人均水果产量仅从 4.5 千克增至 5.9 千克。可见，此阶段食品需求端主要由供给端决定，食品消费品类、消费数量少及消费需求单一。

在制度变迁方式方面，为化解食品数量安全危机，我国实行以政府为主的指令性计划生产方式，通过强制性制度变迁保障食品数量安全。1950 年《土地改革法》实行土地改革制度，通过"耕者有其田"释放农业生产力，同年卫生部下设药品食品检验所。1953 年《关于实行粮食的计划收购与计划供应的决议》推行"统购统销"制度，优化粮食供应方式（林光彬和郑川，2018）；同年《清凉饮食物管理暂行办法》发布、国务院批准在全国设立食品卫生防疫站，共同推进食品卫生监察工作。1955 年政府实行"定产、定购、定销"制度缓解粮食供需矛盾。1956 年我国基本完成社会主义改造，政企合一体制下农业部等部门逐渐承担主管企业的食品安全监管责任。1958 年中央提出"以粮为纲"口号，将保障食品稳定供应作为第一要务，并强制以种植粮食为主发展农业生产。三年困难时期国家采取增加产粮投入、提价减量征购等政策应对粮食供应困境（高鸣和姚志，2022）。1965 年《食品卫生管理试行条例》确立卫生部食品安全管理的主导地位，但正式的食品安全制度仍然缺失，政府仅通过"指令＋管控"约束企业经营行为，企业缺少提升食品产量的动力，我国食品安全制度展现浓重的计划经济色彩。随后的"文化大革命"使我国食品安全管理工作几乎停滞，政府亟需建立更为健全的食品安全制度。可见，此阶段确保食品充足供给的现实要求驱使我国建立食品安全制度保障食品数量安全，这是计划经济背景下食品安全制度选择的必然方向，但企业在政府管制与行政干预的"包裹"下受到制度束缚，严重制约了市场经营活力。

（二）调整深化阶段（1978—2002 年）：增长需求与滞后性供给下的"卫生安全观"

从改革开放初期到 21 世纪初，我国经济高速发展，在由计划经济向市场经济改革的背景下，解决食品增长需求与滞后性供给间的矛盾是驱动食品安全现代化进程的重要因素。我国通过诱致性制度变迁调整食品生产经营方式，推行食品"卫生安全观"保障食品安全。

在供需矛盾特征方面，此阶段我国推进经济体制改革，人民生活水平大幅提升。食品安全供需矛盾主要表现为增长需求与滞后性供给之间的矛盾。1978—2002 年中国粮食产量从 30 476.5 万吨增至 45 705.8 万吨，粮食产量稳定增长。1981—2002 年城镇居民人均食品消费支出由 258.8 元增至 2 271.8 元（王恩胡和李录堂，2007），食品消费需求得到释放。从消费结构看，此阶段我国居民肉类、蛋类等消费数量迅速增加。1978—2002 年农村居民人均粮食消费量从 248.0 千克降至 236.5 千克，人均食油、肉禽及制品、蛋及制品消费量分别从 2.0 千克、6.0 千克和 0.8 千克增至 7.5 千克、18.6 千克和 4.7 千克。但由于食品生产规范、加工方式迥异，食物中毒、食品污染等卫生问题频现，如 1988 年上海因食用毛蚶引致的甲肝发病数量超 29 万例。此外，食品供应滞后、物价不断上涨等窘境凸显，20 世纪 90 年代我国才实现粮食供需基本持平，国家统计局开始统计城镇居民奶产品消费量，直至 21 世纪才将奶类、水果类消费纳入农村居民消费统计，2002 年农村居民人均奶及制品、水果及制品消费量分别为 1.2 千克和 18.8 千克。可见，此阶段我国食品供给端仍然占主导地位，但因食品供给类型有限、供应规范不一，食品消费水平较低、食品卫生问题较为突出。

在制度变迁方式方面，1978 年我国实行改革开放并加强经济建设。但现行"统购统销"制度难以发挥食品消费的主体性和生产积极性，只能通过供需矛盾诱致食品安全制度变革。受农民自发包产到户提升粮食生产力影响，我国相继实施家庭联产承包责任制、农产品价格改革等制度保障食品供给。1979 年《食品卫生管理条例》规定食品卫生监管对象仅包括全民和集体所有制企业，许多食品经营者因此游离于制度之外，而经营管理权的下放使以获利为导向的食品私营企业、个体经营者等主体大量涌现，并与国营食品企业展开竞争（胡颖廉，2018）。为提升食品安全制度的约束力，1982 年《食品卫生法（试行）》完善了食品市场准入和责任认定机制，但受当时基层政府为发展经济而对当地食品企业监管不严的影响，一定程度上降低了该法律的施行效力。1985年价格双轨制替代统购统销制度并提升市场灵活性，随后食品消费需求增长和农贸市场等经营主体发展助推食品产业化进程，"公司＋农户"等新型经营模式不断涌现。1988年农业部实行"菜篮子"工程缓解肉、蛋、菜等食品供应短缺，1992年党的十四大开启社会主义市场经济改革，政府与食品企业间由隶属关系向契约关系转变，促进食品生产要素突破地缘限制和资源壁垒跨域流动，极大提升了市场效率，原有计划经济体制下的食品安全制度逻辑难以为继。1995年《食品卫生法》成为我国首部较完整的食品安全法规标准，并强调第三方监督机构的重要性，填补了现行食品安全管理中的制度空白。1999—2002年我国开始扶持农业龙头企业、实行农改超计划等，促进食品市场"实现高产优质并重"。可见，此阶段食品安全现代化进程是在食品供需矛盾下为保障食品卫生安全开展的诱致性制度变迁，政府与市场间的互动与博弈成为促进食品安全制度调适的重要因素，市场经济的引入催生更为健全的食品安全制度，我国食品安全专项治理依旧缺乏，食品安全制度变迁仍然需要国家力量的推动。

（三）稳健推进阶段（2003—2012年）：动态需求与扩张性供给下的"质量安全观"

进入21世纪，我国持续推进市场经济体制改革，解决食品动态化需求与扩张性供给间的矛盾成为食品安全现代化过程的关键。我国实行强制性制度变迁保障食品供需平衡，推进"质量安全观"促进食品产业可持续发展。

在供需矛盾特征方面，此阶段我国粮食产量实现九连增，食品数量供需矛盾得到极大缓解。2003年非典期间食品流通渠道受阻导致食品腐败、滞销，农产品经营体系亟待优化。随着城镇化水平提升和消费者健康意识增强，食品高质量消费类型、便捷性消费方式等需求增加，连锁超市、生鲜平台等新兴经营主体备受青睐，低温保鲜技术、射频识别技术等食安技术应用创新，进口食品、有机食品、无公害食品等中高端食品领域迅速发展，食品消费结构由"粮菜型"向"粮菜肉奶果型"动态转变，净菜、鲜切菜等食品品类借助新型物流体系大量供应。我国鼓励农业育种创新丰富食品供给，如2004—2012年"三品一标"农产品认证个数由460个增至1 667个，增幅高达262％。但现存监管资源难以覆盖迅速扩大的食品市场，我国进入食品安全风险隐患高发期，经营主体掺假、农兽药残留等食品安全风险叠加共振，严重危害居民身心健康，如 2008 年三鹿奶粉事件引发消费者食品安全信任危机。2012 年我国化肥使用量达 5 838.9 万吨，为该阶段峰值。可见，此阶段食品需求端占主导地位，食品消费结构动态优化推动食品供应总量迅速增多，但经营主体参差不齐、政府规制能力不足等导致食品领域市场失灵和政府失灵并存，食品安全风险事件频发，亟需对食品质量安全问题展开治理。

在制度变迁方式方面，此阶段我国食品市场逐步壮大、产业链条拓展延伸，政府着力夯实食品产业基础，优化食品安全制度设计和规制效率。2003 年国家食品药品监督管理局成立，提升食品安全综合监督能力。2004 年《关于进一步加强食品安全工作的决定》实行"分段监管为主、品种监管为辅"提升监管效率，并加快建设食品安全执法队伍和信用体系、实施"三绿工程"等，为保障食品质量安全奠定制度基础。在严峻的食品安全风险形势背景下，2006 年《农产品质量安全法》对农产品质量标准、产地信息、监督检查等做出明确规定。2008 年国务院机构改革赋予卫生部门在食品安全风险预警、机构认定、信息发布等方面的职能，并将省级以下垂直管理变为地方政府属地管理，这一制度调整激发了基层政府助力食品安全现代化的动力，各地开始严控食品质量安全。为保证食品安全制度与产业发展阶段相适应，2009 年《食品安全法》对食品添加剂管理、进出口检疫等进行了再次细化，为食品市场稳健发展提供制度保障。然而人民日益增长、动态变化的食品消费需求与食品供给中"大产业、弱监管"的现实窘境间的多重矛盾仍然存在（吴林海等，2022），为保证食品安全政策目标高效落实 2010 年设立国务院食品安全委员会。2012 年党的十八大强调统一食品安全监督执法，提升整体食品安全监管力度。可见，此阶段我国食品安全制度设计与安排必须考虑食品安全产业基础与市场需求的具体形势与变化特征，并进行相应调整，我国依赖国家意志推进强制性制度变迁，在由分散监管向集中监管迈进的过程中寻找治理食品质量安全问题的最优解，促进食品产业稳定发展。

（四）全面决胜阶段（2013 年至现在）：个性需求与多元化供给下的"营养安全观"

2013 年以来我国现代化进程加快，经济发展水平稳健提升，食品个性需求与多元化供给间的矛盾成为食品安全现代化进程中的关键问题。我国通过诱致性制度变迁促进人民群众美好生活需求和食品领域优质供给相匹配，推行食品"营养安全观"保障食品安全，促进食品产业高质量发展。

在供需矛盾特征方面，这一阶段我国经济进入新常态，新零售新电商、数字经济等迅猛发展，居民消费水平转型升级，食品产业发展方式逐渐由扩张型转向集约型，并着力保障居民营养需求、丰富食品供给类型。食品安全供需矛盾表现为个性需求与多元化供给之间的矛盾。"低脂减糖少盐"等消费理念盛行，跨境电商、直播带货等新型经营方式及元宇宙、大数据等新兴数字技术革新食品消费环境，消费者定制化、便捷化的个性需求特征更明显，也更偏好膳食均衡的饮食模式和绿色环保的消费方式。2013—2021年居民食用油消费量由12.7千克降至10.8千克；优质蛋白、脂肪摄入稳步提升，禽类、坚果类食品消费量分别由6.4千克及3.0千克增至12.3千克及4.1千克；绿色食品市场迅速扩大，其销售额由3 625亿元增至5 219亿元。同时冷链物流、无人配送等前沿技术提升食品供应效率，预制菜等方便食品、植物基等未来食品推广普及，食品供应品类更为多元。然而，我国居民油盐、红肉摄入仍然过量，鱼禽类、全谷物等摄入不足，且受到西式快餐等饮食文化冲击，超重肥胖、隐性饥饿等难题接踵而至，《中国居民营养与慢性病状况报告（2020年）》显示，成年居民及6～17岁儿童超重肥胖率分别为50.7%和19.0%，成年人糖尿病、高胆固醇血症患病率分别为11.9%和8.2%。可见，此阶段食品消费需求端占主导地位，但食品个性化的消费方式与品类丰富的供应特征导致健康食品备受青睐与三高食品大量购买并存，食品营养安全问题成为促进食品安全现代化进程的关键。

在制度变迁方式方面，2013年时任国务院副总理汪洋提出食品安全社会共治，为食品安全现代化进程奠定基调。消费升级背景下新兴消费需求驱动市场优化产品供给、保障营养安全，食品企业、媒体、第三方机构、行业协会和公众等社会力量逐渐壮大，激烈的市场竞争推动食品安全现代化模式创新，诱致性制度变迁再次占据主导地位。政府在该阶段起协同作用，2015年《食品安全法》修订通过，创新食品安全行政监管手段和社会监督方式，同年党中央将"健康中国"上升为国家战略，着力建立科学的食品安全现代化体系。食品安全制度理念由"监管"向"治理"转变标志着政府突破原有"单打独斗"的制度逻辑，重构食品安全多方主体的职能职责及角色关系，延伸食品安全制度末梢。2017年党的十九大强调实施食品安全战略。2019年《关于深化改革加强食品安全工作的意见》要求生产经营者履责、政府加强监管、公众参与监督，推动食品安全共治共享。2022年《食品安全标准与监测评估"十四五"规划》促进食品营养健康信息深度共享和数据应用。面对居民营养缺乏与过剩并存、膳食健康水平与生活方式有待提升的现状，以及消费者不断增强的营养安全意识，此阶段《国民营养计划（2017—2030 年）》 《健康中国行动(2019—2030 年)》《质量强国建设纲要》等政策密集出台，着力激发市场主体保障食品营养安全的内生动力，展现出明显的制度偏好。同时盒马鲜生等龙头企业展开员工食安培训降低人源性风险，运用数字营养标签等缓解信息不对称；《中国食品安全报》等权威媒体通过微信等在线平台推动食品安全风险交流，降低食品谣言等风险伤害；易瑞生物等第三方机构、中国农业科学院等科研单位促进农残快检技术、食品可追溯技术等应用推广；消费者协会等行业协会健全食品安全投诉举报机制并鼓励公众积极参与，我国食品安全社会共治格局基本形成。可见，此阶段我国食品安全是在食品供需矛盾下开展的诱致性制度变迁，保障居民食品营养安全成为本阶段关注重点。

四、本章小结

本章明确中国食品安全现代化的使命与演进。首先，从供给端、需求端和监管端三元视角分析中国食品安全现代化的政策背景。其次，明确中国食品安全现代化是积极践行"大食物观"的重要动力，也是满足人民群众美好生活需要的必然要求，更为世界食品安全现代化进程提供实践指引，从而厘清中国食品安全现代化的时代意蕴。最后，基于供需理论和制度变迁理论视角，沿袭食品数量安全、食品卫生安全、食品质量安全和食品营养安全理念演进轨迹，将中国食品安全现代化演进历程划分为孕育萌芽阶段、调整深化阶段、稳健推进阶段及全面决胜阶段等四个阶段，为第三章分析数字经济赋能食品安全现代化的逻辑与框架提供研究背景与依据。

第三章　数字经济赋能食品安全现代化：逻辑与框架

一、数字经济赋能食品安全现代化的理论基础

"赋能"（Empowerment）这一概念的提出源于社区心理学，其最早被运用于社会行动过程、自我救助方式等研究领域，随着时代不断发展及社会情境渐次演变，赋能的概念逐渐被应用于探究社会弱势群体以及提升自我控制能力的相关行为（Pererson等，2005）。具体来说，"赋能"是指使某一主体拥有某种特定的能力或者力量（王俊晶等，2023）。基于赋能的概念和内涵，学者们提出赋能理论（Empowerment Theory），其也被称作赋权理论或激发权能理论，其是指目标对象运用外部因素获得特定的资源、权力及能力，推动自身向有利方向演进（Soloman，1976）。赋能理论自提出以来便成为心理学、管理学等学科的重要理论之一（柯平和彭亮，2021）。赋能理论的核心在于运用技术等多种手段或方式，不断激发组织整体或单一个体的内在驱动力、挖掘其内在潜能，从而基于组织或者个体获取多种资源、践行职责职能、实现内在价值的机会（张邦辉等，2021）。具体来说，赋能理论强调通过汇集多方资源、优化组织结构、激发主体潜能、推动技术嵌入和促进文化交融，推动组织整体向更高级的形态不断发展和迈进（Perkins和Zimmerman，1995），其能够为探究数字经济赋能食品安全现代化提供理论基础。

学者们已经对赋能理论的内在维度进行了深入探讨，Kanter（1979）提出了结构赋能的概念，并将其定义为通过在目标对象间建立有效的联结机制提升整体能力。Spreitzer（1995）提出心理赋能维度，强调心理赋能是指通过提升目标对象的主观能动性和内在认知，影响其最终行为反应（Swift和Levin，1987）。Leong等（2015）提出赋能理论包括资源赋能、结构赋能和心理赋能等三重维度，并探究了在危机情境下，媒体等社会交流渠道为提升社会整体危机应对能力，而强化社区权能的作用过程，从而厘清信息技术对于社会环境的

影响后果，由此，该研究将资源赋能定义为提高目标对象获取、管理资源的能力。随着数字经济不断发展，现有研究将赋能理论的内在范畴进一步拓展，并将技术赋能和文化赋能纳入其中。具体来说，技术赋能是指数字技术通过整合并重构传统生产要素，提升目标对象间协同能力（樊博等，2023）；文化赋能是指通过增强文化的包容性，促进目标对象价值提升的过程（尹西明等，2019）。

现有研究成果中，赋能理论在明确政府风险治理方式（王翔，2022）、产业发展现代化内在机制（师博和方嘉辉，2023）、平台经济赋能过程（王娜和马尹岚，2023）、乡村治理路径（叶丽莎等，2021）以及企业数字化转型趋势（朱秀梅和林晓玥，2023）等领域得到深入应用，为明确个体及组织提高外部资源应用能力并实现整体目标的过程提供解释思路。在食品安全领域，赋能理论已被用于探究食安文化推广效果（Powell等，2011）、营养意识提升方式（Brandstetter，2015）、智慧监管实践路径（Kamilaris等，2019）、绿色消费驱动机制（Nam，2020）等多个层面。其体现了宏观层面整体性、中观层面协同性与微观层面动态性，为厘清数字经济背景下食品安全现代化过程中要素联结聚集、产业链纵深融合、需求动态演进、生态绿色发展、文化共商互鉴等的思路提供分析依据。

在平台经济迅猛发展，5G通讯、云计算及大数据等数字技术广泛应用的背景下，数字经济为实现食品安全现代化提供了新理念、新模式与新机制，赋能理论也能够运用数字技术驱动食品安全现代化过程整体变革和不断创新（潘善琳和崔丽丽，2016），由此，亟需援引新视角探究数字经济赋能食品安全现代化的逻辑框架和过程机理。

二、数字经济赋能食品安全现代化的逻辑框架

随着大数据、"互联网＋"及人工智能等数字技术不断创新变革和应用发展，其对于食品供应链、产业链及价值链（唐惠敏，2022），以及食品产业利益相关者所形成的组织、消费者个体心理和行为及消费者之间的关系网络等会产生全方位影响（沈费伟，2020）。从赋能理论视角出发，能够探究数字经济各要素通过资源、结构、心理、技术及文化等多元维度，引导食品供应链智慧化转型，并明确多元主体参与食品安全社会共治的作用过程，助力我国提升食品安全效能、实现食品安全现代化。

在不同的政策环境、主体特征和技术情境下，赋能的渠道、方式和效果等也会存在差异（许志中，2023）。在食品安全情境下，产业组织是食品安全各主体间形成利益联结机制的重要方式，由此，结构赋能进一步表现为组织赋能。由此，本章从资源赋能、组织赋能、心理赋能、技术赋能及文化赋能等五个维度出发，构建数字经济赋能食品安全现代化的理论框架。其中，资源赋能是指提高食品供应链中生产主体对食品资源拓展开发、精准获取及高效管理等方面的能力（张德海等，2022）。组织赋能是指通过在产业链中食品安全经营主体及利益相关者间建立高效联结机制，促进食品产业链各主体融合发展，并提升产业链保障食品安全整体水平的能力（Spreitzer，1996）。心理赋能是指通过提升消费者、公众等食品安全社会主体对于食品安全的主观能动性、内在动机和整体认知，进而影响其食安信息解读、食品健康消费及膳食营养搭配等行为特征，从而提升自身对于其健康水平和健康能力的掌控力（Spreitzer，1996；Thomas 和 Velthous，1990）。技术赋能是指在"低碳节约、绿色环保"的目标驱动下，运用大数据、物联网及云计算等前沿数字技术通过整合食品供应链生产、加工、流通及销售等多方面资源要素，通过驱动供应链中各主体高效协同，实现食品安全治理低碳化、绿色化发展（Appelhanz，2016；Samuel 等，2023）。文化赋能是指通过运用人工智能、大数据等数字技术，提升中国食品安全在民宿文化传承、治理方式创新等方面的文化包容互鉴能力，并在全球范围内与世界各国深入交流，从而助力全球食品安全水平整体提升的过程（Rogers 和 Singhal，2003；尹西明等，2019）。

基于赋能理论的多元维度、数字经济特征和优势，以及食品安全各主体职责职能（孔海东等，2019），通过微观视角下心理赋能提升消费者膳食素养、中观视角下资源赋能、组织赋能和技术赋能促进食品供给绿色高效，以及宏观视角下文化赋能为国际食品安全贡献中国方案，厘清我国实现食品安全现代化的转型路径。

三、数字经济赋能食品安全现代化的过程机理

数字经济赋能食品安全现代化是一个庞大的系统工程，强调多维要素协同进化、迭代革新。亟需发挥数字经济的赋能作用，通过构建食品安全供给体系、打造食品安全产业链条、培育食品安全健康素养、促进食品安全生态治理

和探索食品安全互惠格局实现食品安全现代化。由此，本章遵循赋能理论的理论维度，分析数字资源赋能、数字组织赋能、数字心理赋能、数字技术赋能及数字文化赋能对食品安全现代化的驱动机制，厘清数字经济赋能食品安全现代化的逻辑线索（图3-1）。

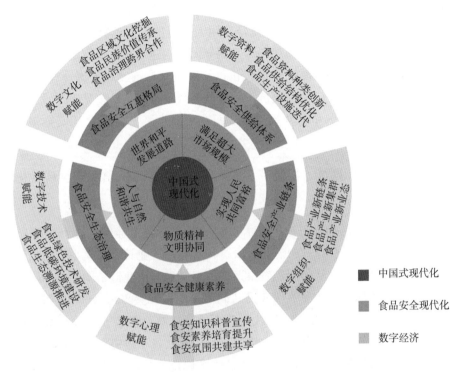

图 3-1　数字经济赋能食品安全现代化的逻辑线索

（一）数字资源赋能，构建"满足超大市场规模"的食品安全现代化供给体系

　　数字资源赋能是指运用数字技术整合食品生产资源、革新食品生产方式，提升我国食物供给质量及供应能力。我国人口数量多、分布广，人口规模巨大是食品安全现代化面临的现实国情，解决14亿人口吃饭问题是一项长期而又艰巨的重大任务，亟需将把握食品数量安全主动权、保障重要农产品有效供给摆在更加突出的位置（吴林海，2023；姜长云等，2023）。我国疆域辽阔、禀赋丰富，自然资源和生物物种的多元性拓展了食品供给方式，而我国大国小农的基本特征凸显农户生产能力约束、品类局限，在保证食品基础性供给的同时

满足人口多元化结构和区域性分布所形成的差异化需求（Fang 和 Zhu，2014），是实现食品安全现代化的重要着力点。亟需推动食品安全现代化的目标由"应对巨大人口规模"向"满足超大市场规模"转变。具体来说，一是食品资源种类创新。深入挖掘我国巨大人口总量带来的市场优势与发展机遇，狠抓食品特色化、功能化的市场趋势，推动食品资源种类不断创新（Lam 等，2013）。二是食品供给结构优化。充分运用人工智能、云计算等数字技术及我国自然禀赋优势，以"大食物观"为发展导向，构建农林牧渔资源联动、动物植物微生物品类拓展的食品安全现代化供给体系（苏玉波和王樊，2023）。三是食品生产设施迭代。运用区块链、物联网等数字技术革新食品生产设施，提升食品生产智慧化水平和综合效益，从而在更高水平上实现食品安全现代化目标。

（二）数字组织赋能，打造"实现人民共同富裕"的食品安全现代化产业链条

数字组织赋能是指运用数字技术在食品产业链各主体间构建利益联结机制，引导产业链向融合化、智慧化发展。传统食品产业具有规模小、效益低等特征。作为衔接食品"从田间到餐桌"的战略基点，产业链是助力食品附加值提升、促进主体增收提效和实现人民共同富裕的重要突破口（Gong 和 Yuan，2023）。数字组织赋能食品安全现代化产业链条，核心是要充分发挥数字经济网络效应、聚集效应及平台效应，增强食品产业链各主体协作能力，进而推动三产融合（洪银兴和任保平，2023）。具体来说，一是食品产业新链条。运用元宇宙等数字技术打造食品产业新链条，拓展智慧物流应用场景，提升产业链可视化水平，提高对各经营主体食品安全行为的规制能力，促进食品高效流通（John 等，2021）。二是食品产业新集群。运用物联网、云计算等数字技术推动智慧种养、自动加工、冷链物流、平台销售等食品产业链各环节升级，着力培育家庭农场等新型农业经营主体，大力挖掘本土特色食品、树立县域公共品牌，推动食品产业延链壮链、集群发展，拓展食品产业增值空间（Hidalgo 等，2020）。三是食品产业新业态。驱动新零售新电商向传统食品产业渗透，运用数字遥感、虚拟现实等技术发展智慧农业、电商直播等新业态，并将其与农户等经营主体结合（Gao 等，2023），通过构建联农带农的利益联结机制，引领产业链各主体增收致富，让食品安全现代化成果惠及全体人民。

（三）数字心理赋能，培育"物质精神文明协同"的食品安全现代化健康素养

数字心理赋能是指运用数字技术提高消费者营养健康认知及食品安全素养，并改变其食品消费行为。亟需在食品安全领域促进物质文明与精神文明协同发展，不断夯实科学膳食的物质基础，驱动社会健康素养全面提升，进而实现食品安全现代化。数字经济能够打造信息互联、数据互通的食品安全智能交流网络，提升消费者健康素养，最终改变个体食品消费方式、培育社会营养健康氛围，通过数字心理赋能驱动我国居民膳食质量和饮食观念向现代化迈进。具体来说，一是食安知识科普宣传。一方面，消费者能够接受权威专家、媒体等发布的食品安全在线科普信息（文洪星等，2021），另一方面，消费者可以通过虚拟现实等数字技术在"云端"主动获取食品安全知识等资源，降低信息不对称导致的食品安全知识搜寻成本（杨恒和金兼斌，2022）。二是食安素养培育提升。我国消费者膳食结构正在由"粮菜型"向"粮肉菜果"多元型深刻转变（辛良杰，2021），借助全息投影等数字技术模拟食品安全数字交流场景，提升消费者健康食品选择能力和膳食搭配水平，并促进食品安全知识精准应用，助力膳食营养理念与消费者日常生活紧密融合，改善消费者饮食结构（李波等，2022）。三是食安氛围共建共享。运用大数据等数字技术分析消费者食品消费特征和偏好，并推动政府出台食品健康消费政策（孙娟娟，2022），食品企业践行"三减三健"行动，权威媒体和第三方机构宣传健康食品消费益处、消费者传播健康饮食方式等，引导多元主体共建社会健康消费文明（樊胜根和张玉梅，2023）。

（四）数字技术赋能，促进"人与自然和谐共生"的食品安全现代化生态治理

数字技术赋能是指运用数字技术推动食品安全智慧监管，促进食品安全环境绿色化、生态化发展。食品安全现代化不仅要关注当前的食品安全质量水平和营养水平，更要秉承人与自然和谐共生的理念，在食品供应链全程推行绿色、低碳、可持续的发展方式。数字经济使数据成为新的生产要素，助力数字技术在食品供应链扩散渗透，并赋能传统生产要素智能化、绿色化转型，实现食品安全现代化生态治理。具体来说，一是食安绿色技术研发。以"减排、降碳"为发展目标，运用大数据技术明确食品产地环境容量和资源承载能力（陈

志钢和徐孟，2023），在自然资源保护、农业投入品控量、农业废弃物循环利用等领域开展种养循环技术、精准施肥技术、智能洁田技术等绿色技术科研攻关，推动食品供应链全链条绿色创新。二是食安低碳环境建设。秉持"资源节约、低碳循环"的理念，一方面提高食品生产效能，运用智能传感、图像识别等数字技术提升资源使用效率、优化农业生产布局，助推低碳食品优质供给、供应链全链减损降耗；另一方面营造低碳消费环境，运用数字孪生等技术普及环境友好的消费理念及方式，在全社会培育低碳节约氛围（苏冰涛，2023）。三是食品生态溯源推进。运用数字技术加强食品供应链与消费者的联系，如消费者通过扫描二维码等方式追溯食品供应链节能降污信息，食品供应链各主体在线披露食品绿色供应信息（潘娜和黄婉怡，2023），推动生态治理方式由"约束型"向"引导型"转变，促进食品供应链绿色化、生态化发展。

（五）数字文化赋能，探索"世界和平发展道路"的食品安全现代化互惠格局

数字文化赋能是指运用数字技术挖掘并传承我国食品安全文化价值，为世界各国食品安全提供中国方案。食品安全现代化与国民福祉安康、世界繁荣稳定休戚相关，必须坚持互利共赢的合作战略，推动全球食品安全共治共商共享，共同探索食品安全领域"世界和平发展道路"，保障中国食品安全更加稳定、更可持续（Pauline 等，2023）。数字经济通过无界链接、跨域协作促进全球食安文化交融，共建开放的数字合作空间，构筑食品安全现代化互惠格局（Antonio 等，2023）。具体来说，一是食品区域文化挖掘。运用物联网、区块链等数字技术，将我国各地人文风情、地域风貌与本土丰富的饮食文化资源相互融合，通过推出地标食品数字藏品、打造食品民俗文化体验馆等，让区域文脉、历史根脉成为推动食品产业发展创新的内生动力。二是食品民族价值传承。兼顾中华民族饮食文化的独特性与系统性，提升其传播的整体性与协同性，在明确中外饮食文化融通性的基础上，打造数字空间传播农遗食品文化价值、举办"云展览"讲好传统民族食品故事（Wiśniewska，2022），助力民族价值传承延续，增强中华饮食文明的影响力（Boutros 和 Roberts，2023）。三是食安治理跨界合作。借力"一带一路"等政策优势，运用机器学习等数字技术分析各国食品安全数据，厘清全球食品安全规律（杨鸿雁和田英杰，2022），在培育国际性食品龙头企业、打造稳定可持续跨境食品供应链的基础上，构建全球食品安全治理共同体，推动食品安全经验互鉴和国际跨界合作，及时分享

中国食品安全前沿技术与治理模式（张玉磊，2023），为提高全球食品供应链韧性、提升世界居民膳食营养水平贡献力量。

四、本章小结

本章明确数字经济赋能食品安全现代化的逻辑与框架。首先，从赋能理论视角出发，明确数字经济赋能食品安全现代化的理论基础。其次，基于赋能理论资源赋能、组织赋能、心理赋能、技术赋能及文化赋能五个维度，分析数字经济赋能食品安全现代化的理论逻辑框架。最后，从数字资源赋能、数字组织赋能、数字心理赋能、数字技术赋能及数字文化赋能角度出发，通过构建食品安全现代化供给体系、打造食品安全现代化产业链条、培育食品安全现代化健康素养、促进食品安全现代化生态治理及探索食品安全现代化互惠格局，助力满足超大市场规模、实现人民共同富裕、物质精神文明协同、人与自然和谐共生及世界和平发展道路，从而明确数字经济赋能食品安全现代化的过程机理。为第二篇明确数字经济赋能食品安全现代化面临的窘境与关键症结提供研究思路与基础。

第二篇 >>>

面临窘境与
关键症结

第四章　数字经济赋能食品安全现代化：经验与借鉴

一、数字经济赋能食品安全现代化国际经验

（一）日本：创新资源类型，丰富食品安全多元供给品类

随着我国居民消费水平不断提升、膳食营养需求转型升级，消费者对于食品口感口味、品种类型、营养成分和质量安全程度等因素产生了更高的要求和标准。日本是一个拥有高精尖食品生产加工技术和先进的食品供给模式的发达国家，其通过丰富食品资源开发渠道、革新食品智慧加工方式及丰富食品安全供给品类，进而保障食品产业高质量供给，能够为我国创新资源类型，丰富食品安全多元供给品类提供成功经验。

一是丰富食品资源开发渠道。为了缓解人口老龄化及劳动人口数量下降所带来的巨大冲击，日本大力推进设施农业丰富食品资源开发渠道，创新与都市生态空间相契合的食品高质量供给体系。一方面，日本极为重视研发创新能够节约人力资本的自动化温室生产设施，着力发展农产品立体化种植，运用无土栽培、水培养殖等先进技术，以及智慧温控系统对农产品生长过程开展水土质量智慧检验、肥料自动化添加、光热智能调控、气温精准监测等，从而对农产品生长环境进行全面控制，最大限度发挥精准生产的显著优势。另一方面，着力运用社会化分工保障高质量食品品类研发创新，实现食品供应系统整体高效。例如，日本十分重视农产品生产的专业分工方式、分工过程和分工效果。日本保障同一个地区仅研发生产一个特定区域的产业，一个农户仅注重研发、培育一个主导产品，如日本农户保障专业化生产方式，一般聚焦草莓、番茄及鲜花等品类，且全年只培育1~2个特定品种，通过将农产品的独特性与农户的专业性相互结合，在扩大农产品种植养殖规模，获得集群效益、规模效益和经济效益的同时，更能促进农户之间、农协之间的密切合作与社会化交流，在保障农户所生产农产品商品转化率的同时，保障食品品类多样性和整体食品安

全水平。

二是革新食品智慧加工方式。日本非常注重利用附加值高、紧凑性强、精细化控制程度高的食品智慧加工技术和方式。具体来说，日本着力使用大数据、物联网、人工智能等技术手段提高食品加工效率，以及着力提升食品加工方式绿色化、智慧化水平，以保障食品质量安全程度。如日本大多采用控温温室、智慧大棚、远程遥感设施等前沿数字设备助力食品产业加工方式数字化转型，此外，日本规定其所售卖的食品都需要通过统一完备的加工方式，形成食品统一的规格形态、色泽外观等。且日本着力运用人工智能等新型技术促进其食品原料资源研发利用、集约化加工和智能化包装等，不断提高食品原料和包装材料的利用率，更在保障食品新鲜程度和质量安全的情况下，延长了食品的保质期限和营养物质留存能力，促进食品资源全方位运用，以及食品循环化、绿色化加工。

三是丰富食品安全供给品类。日本积极推进精致农业，其以供给品质高、供给过程科技性强、销售附加值高的食品为核心目标和追求，通过资源精准化挖掘、区域特色化布局、加工标准化规范、产业联合化经营为重要抓手和方式，在保障食品源头品类多类型、质量安全高水平、增收扶贫高效益的同时，为消费者提供产量充足、供给高效的食品。具体来说，日本通过出台《农业协同组合法》等法律法规，通过在全社会引导大规模土地平整及开展农田建设等运动，以区域为单位发挥本地农协组织对丰富区域性食品供给类型的重要作用，并积极发展智慧化、数字化、机械化农机设备在食品供给方式革新方面的重要作用，为丰富食品供给种类奠定良好基础。同时，日本政府部门对农协等行业组织提供一定程度资金扶持和优惠政策，鼓励本地农协按照区域特色，为周边农户等食品生产经营主体提供食品品类研发、农产品种植养殖、生产绿色化肥供应、农产品平台化销售等方面的综合性技术及服务，有效克服小型农户土地分散化、食品品类单一化的窘境，驱动日本食品供给实现生产规模化、食品种类多样化。同时，农协等行业组织能促进农户等供应链核心主体相互之间形成稳定、可持续的利益联结机制，并为农户提供新型品种培育设施、食品智慧仓储设施、可视化冷链配送设施、智能化加工设施等数字化设备优势，此外，农协还能促进农户与大型商超和批发市场等主体间食品供应资源有效整合，提升冷链物流信息共享程度，保障食品供给安全可靠。

（二）美国：数据精准追溯，打造食品安全智慧流通网络

美国高度重视食品安全数据的精准性和可追溯性，通过驱动食品供应数据

精准化追溯、革新食品流通过程智慧化设施及助力食品经营主体集约化发展，打造食品安全智慧流通网络，不断革新食品安全流通模式和理念，从而保障食品安全现代化进程可持续发展。

一是驱动食品供应数据精准化追溯。美国因地制宜在食品供应链全程开展食品供应精准化追踪和精细化追溯，如其根据中西部地区地理位置和产品产业发展情况，在玉米、甜菜等区域特色农作物的种植过程中，广泛应用大数据、卫星遥感、物联网、全球定位等数字技术，对于农产品生长过程中智能播种、自动化灌溉、精准化施肥、可视化病虫防治到智能化产量预测等数据情况进行全周期、全品类信息共享和智慧分析，协同实时监测农产品生长环境中土壤性质、重金属含量与日常光照强度、二氧化碳排放浓度等相关数据。并对家庭农场、农业现代化产业园、智慧农批市场、冷链物流服务商、食品自动化加工包装企业等供应链各环节的经营主体建立食品供应数据可视化汇集网络，鼓励本地大型农场使用红外线成像技术、耕种区域模拟地形图、农作物种类特性分析技术和植物种群生产过程分析技术等研发农产品产量控制系统，进而形成季节性农产品产量报告并向政府部门汇报，便于政府监管部门、食品安全监测机构等主体对食品供应链相关数据展开精准化追溯，对特定食品市场化定价进行合理调控，有效保障食品质量安全可靠，市场价格稳定。

二是革新食品流通过程智慧化设施。美国运用大数据、物联网、AI 大模型、人机交互、"互联网＋"等先进数字技术，以及驱动食品智慧流通设施迭代革新、转型升级。一方面智慧流通技术相对发达。美国食品智慧流通技术相对发达，随着物联网、混合现实等前沿技术在食品流通领域的深入普及和应用创新，美国逐渐形成了以数字技术为核心，智能仓储技术、冷链物流技术、循环加工技术、绿色包装技术等技术为核心支撑的智慧流通技术基础。此外，美国着力推进食品智慧物流标准化，主要表现在食品智慧流通工具标准化和快速检测体系标准化，如美国运用红外线技术、智能条形码技术等建立食品安全追踪系统，有效提高智慧流通效率和安全性水平，此外，还要求各农业合作社等食品经营主体对所售食品进行统一化包装，在有效减少食品流通中产生损耗的同时，驱动智慧流通绿色化发展。另一方面智慧流通设施迭代革新。美国运用生物识别技术、行为规范智慧健康系统等前沿技术，在食品冷链物流车辆、智慧恒温仓、智能仓储箱等食品安全风险控制关键点、核心区域及关键环境等安装食安风险 AI 识别系统、主体行为规范智能摄像系统等，实现了对源头供应商、冷链流通商、流通环境等方面的食安风险智慧甄别、及时研判和动态预警，帮助流通环节经营主体开展食品安全风险自查，以及政府等监管部门对食品冷链流通过程可能存在的风险进行精准监控和防治。

三是助力食品经营主体集约化发展。美国运用电商销售等新型经营模式驱动食品经营主体联合化发展，打造集约化经营发展模式。具体来说，美国积极发展"私人化、定制化"食品经营模式，创新性地在社区消费者与邻近社区的周边农场，以及泰森等大型食品龙头企业等食品经营主体间构建稳定、可靠的利益联结机制，创造"食物社区"等食品在线团购新模式，进而构建区域型食品安全经营主体发展网络，大型龙头企业承担技术指导和经营咨询等相关职责职能，并带动小型农业合作社、小型农场、本地食品商超等经营主体依照消费者对于食品膳食营养等方面的特定需求开展订单式生产，以销定产扩大经营主体营业额度，进而帮助其平台化销售规模和集约化发展能力不断提升。例如Farmigo是美国知名食物社区网站，其按照社区地理位置分布特征、区域发展水平、冷链物流发展规模等差异化情况，为每个食物社区量身定做个性化食品在线购物网页，从而打造精准链接社区周边农场和社区内消费者的在线食品电商平台。各个农场的农场主能够通过网页中消费者订单数量精准管理食品产销过程及配送方式，消费者也能够通过该网页直接从本地农场、信赖度高的农场主处购买优质丰富、新鲜安全的农产品，帮助农场等食品经营主体与消费者间实现双赢目的。

（三）俄罗斯：挖掘市场需求，拓宽食品安全在线销售渠道

在全球经济一体化、新零售新电商蓬勃发展及食品产业高质量发展的时代背景下，全球食品供应链日益延长、利益相关主体日益增多、食品安全需求环境日趋复杂，但面对膳食营养转型升级、消费模式方便快捷等不断变化的食品市场需求特征，如何通过打造丰富、多元的食品安全在线销售渠道满足人民群众日益增长的美好生活需要，成为一个重要且迫切的现实难题。由此，亟需借鉴俄罗斯挖掘市场需求，拓宽食品安全在线销售渠道的成功经验，在开展膳食营养数据可视化分析、助推食品标签标识透明化呈现及拓宽食品在线销售智慧化程度等三个方面不断推进，从而助推我国数字经济赋能食品安全现代化进程。

一是开展膳食营养数据可视化分析。俄罗斯注重运用大数据、物联网、人机互动、虚拟现实等数字技术开展消费者食品需求市场调研。俄罗斯知名研究机构 Kantar TNS 的调研数据结果表明，65％的俄罗斯消费者青睐购买品质良

好、安全可靠的食品，且食用高质量食品、保障多元饮食模式和提升膳食营养水平等被其认为是食品消费过程中最为关注的因素。具体来说，俄罗斯通过开展线上线下市场调研和智能分析，对消费者健康状况和膳食营养需求特征展开精准分析和预判，并明确将针对不同个体特征消费群体展开精准分析，明确其差异化膳食营养需求特征的食品研发创新思路，着力满足多元群体。如俄罗斯企业聚焦孕妇产妇、健康风险人群、办公人群等不同消费群体膳食营养需求，开展食品迭代和转型升级，根据其调研所得营养成分需求数据推出精准营养食品，为消费者提供个性化、专业化的膳食菜谱和营养餐单。如俄罗斯健康和营养膳食食品倡导者莫尔斯比公司坚持开发品质优良、健康营养的食品，其通过开展线上线下调研，精准挖掘聚焦糖尿病人、减肥人群等消费者的膳食营养需求特征，并研发创新了无糖烘焙麦片，在将麦片中水果含量和坚果成分含量分别提高至约30%的同时，运用黑麦、小麦、玉米、大麦及燕麦等五种食品种类对产品膳食营养成分进行进一步优化和升级，满足了消费者营养健康多元需求。

二是助推食品标签标识透明化呈现。俄罗斯注重食品安全标签制定和标识设立的内容和过程，从而保障食品安全相关信息运用可视化的方式向消费者精准传递。如俄罗斯联邦消费者权益保护和公益监督局着力将食品膳食补充剂、运动营养型产品、婴儿用水等品类纳入强制性标签标识食品清单，为消费者提供清晰明确的产品信息。具体来说，在俄罗斯的线上生鲜电商平台、跨境电商平台等经营主体及线下生鲜超市、有机食品商超及农批市场等经营主体中，大多运用信息质量高、信息标示明晰的电子食品标签对瓜果蔬菜、生鲜肉品、蛋奶产品、坚果菌类等食品的分级分类、营养功效、卡路里含量等进行精准标识和可视化呈现，并会进一步明确食品名称、跨境产地来源、最佳食用期限、产品存储期限等信息，并对食品营养成分、膳食搭配方式和卡路里含量等信息进行扫码"云"展示，提升食品安全信息透明化程度，更帮助消费者明确及时、精准的食品安全标识内容。此外，俄罗斯严格规定各大小食品安全经营主体的经营规范，对于线下街头流动商贩、流动售货车、流动摊位等经营主体，以及线上电商平台中小型入驻商户、个体户等经营主体均制定相应食品安全标签标示要求，保障各个经营主体售卖的煮玉米、汉堡、冰激凌、肉卷饼等现制食品和格瓦斯、柠檬水等预包装饮品都有正规明晰的食品外观包装和清晰可靠的食品安全标识，保障消费者在线上线下等多元渠道都能购买到放心可靠的食品。

三是拓宽食品在线销售智慧化程度。俄罗斯运用云计算、物联网、人工智能等数字技术推动食品向全球范围内广泛销售，并且着力保障消费者合法权益，鼓励消费者积极参与食品安全在线投诉监督。一方面，构筑全球化食品销售网络。俄罗斯非常注重在中国等国际市场中开拓智慧化食品销售网络，预计2029年其食品零售市场规模将达到30.6万亿卢布。俄罗斯通过开展食品饮料展览会拓宽食品国际性销售渠道，如 World Food Moscow 是俄罗斯主导举办的全球性食品饮料展览会，其本土企业通过与全球食品在线零售商、冷链流通商、智慧批发商和智能餐厅等多元食品经营主体签订食品销售合作协议，助力食品产业链拓展延伸、精准销售。仅2019年就有全球65个国家和俄罗斯本土44个地区的食品参展商在展览会中销售其食品。有效扩大了俄罗斯本土食品的销售网络。另一方面，拓宽消费者权威举报渠道。俄罗斯政府非常重视帮助消费者食品线上消费精准维权。如在俄罗斯的联邦消费者权益保护和公益监督局等政府官网的页面上，对于消费者举报热线、维权渠道等信息进行明确展示和标注，并鼓励消费者在购买或食用问题食品后及时向政府举报，并引导食品安全监督管理部门展开云端、线下双重调查，并对企业责任主体进行及时惩处和信息披露，严保消费者购买的食品质量安全程度。同时，消费者在收到在线购买的食品后，也能够在跨境电商平台、生鲜电商平台等第三方平台上针对配送人员外观干净程度、所购食品冷链包装程度、本次消费等待时长满意程度等进行多维度、全方面的综合评论，对于消费过程不满意的消费者可通过智能客服、人工在线客服等智慧化方式展开精准投诉，共同监督食品安全在线消费渠道的安全性、所售食品质量可靠性等状况。

（四）欧盟：部门跨界联动，构筑食品安全云端监管生态

数字经济背景下，欧盟的食品安全监管主要运用大数据、物联网、人工智能等新型技术，并以《食品安全白皮书》为核心，以品种监管为主、欧盟监督评估、成员国管理的二级食品安全现代化监管模式，其通过完善一体化食安监管标准、打造智慧化跨界共治网络及建立可视化风险预警系统，构筑食品安全云端监管生态，有效推动数字经济赋能食品安全现代化。

一是完善一体化食安监管标准。欧盟规定，欧盟委员会能够对各成员国食品安全监管过程等进行管理，在此基础上，各成员国也会根据欧盟委员会所出台的食品安全监管政策文件、法律法规，以及自身食品产业发展现实情境等制定完善符合自身现实情况的食品安全监管标准，由此，欧盟形成了横纵交织、

无缝衔接的食品安全监管法规和制度体系，并能够在全境范围内设立一体化食品安全监管标准。具体来说，欧盟规定各成员国食品安全监管部门应根据各食品品类差异化风险特征定期实施相应食品安全监管方式，在其监管标准中，应涵盖动物健康福利标准、病虫害防护标准、有机食品智能生产标准、跨境食品快速检疫标准、食品标签标准等多元类型，其能够一定程度降低特定食品在智能生产、冷链流通、跨境运输和平台销售等过程中可能存在的食品安全风险隐患，加大食品在市场动态投放、平台仓储动态调配等过程中对食品安全风险的控制力度，并向社会中食品安全经营主体和利益相关者及时明确和更新食品原产地来源特征、农产品种植养殖过程、农药兽药投入含量、地理标志认定结果、特殊功效精准披露等方面的法规标准，从而实现法规标准高效率实施、政策文件精准化推进。此外，欧盟食品安全监管部门会定期审查各企业食品安全监管标准落实情况。一方面，聚焦企业等经营主体食品安全管理过程展开智慧检查。如监管部门会运用智能监管设备精准记录检查对象、审核目的、执法人员、执法过程、执法结果和整改措施等信息并将其可视化呈现，便于进一步优化食品安全监管标准。另一方面，欧盟监管部门会重点聚焦在全境范围内流通的特定食品品类开展食品安全风险检查。如食品企业等主体的智能生产设备设施、智慧冷链运输工具、主体经营场所特征、后厨生产加工环境、企业经营许可资质；食品销售过程中的可追溯标签内容、食品标签信息、企业营销用语及食品包装成分等，并根据成员国现实情境、企业食品经营规范等优化相应食品安全监管标准。

二是打造智慧化跨界共治网络。欧盟拥有完善、高效的食品安全智慧监管网络，能够通过跨界共治激励各成员国共同参与，从而在全境范围内保障食品安全监管标准有效实施。具体来说，在智慧监管组织架构方面，欧盟实行层级化食品安全监管体系，其食品安全监管机构包括欧盟层面和成员国层面两个维度，其中，欧盟的食品安全监管机构包括欧盟理事会、欧盟委员会及其常务委员会、欧盟食品安全管理局（FSA）等三个机构。其中，欧盟理事会主要负责制定食品安全政策法规、标准体系等；欧盟委员会及其常务委员会主要负责向上级机构，即欧盟理事会与欧洲议会等主体提供食品安全制度立法、政策实施等相关提案或建议等；欧盟食品安全管理局主要负责运用大数据、物联网等前沿食品安全监测技术对食品供应链、产业链等展开风险监测和精准管理。在智慧监管实践方式方面，欧盟主要采取跨界治理的方式推进食品安全监管进程。欧盟成员国中多国建有食品安全监管信息共享系统，帮助欧盟理事会、欧盟委员会及其常务委员会、欧盟食品安全管理局这三个机构对食品安全监管信息即时交互、精准共享和风险跨界共治，其运用人机交互、混合现实等数字技术准确明晰食品供应链各环节中食品安全从业者、执法者等主体所具有的职能职责和法定责任，并实施全程追踪、智能反馈的食品安全质量控制机制、打造覆盖全域的食品安全监管生态。

三是建立可视化风险预警系统。欧盟着力建设可视化风险预警系统开展食品安全监管，通过建立覆盖各环节、各领域、各主体的现代化食品安全监管体系，运用大数据、物联网、云计算、AI 大模型等新型数字技术采集食品安全监管数据，并对可能发生的食品安全风险进行可视化追溯和动态化预警，及时规避全境食品安全风险隐患。一方面，欧洲联盟委员会（EC）运用大数据、机器学习等数字技术建立了欧盟食品和饲料类快速预警系统（RASFF），对特定品类、特定来源的食品展开食品安全风险动态预警，该系统也能够按照特定食品类型特征、来源地点、危害物形态、生产日期及风险控制关键点等信息，智能筛选和分析食品安全数据，并向食品安全监管人员、执法人员可视化呈现，帮助其进一步明确欧盟范围内的食品安全现实形势及发展趋势。另一方面，欧盟运用物联网等数字技术研发"EFSA - Data"系统，实时搜集和分析其境内食品安全风险数据特征，主要涵盖食品平台销售、生物危害来源等信息，便于食品安全执法人员或相关从业者展开食品安全风险动态评估，并运用场景模拟等数字技术及时明确消费者、社会公众等主体在特定风险源下的暴露程度，以便于进一步明确现行食品安全监管的有效性和影响力，从而提升欧盟食品安全风险可视化预警能力和精准化治理水平。

二、数字经济赋能食品安全现代化国内经验

（一）浙江省：区域特色资源汇集，研发新型食物品类

在我国食品产业高质量发展、居民营养健康需求转型的背景下，浙江省立足自身资源禀赋特征和生态优势。积极践行"大食物观"等政策文件指导精神及要求，通过立足自然禀赋、挖掘区域特色资源，推动标准赋能、夯实食品研发基础，强化科技创新、发展新型食物品类，实现区域特色资源汇集，研发新型食物品类，为我国数字经济赋能食品安全现代化提供实践经验和依据。

一是立足自然禀赋，挖掘区域特色资源。浙江省积极立足自身区域优势，大力发展各地"土特产"，因地制宜立足各市各县的资源特色和民俗风情，以

发展健康产业、观光农业、休闲农业等新模式和新业态为契机，用好区域性、本土性特色食品资源，大力挖掘和培养农产品多重功能和特殊价值，并运用小红书、微信、微博等新型社交媒体开展数字化社交营销和精准营销，在突出区域特点、体现文化特色的同时推广健康食品、生态食品、休闲食品、民俗食品、预制食品等，并探索经济价值实现机制和路径。如浙江省淳安县依托生态资源和区位优势，借力本土特色食品山核桃产业，建设"瑶记"山核桃等区域知名品牌，并通过探索"食品企业＋本地农户＋现代化生产基地"经营发展模式积极壮大本土山核桃产业，通过加大资金投入力度，建立了一批无公害山核桃科技示范基地，并且聚焦高端保健品产业领域，运用山核桃生物特征研发山核桃仁、山核桃干果、山核桃油及附属产品等保健食品品类，以及冷榨山茶油、有机压榨核桃油等新型食品，有效推动大食物观积极实践。

二是推动标准赋能，夯实食品研发基础。浙江省革新食品品类标准化研发创新方式，通过促进食品研发过程标准化、数字化转型，打造"一村一品、一县一业、一镇一特"，壮大本土千万级、亿万级食品产业，形成汇集地域特色、驱动创新创业、丰富新型业态、开展利益联结的区域性食品产业现代化发展体系。如浙江省宁波市运用大数据、机器学习、人工智能、虚拟现实等数字技术驱动食品研发过程标准化、智慧化发展，激活本土地理标志农产品发展新动能。具体来说，宁波市以本土地理标志农产品为切口，积极出台区域性地理标志农产品产业扶持政策并在全市实践，进一步搭建地理标志农产品资源共享平台，积极推行"食品企业＋新型合作社＋现代化食品研发基地＋本土农户"的地理标志农产品产业发展模式，以兴建区域食品现代化研发示范区、美丽田园现代化示范基地、茶果采摘生态体验园、数字化新型种植养殖基地等为重要抓手与渠道，加强食品龙头企业对农户、新型农村合作社、家庭农场等主体在食品品类创新培育、食品资源开采等方面的精准化指导，协同加强对地理标志农产品电子名录、研发创新等方面的精准管控和合理调整。目前，宁波市已培育出宁海梅林鸡、望海茶、双峰香榧、岔路黑猪、长街蛏子等多种知名地理标志农产品，并着力拓展私域流量、社交商务平台、产地实时直播、本土团购社群、农特爆款产品等多种食品推广新渠道，从而全方位打造区域性地理标志食品文化品牌。以"区域性公共品牌＋地理标志"的新型经营模式开展食品原料多元组合、品类研发创新，破解食品研发主体分散、研发模式单一、标准化程度低等问题，也在一定程度上获得了消费者的广泛青睐。

三是强化科技创新，发展新型食物品类。浙江省积极践行"大食物观"等政策要求，运用场景模拟、AI大模型等数字技术严格考量食品品类研发资源优势，通过优化种质资源、革新智慧设施、保障绿色安全三个方面不断强化科技创新，发展新型食物品类。一方面，浙江省设立专项资金并着力建设种质资源培育重大专项项目，孕育出如大黄鱼"东海1号"等多个国家鱼类新品种，并构筑了国家级育繁推一体式现代化种业体系，协同运用大数据、物联网、云计算等数字技术形成了一批诸如海水种业集聚区等现代化育种智慧基地，夯实智慧育种基础。另一方面，浙江省积极推动食品智能化生产加工过程中的设施设备数字化转型，大力推动深海养殖基础设施迭代革新，积极促进智能深水网箱、可视化围栏养殖等新型鱼类养殖设施推广普及，并运用全球定位系统、卫星遥感技术等前沿数字技术驱动风浪智能监测等设施迭代革新，助力岛礁港湾周围的食品产业由单一化鱼类贝类养殖向渔文旅融合发展转型。此外，浙江省严格保障食品资源开发过程的绿色性和安全性。如在积极拓展深海养殖范围和空间的同时，运用5G通信技术、混合现实技术及人工智能技术，通过积极研发饲料替代产品，研发推广深海养殖全程精准追溯系统，在保障鱼类贝类等生长环境可视化、可监控的背景下，着力推广绿色养殖、生态养殖等新型技术，优化幼杂鱼等水产鱼类生长环境，一定程度上保护我国海洋的水域资源和生态环境。

（二）江苏省：多元主体联合参与，培育智慧产业集群

江苏省致力于运用"互联网＋"、大数据、机器学习等数字技术，通过联合农户、农民合作社、种养大户、家庭农场等食品产业生产经营主体，着力提高食品精深加工程度、创新联农带农发展模式、构筑智慧联动产业集群，最终培育智慧产业集群，为我国数字经济赋能食品安全现代化进程提供良好经验。

一是提高食品精深加工程度。江苏省着力发展农特产品精深加工、林粮林菌食用品类创新、鱼类贝类预制方式转型、生物发酵过程恒温控制、功能性食品原料多元开发等领域相关新型高端技术。通过促进食品精深加工，将田间地头、智慧化加工、线下餐饮线上消费精准链接。例如，预制菜是推动食品精深加工、降低食品相关企业运营成本的重要着力点。江苏作为推动预制菜研发创新的排头兵，是最早开始发展预制菜的省份之一，其有全国首个预制菜相关的上市公司，更出台了全国首个预制菜点质量评价规范团体标准，借鉴其预制菜发展经验对于全国范围内提高食品精深加工程度具有重要作用。具体来说，江苏省着力兴建区域性预制菜研发孵化园，并注重构筑预制菜智慧研发合作平

台，促进全省范围内预制菜科学研发人才和预制菜生产经营企业等主体进行线上线下社会化交流，并且鼓励通过研发预制菜膳食营养新品类、革新恒温保鲜新技术及食安快检技术等推进预制菜精深加工、科技创新程度。江苏省泰兴市泰兴农产品加工园是知名预制菜精深加工重点基地，也是产业融合现代化发展示范园，目前，该园通过招引 60 多家预制菜供应链相关企业，促进绕预制菜产业内精深加工。其通过着力建设预制菜科学研发和创新服务体系，打造园区预制菜科技研究中心，为全市范围内预制菜精深加工提供科研创新服务，并着力建设智能恒温冷藏库、智慧速冻库、食品保鲜库，并建设数条自动化生产线、智能化包装分拣流水线等智慧化设备，保障批量生产、精深加工的预制菜口感口味、品质安全程度达到园区标准，有效保障食品精深加工过程中质量安全的稳定性和可靠性程度。

二是创新联农带农发展模式。江苏省支持本地农户、家庭农场、新型农村合作社、区域性食品企业与盒马鲜生、本来生活等大型生鲜电商平台，七鲜生活、钱大妈等大型食品连锁商超，淘菜菜、美团优选等社区生鲜平台等线上线下销售主体展开多元化合作，通过产销精准对接，以销定产发展联农带农经营模式，并利用虚实融合、AI 大模型等数字技术完善食品消费虚拟体验中心、助农直播平台等在线渠道，构筑虚实共生、动态模拟的多元化在线消费场景，并提升场景交互性、体验性和沉浸感。此外，鼓励食品产业三产融合，挖掘休闲康养、研学旅游、生态观光、文化传承等多元功能，通过发展县域特色食品产业链和价值链，促进食品产业与健康养生、红色旅游、休闲文娱等产业多维度融合发展，促进本地农户、家庭农场等食品经营主体增收致富。例如，江苏省华西都市农业稻米产业化联合体通过积极联合江苏省内大型食品龙头企业、农民专业合作社，以绿色优质稻米为重要着力点，协同发展绿色果蔬、高效水产等食品品类革新当地食品产业结构，同时，联合体内部成员与大型食品龙头企业通过签订《生产经营战略合作合同》《农产品订单生产及收购合同》等多项协定，在食安治理机制共建共享、食品研发技术成果多元转换、区域农特商标在线宣传、线上线下虚实结合交易、前店后厂订单式生产、食品产业发展金融扶持等领域实现食品产业发展资源深度共享，实现联合体内产业互促互进，协同发展。联合体主导成员坚持对农户、家庭农场等其他成员开展食品生产加工技术"送上门"服务，通过甄选食品智慧化生产加工技术相关权威专家深入其他成员单位内部，开展食品智慧生产技术实地培训、云端指导等，培育专业性人才，通过联农带农方式助力优质、安全的华西村食品向全国范围内推广。

三是构筑智慧联动产业集群。江苏省着力将食品产业高端化、区域特色化、加工智能化、发展绿色化等作为搭建食品智慧产业集群的未来发展方向，引导食品企业应用 5G 通信技术、工业互联网、云计算、物联网等新型数字技术，促进食品产业集群供应链各环节数字化转型，实现原料精准化采购、自动化生产、智慧化加工、可视化仓储、冷链型物流和平台化销售等，从而构建一批涵盖食品智能生产车间、智能植物工厂、现代化产业园等的现代化产业集群，通过驱动食品订单化生产提升食品产业供给端与需求端之间的适配性。从而打造数字化、科技化食品智慧产业集群，促进食品安全现代化转型。例如江苏省扬州市通过搭建智慧产业集群助推食品产业高质量发展。一方面，扬州在兼顾食品生产过程科技化、数字化转型与传统食品手工业转型，从而提升本土食品质量安全程度和规模发展效益，协同引导东园食品、滋奇餐饮等本土化食品龙头企业生产基地朝标准化、规范化和集约化不断发展，着力建设辐射范围广、供给效率高的智慧型中央厨房示范企业。另一方面，扬州开展食品产业精准招商，聚焦食品产业链国际性龙头企业、关联度高的食品相关文化企业、食品智能研发机构和发展潜力强的食品科技企业进行大力度招商引资，通过探索智慧化"订单式生产"等食品新型供给模式和"前店后厂"新型食品经营模式，培育食品区域龙头品牌，促进一二三产业精准融合，联动发展。

（三）广东省：膳食营养在线科普，引领健康消费需求

广东省是数字经济促进食品安全健康消费需求转型升级的前沿省份，其通过开展膳食营养智慧科普、拓宽食安知识宣传渠道及引领健康消费多元需求，为我国食品产业高质量发展，助推食品安全现代化进程提供宝贵经验。

一是开展膳食营养智慧科普。广东省通过政企校多方联动，积极举办全民营养周、科普大讲坛等膳食营养科普宣传活动，以及积极创立智慧科普教育基地等膳食营养科普示范点，向消费者精准科普膳食营养的重要性和实现方式，例如向消费者传达电子营养标签阅读方式、科学营养配餐方式、居民膳食指南应用手段等，助力营养均衡、健康饮食的食品安全观念深入人心，促进"大食物观"在消费端的有效实践。例如，广东省知名食品龙头企业汤臣倍健在珠海市金湾区建立了透明工厂营养科普基地，其在开展食品智慧化、专业化生产的同时，能够运用数字化技术开展膳食营养智慧科普。此外，该透明工厂创新性地设立"智能化透明工厂"和"寓教于乐营养探索馆"两大主题功能区，聚焦膳食搭配奥秘、精准营养定制等参观内容，为消费者提供生动有趣的膳食搭配

精品课程和主题活动，从而将"膳食营养＋数字技术＋研学旅游"进行深度融合，并通过生产原料可视可溯、生产过程全程透明、生产方式云端呈现等，为消费者提供沉浸式膳食营养体验，并向其传递食品智能制造、膳食营养搭配等方面的知识和信息，向消费者提供多元有趣的膳食营养科普服务，通过有效提升消费者食品膳食素养助力食品安全现代化进程。

二是拓宽食安知识宣传渠道。广东省运用南方日报微信端、羊城晚报公众号等数字权威媒体，以及小红书、抖音、微信、微博等在线社交媒体，聚焦国家、政府部门关于食品安全的政策法规和相关文件，以及食品安全知识等核心内容展开多元宣传，着力提升全社会消费者食安法律意识、食品安全素养和食品安全知识水平。如广东省消费者委员会采用多元主体共建共享的方式，联同佛山市消费者委员会、佛山市海天调味公司等多元主体共同在广东省佛山市建立省级调味品消费教育基地，着力向消费者普及调味品食品安全相关知识，并在全市范围内建立放心可靠的消费环境。海天调味品企业一方面积极整合现有调味品相关食品安全知识内容、食品安全监督管理人员等食品安全知识宣传资源，着力通过人机互动、虚实融合、混合现实、AI大模型等数字技术创新食品安全知识智慧宣传形式，通过开展云端食安知识讲解、打造场景模拟体验生态、推进调味品多种类型实地品鉴、创立食品安全知识智慧问答等多元形式，帮助不同年龄阶段的消费者精准明确调味品加工酿造工艺类型及历史渊源，更运用可视化技术帮助消费者模拟调味品酿造全过程、明确食品安全智慧监测全流程，从而高效普及调味品食品安全知识，传达调味品合理选购、科学储存和食用等方式和方法。另一方面，海天调味通过强化自身社会责任，帮助消费者提升运用公众号、智能客服等数字渠道开展线上智慧维权的意识，并着力引导健康环保、资源节约的调味品消费方式，促进调味品等食品产业高质量发展。

三是引领健康消费多元需求。广东省在全省范围内积极引领健康消费多元化需求，通过落实食物与营养发展实施细则，着力专家引导与数字干预等手段并举，运用大数据、AI模拟、物联网、机器学习等数字技术，针对省内不同地理位置区域、不同年龄阶段的人群食物摄入模式与营养需求特征展开精准分析，从而引导科学合理的健康消费方式，从源头精准预防可能产生的健康风险、完善营养性疾病智能监测方式。广东省鼓励广东省营养学会牵头、营养行业专家协同，因地制宜制定并发布《岭南膳食模式》，并在全国范围内积极推广普及，帮助消费者通过主动摄入茶多酚、按照季节特征选择不同煲汤食材、积极食用杂豆、药食同源类植物，达到践行健康消费理念、合理筛选可食用食材的目的，从而能够主动预防心血管疾病、高血压、糖尿病等多种慢性病的发病风险和发病可能，对于居民消费者日常健康习惯培养、健康理念培育和健康饮食推广等具有积极的引导作用。同时，广东省鼓励温氏集团、广州酒家、风行等本土食品大型龙头企业向市场推出多元、丰富的一系列健康食品，如低钠盐焗鸡、低 GI 广式月饼、低脂酸奶等健康养生食品、低盐低碳食品及低脂低卡食品，并根据健康营养汤底配方，推出五指毛桃汤料包等产品，通过创新健康食品多元品类带动健康消费多元需求。

（四）四川省：数字技术深度应用，提升生态治理效能

四川省加快推进人机互动、虚拟现实、云计算、人工智能等数字技术在食品安全智慧监管、生态治理等多元领域的深度应用，通过推动智慧食安技术创新、践行绿色低碳监管理念及提高生态治理整体效能，促进数字技术深度应用，提升食品安全绿色化、生态化、智慧化治理效能，助力食品安全现代化进程有序推进。

一是推动智慧食安技术创新。四川省积极借力互联网、视频可视化监控、大数据智能分析、AI 智能抓拍等数字技术与前沿手段，探索食品安全智慧监管新技术，并采用"线上智慧监测＋线下智能巡查"相结合的食品安全智慧监管模式，对各大电商平台、大型餐饮企业、食堂单位等主体运用智慧抽检技术、云端稽查技术等开展数字化、可视化监管。一方面，四川省开展食品安全线上数据智慧监测，如四川省乐至县通过食品安全监管数据共享平台开展数据在线智能监测，并进一步整理汇集食品经营主体资质要求，核查食品经营主体经营许可证、经营业态、经营项目及相关经营活动，协同建立食品安全风险隐患可视化清单，提升食品安全风险预警能力。另一方面四川省推进食品安全线下实地智能巡查，如四川省仪陇县通过落实食品安全"日监控、周核查、月调度"的食品安全智慧监管方式、监管模式。对政府部门食堂单位、校园周边、大型商超购物中心等餐饮聚集区、食品安全风险高发区的精准化、实时化监管，对各食品生产经营主体场所场地、智慧设施、环境卫生、电子票据、食品品质、人员健康监测等进行全方位核查，实现食品安全智慧监管技术多维度应用、全链条践行，提升食品安全监管整体效能。

二是践行绿色低碳监管理念。四川省积极引导食品生产经营主体和电商平台等销售企业采用投入品智慧减量、加工环境自动清洁、包装材料低碳处理等

绿色低碳生产经营模式，大力发展循环经济和低碳经济，提升食品科技企业、大型电商平台等主体食品安全资源综合利用能力和水平。具体来说，一方面，四川省加快发展绿色型食品生产原料。引导食品源头产地基地使用绿色农兽药、可降解肥料、生态饲料等绿色化、生态化农业投入品，在全省范围内着力建设有机食品、绿色食品现代化生产基地，推动食品产地环境可持续、食品生长绿色化、生产过程低碳化，保障绿色食品原料健康稳定供应。另一方面，四川省着力驱动食品产业低碳化转型。政府部门高度重视食品低碳生产技术、节能环保智慧装备、低碳食品研发能力等，并制定《关于加强绿色低碳技术、装备、产品推广应用的通知》等一系列政策法规和标准规范，支持大型龙头食品企业积极培育多元绿色食品，创新新型绿色工厂、植物工厂，打造敏捷度高、韧性强的绿色食品供应链和产业链，加快运用智能节水、智慧节能、自动节粮的食品现代化加工设施，并引导本地重点食品企业推行食品包装低碳化设计，培育具有川味特色的低碳食品品牌，并进一步发布低碳食品质量安全标准认证清单和官方名录，加快低碳食品标准修订，助力食品产业低碳化转型升级。

三是提高生态治理整体效能。四川省运用生态治理理念推动食品产业迭代革新，积极利用人工智能、工业互联网、虚拟现实、可视化等数字技术将生态治理理念运用至食品安全智慧化转型过程中。有效提升生态治理整体效能。具体来说，四川省在保障区域性食品安全过程中着力向农村合作社、农户、家庭农场等食品生产经营主体推广农业清洁投入品、生态加工工艺，提升食品智慧加工转化率，并着力引导电商平台、大型商超等企业加强食品相关附属品和副产物循环利用，提高生态资源整合能力和综合利用效能。例如，四川省沱牌镇沱牌绿色生态食品产业园以生态治理、循环经济为理念，以酒业为地区特色和主导产业，运用大数据分析、物联网、卫星遥感等数字技术发展酒业产业供应源头原料质量、自动化加工环境和市场需求特征，着力优化政府部门对酒品封闭式生长环境和可视化加工环境的精准监控，同时对园区自产生态粮油、有机蔬菜等生态食品开展智慧化监管，进一步通过推进"一地多园"新模式，以食品资源利用高效化、区域布局精简化、智慧设施绿色化、原料使用清洁化、加工流程标准化为核心要求，打造预制菜现代化产业园、精酿啤酒现代化产业园、绿色包装材料现代化产业园3个板块，着力建设千亿级生态食品产业集群，促进关联性食品产业生态资源精准汇集、有机融合，有效提升政府部门食品安全生态治理效能。

三、本章小结

本章明确数字经济赋能食品安全现代化的经验与借鉴。一方面，通过明晰日本、美国、俄罗斯和欧盟等国际地区数字经济赋能食品安全现代化做法，借鉴其在创新资源类型，丰富食品安全多元供给品类；数据精准追溯，打造食品安全智慧流通网络；挖掘市场需求，拓宽食品安全在线销售渠道；部门跨界联动，构筑食品安全云端监管生态等方面的国际经验。另一方面，通过辨明浙江省、江苏省、广东省及四川省等国内地区数字经济赋能食品安全现代化做法，借鉴其在区域特色资源汇集，研发新型食物品类；多元主体联合参与，培育智慧产业集群；膳食营养在线科普，引领健康消费需求；数字技术深度应用，提升生态治理效能等方面的国内经验。为后续厘清数字经济赋能食品安全现代化的成效与挑战、窘境与症结提供研究基础和分析依据。

第五章 数字经济赋能食品安全现代化：成效与挑战

一、数字经济赋能食品安全现代化的重要成效

（一）食品种类丰富多元

随着国内国际双循环格局不断建设、"大食物观"食品安全战略深入推进、数字技术创新变革和居民消费水平稳步提升，我国食品种类逐渐丰富、更为多元。

一是食品供给来源多样（Wallace 等，2018；Mu 等，2021）。2022 年 3 月习近平总书记在政协农业界、社会福利和社会保障界委员联组会上提出树立"大食物观"，即基于人民群众日益多元的食物消费需求，掌握人民群众食物结构变化趋势，在保护生态环境基础上，深入挖掘动物、植物、微生物等生物种质资源和森林、海洋食物资源，开发丰富多样的食物品种，保障肉类、蔬菜、水果、水产品等各类食物高质量供给。随着"大食物观"不断推进，我国着力在全方位多途径开发食物资源，保障人民群众吃得丰富、吃得安全、吃得营养。例如，在现阶段我国大米、小麦等主粮相对充足的现实背景下，原来被定义为副食的五谷杂粮、肉奶蛋、瓜果蔬菜、藻类菌类及鱼类贝类等食品正成为新主食，同时，我国正在着力发展设施农业、植物工厂、智慧农场等食品现代化生产基地，研发黑小麦、可食花及食用菌等多元农产品。

二是食品加工方式革新。我国逐渐重视 3D 打印等新型食品技术在食品品类研发等方面的重要作用，诸如星期零植物肉、Oatly（奥麦力）燕麦奶等未来食品，伊利益生菌奶片、良品铺子胶原蛋白糖等健康食品，海底捞自热火锅、代餐谷物棒等方便食品不断涌现，极大地丰富了食品种类。例如，2019 年 9 月成立的深圳植物肉龙头企业星期零，是一家着力运用科技化、数字化的新型食品技术优化消费者膳食结构、不断创新食品品类的植物肉食品品牌，其一方面在保障食品纤维含量、口感口味、低脂低卡等基础上不断研发大豆等食

品营养提取工艺。另一方面深入探索鹰嘴豆、藻类等新型食品原料中替代蛋白提取方式，拓宽食品营养成分提取来源，创新了诸如植物肉丸、植物鸡排等未来食品品类（Zhou 等，2019）。

（二）消费需求转型升级

新中国成立 70 周年以来，随着经济社会高质量发展及居民生活水平不断提升，我国食品安全总体形势稳定向好，逐渐从追求数量安全、卫生安全逐渐过渡到保障质量安全、重视营养安全（文晓巍等，2018）。2016 年国务院印发《"健康中国 2030"规划纲要》等文件，将食品营养安全提升到国家战略高度，凸显营养安全在我国食品安全现代化进程中的重要性，这也呈现出食品消费需求转型升级、消费理念深度重构等特征。

当前，我国迈向社会主义现代化国家新征程，食品产业规模及效益也持续提升，消费者的消费需求也逐渐呈现多元化、全面化和均衡化趋势，中国营养学会发布《中国居民膳食指南科学研究报告（2021）》数据显示，我国居民蔬菜摄入量稳定在人均每日 270 克左右，碳水化合物供能比从 70.1％下降到 55.3％，优质蛋白摄入增加，来源于动物性食物蛋白质的比例从 18.9％增加到 35.2％。我国消费者更加重视自身膳食搭配能力与营养健康水平，并主动选择购买绿色有机食品、富硒食品、可追溯认证食品、原产地保护食品及地理标志认证食品等食品品类（张蓓等，2020）。例如，老字号食品企业双汇以消费者需求为导向实现食品营养健康升级。作为国家重点龙头企业，双汇围绕消费者年龄结构、健康需求等特征，研发了鳕鱼肠等儿童系列高蛋白食品，减肥鸡胸肉、低脂低卡肠等系列健身食品，满足不同消费者有益健康的膳食需求。

（三）食安技术创新驱动

我国食品绿色生产技术、精准追溯技术、低碳循环技术等前沿技术创新发展，为数字经济赋能食品安全现代化提供强大动力（Wilson 和 Clarke，1998）。区块链、物联网及人工智能等新型技术的应用普及，有效拓宽了食品安全数据来源渠道，创新了食品安全技术研发类型（Morales 等，2019），更进一步拓展了食品安全技术的应用范围。助力我国食品产业各主体数字化转型（Jin 等，2020；Xi 等，2021；Yu 等，2022）。例如，数字技术助力传统农批市场、农户等食品生产经营主体发展成为智慧农批、智慧家庭农场，助力食品生产绿色低碳；帮助各地市场监督管理局等食品安全监管部门开展可视化规制，助力食品安全监管精准高效（Xu 等，2022）；促进食品行业协会、食品安全检测机构等第三方主体开展云端食品质量认证，保障食品安全信息对称、透明；新华社、中国食品安全报等权威媒体，微信、微博等社交平台，跨境电商平台、小红书等新型电商平台对食品安全事件开展精准追踪、实时报道和个性化推送，并帮助消费者溯源食品安全风险信息、开展营养健康社会化交流（Yin 等，2019；Kudashkina 等，2022）。

以区块链技术为例，区块链技术具有数据不可篡改性等特征，其能将各种来源及类型的食品安全信息呈现为便于精准查询、汇集分析的可视化记录，并建立食品供应生态循环系统、食品低碳溯源体系，从而提高食品供给数据可视化、流通过程低碳化程度。新型追溯技术的整合应用，能够驱动各省市、各地区政府食品安全数据可视化分析，食安问题精准化查处，更驱动食品快检人员等主体、政府监管部门及消费者开展食品安全溯源，打造食品供应链数字化生态，为数字经济赋能食品安全现代化提供坚实基础。

（四）治理边界拓展延伸

党的十八届五中全会首次提出实施食品安全战略以来，我国高度重视食品安全现代化发展。2022 年党的二十大创造性提出不断丰富发展构建人类命运共同体的思想，为全球共同发展、持续繁荣绘制宏伟蓝图。2020 年《国民经济和社会发展第十四个五年规划和二〇三五年远景目标纲要》提出加快数字化发展，推进监管能力现代化，为我国立足全球视野，开展食品安全治理创新提供政策基础。在此背景下，大数据、混合现实等数字技术逐渐成熟和多维应用，更推动我国食品安全文化传承延续、食品安全治理领域应用拓展（张蓓和马如秋，2023）。我国食品安全治理由现场"手触眼看鼻闻"等传统抽检方式转为食品安全数字精准检测和数据云端分析，推动食品安全监管方式智慧转型，并在全球范围内拓宽食品安全治理边界（Manning 和 Baines，2004；LeBlanc 等，2015；Auler 等，2017）。例如，深圳市场监督管理局着力运用数字技术开展食品安全智慧治理，一方面，其运用大数据、物联网及"互联网＋"等数字技术，基于社会共治理念，在全市范围内积极开展"阳光智慧餐饮监管与信息公示系统建设"等食品安全项目建设，开发"互联网＋明厨亮灶"智能系统，构建联通"监管部门＋食品安全经营主体＋社会公众"多元主体的食品安全智慧监管平台。另一方面，在供港食品标准体系建设基础上，结合国内外权威食品安全标准数据，打造"圳品"标准体系和品牌集群，从而形成了从源头到餐桌的全链条食品安全标准管理机制。深圳市场监督管理局官网数据显示，截至 2023 年 5 月，深圳共通过 343 家企业 1 235 个"圳品"，覆盖全国 26 个省区市、282 个县、489 个基地。同时，深圳通过与全国各地农业局、市场监管局等部门开展协同监管，对食品展开跨区监管和跨界治理，极大地拓宽了食品安全治理的边界与范围。

二、数字经济赋能食品安全现代化的现实挑战

（一）源头风险识别响应性

食品安全风险本身具有种类多样性、影响广泛性、传播快速性等特征。数字经济促进食品供应链转型升级，食品品类突破式创新、冷链可视化流通、平台精准化销售，在此背景下，食品安全风险突发性、持续性等特征更为明显，食品安全风险的识别和预警也更为困难，这为我国食品安全风险管理提出了挑战。

具体而言，一是风险来源多（Alrobaish 等，2021）。我国食品安全风险管理起步晚，而随着网红食品、未来食品等新型食品产业蓬勃发展，跨境电商、海外代购等新业态规模不断扩大，我国在面临环境污染、农业投入品过量等传统食品安全风险的同时，还需管理新型食品技术应用过程中可能存在的生物变异、基因重组等食品安全风险，以及疯牛病、大肠杆菌感染等源自异国异域的食品安全风险（Uyttendaele 等，2016），为我国食品安全风险管理体系带来挑战。二是风险响应慢。我国在应对食源性疾病等突发食品安全风险事件时，仍然存在智慧响应匮乏、人员能力有限、检验检疫缓慢问题，制约了食品安全风险响应效率。

（二）食安主体类型多元性

在数字经济助推食品安全现代化进程的背景下，我国食品安全主体类型不断丰富，如市场监督管理局等政府监管部门、食品科技企业等食品安全供应链主体、中国食品安全报等权威媒体、食品安全行业协会等第三方机构以及消费者等社会主体等多元主体（Flynn 等，2019；Ling 和 Wahab，2020）。然而，现有食品安全主体内部、主体之间容易形成数字信息孤岛，造成食品安全数据

传递、分析难等困境。

具体而言，在政府监管部门方面，传统的食品安全数据资源分别处于不同政府监管部门，具有分散性、碎片化等特征，且添加剂含量、检验检疫人员素养等食品安全数据格式标准不尽相同、统筹过程难度较高（Hammoudi 等，2009），更容易产生"数据烟囱"等现象，导致源头产地标准、冷链物流数据、电商平台资质等食品安全信息搜集、共享和利用效率低，且各地政府食品安全数据更新不及时、范围不全面等现象常出现（Resende - Filho 和 Hurley 等，2012）。从供应链主体来看，随着数字技术在食品供应链各环节应用普及和全面渗透，我国食品供应链在传统食品经营主体的基础上，在生产环节涌现了诸如新素食、Hey Maet 及庖丁造肉等新型食品科技企业，以及新型农批市场、家庭农场等主体（Zhang 等，2017）。在流通环节影响了冷链物流、智慧物流等新型食品流通企业。在销售环节影响了淘菜菜等社区团购平台、小红书等社交电商平台、盒马鲜生等跨境电商平台，我国食品安全供应链主体更为丰富，加大了现行食品安全相关法律法规、政策文件、制度规范精准应用的难度（Ma 等，2018）。从权威媒体来看，随着数字技术的应用，食品安全谣言的生成、传播更为容易，新华社、腾讯新闻等食品安全相关权威媒体，在研发食品安全辟谣小程序等新型平台开展食品安全谣言精准治理和打击的过程中，面临谣言主体多、形式变化快、传播传递广等挑战。从第三方机构来看，由于食品供应链主体更多，现有食品认证过程、认证机制等存在效率不高、精准度低等问题，难以对地标农产品等食品认证过程进行数字化规制。从社会主体来看，数字技术能够帮助不同年龄阶段的消费者、社会公众等主体更快速、更精准、更高效地搜寻食品安全信息，虽然总体接受食品安全信息的社会公众数量更多（Friedlander 和 Zoellner，2020），但不同消费者食品安全素养不一，面对数量庞大、种类繁杂及类型多样的食品安全信息，往往难以积极有效地应对和分析，进而出现恐惧担忧、信息回避等问题，为推进食品安全现代化进程带来极大的挑战。

（三）智慧监管应用复杂性

在助推食品安全现代化进程的过程中，需要在精准挖掘、海量存储和高效整合食品安全数据的基础上，广泛应用食品安全智慧监管，但我国地域广阔，不同区域食品安全监管情境不一，在推进智慧监管过程中所需要的监管人员专业能力、操作水平等程度也不尽相同，食品安全智慧监管应用过程中存在复杂性（Grau – Noguer 等，2023）。

具体而言，我国西北地区等部分地区的食品安全监管部门对于数字化、信息化监管系统的建设和投入十分不足，且数字技术普及能力有限，加之其面对的食品安全生产经营主体数量庞大、分布广泛，加剧食品安全智慧监管应用过程的复杂性。一方面，食品产业链较长，食品安全智慧监管涉及范围面广、应用难度大，难以在全国各地开展食品安全可视化监管和数据精准化分析（Zhao 和 Talha，2021）。另一方面，食品安全数据智慧分析专业性强，特别是 3D 打印食品、人造肉等新型食品检验检测数据，必须依靠智慧设备和专业人员进行采集，难以搭建食品安全智慧监管可视化平台，加大了我国食品安全现代化进程的推进难度。

（四）跨界治理场景动态性

食品安全跨界治理过程中需要按照不同地域情境、文化习俗等特征开展场景化动态治理，但由于食品安全治理过程贯穿于食品科技化生产、智能化加工、可视化流通和平台化销售等各个环节（Machado Nardi 等，2020），在食品的各环节流动过程中，亟需推动食品安全治理场景动态更迭和演变革新。然而，由于跨境文化差异、治理目标不明晰，我国各地区食品安全治理场景存在建设目标不一、技术能力参差等挑战。

具体而言，一方面，由于食品安全治理需要联动国内外多元主体，但由于国内外在地域特征、文化氛围和治理方式等方面存在差异，亟需打造符合特定文化情境的食品安全治理场景，这为场景精准塑造和应用带来困难（King 等，2017）。另一方面，绿色化、低碳化的食品安全治理目标难落实，专门聚焦供应链各个环节开展绿色化、低碳化治理的食品安全治理机制仍然欠缺，难以构建生态循环、节能环保的食品安全治理生态（Ahearn 等，2016）。由此，我国亟需构建文化包容、绿色环保的场景化治理链条，联动食品供应链各个环节，对这四类食品安全治理场景进行动态跟踪和革新，保障食品安全跨境治理效果和绿色治理效益，破除食品安全现代化进程的障碍。

三、本章小结

本章明确数字经济赋能食品安全现代化的成效与挑战。一方面，从食品种类丰富多元、消费需求转型升级、食安技术创新驱动和治理边界拓展延伸等四个方面阐明数字经济赋能食品安全现代化的重要成效。另一方面，从源头风险识别响应性、食安主体类型多元性、智慧监管应用复杂性及跨界治理场景动态性等四个方面明确数字经济赋能食品安全现代化的现实挑战，从而为第六章进一步厘清数字经济赋能食品安全现代化的窘境与症结提供研究基础与分析依据。

第六章　数字经济赋能食品安全现代化：窘境与症结

一、数字经济赋能食品安全现代化的关键问题

数字经济为我国实现食品安全现代化提供了坚实基础和内生动力，但在数字经济赋能食品安全现代化的过程中，仍然面临数字品控标准建设不足、数字智慧链条衔接不够、数字膳食健康拥护不强、数字食安技术应用不深和数字全球文化交流不多等关键问题，阻碍我国食品安全现代化的步伐。

（一）数字品控标准建设不足，食品安全现代化供给难革新

基于大数据、物联网等数字技术建立的科学、完善的食品安全品控标准，不但能够保障食品品类特征、供给来源、检验检疫等过程安全放心，更能精准研判在供给过程中可能存在的食品安全隐患。然而，现有食品安全数字品控标准建设仍然不足，我国食品安全现代化供给难以优化革新。一是数字标准建设程度不足（Chen 等，2023）。面对植物肉、可食昆虫等未来食品，即食魔芋面、自热锅等网红食品等功能性食品，存在食品安全数字品控标准衔接性不足、协调性低下等问题，多种新型食品在生产过程难以找到配适度高的数字法规标准或品控体系，导致其难以生产，即使生产也难以找到契合的标准体系对其进行规制（Dipali 等，2021），制约食品安全现代化供给品类革新。二是数字品控标准覆盖有限。现有食品安全数字品控标准数量有限，且多仅涉及电商平台、社区团购等食品市场中有数字化信息记录的食品（Hou 等，2015），而难以对部分食品科技企业、小食品加工厂、街头餐饮商贩及食品经营个体户等主体进行可视化智能监控和精准化规制，易造成潜在食品安全隐患，难以提升食品安全现代化供给质量（Rezgar 和 Yuqing，2017）。

（二）数字智慧链条衔接不够，食品安全现代化流通难推广

一是数字智慧链条难搭建（Aday 和 Aday，2020）。我国部分地区卫星定位系统、智慧互联网系统、云计算中心等食品安全智慧化基础设施稀缺，加剧信息不对称窘境，食品安全综合管理大数据平台等利用率低，导致农户、家庭农场及新型农村合作社等主体与盒马鲜生、本来生活等电商平台间的食品供需数据难以及时对接（Rizou 等，2020），部分地区地标农产品、特色农产品等食品卖难买贵、流通不畅。二是食品现代化流通难推广（Ciulli 等，2020）。食品产业链智慧设施的搭建与推广，不但需要持续稳定的经费支持，还需要农户、农批市场等食品流通过程相关主体的接纳与认同。然而由于食品安全数字智慧设施建设成本高、维护难度大，现有智慧冷链物流、可视化运输车辆、绿色低碳冷库等新型流通设备难以推广普及（Prashar 等，2020），更难以全面覆盖，导致优质、新鲜的食品难以被消费者知晓并购买，制约了食品安全现代化流通体系发展（Doinea 等，2015）。

（三）数字膳食健康拥护不强，食品安全现代化需求难转型

消费者对于健康食品、营养食品等形成可持续的购买及拥护行为是提升消费者健康意识、改善国民健康水平的重要方式。然而，现有消费者面临膳食结构相对单一、健康需求难以满足等问题。一是膳食结构相对单一（王波和刘同山，2023）。我国消费者对健康食品等拥护程度不高，并存在总体摄入能量过高、脂肪供能比较高、膳食纤维较低等不合理的饮食结构，并存在蔬菜肉类种类单一化、微量维生素摄入量不足等隐形饥饿，这极大提高了我国消费者糖尿病、高血脂、低血糖等慢性疾病发病率（Ellington 和 Wisdom，2023）。二是精准营养难以普及。精准营养的创新与普及需要营养学、生物学等专业高端人才通过物联网、云计算等数字技术，对于消费者身体特征、饮食摄入及生活习惯等数据进行精准挖掘、分析和研判，并通过个性化定制符合个体特征的食谱、餐单等帮助消费者提升膳食营养水平、激发健康消费需求（Beck 和 Gregorini，2021），然而现有精准营养相关企业数量仍然不多，消费者健康消费意识仍然较低，更制约了精准营养科技成果的转化与市场投放，加大了食品现代化消费需求的转型难度（赵殷钰等，2023）。

（四）数字治理技术应用不深，食品安全现代化场景难搭建

推动食品安全治理技术数字化转型需要资金支持、场景适配和深度应用，

然而，现有食品安全治理情境存在数字治理技术研发资金有限、数字治理场景搭建困难等问题。一是数字治理技术研发资金有限。政府部门、科研单位及高等院校等在食品安全数字治理技术方面设置的基金项目、科研课题等仍然有限，科研人员申请难度大，且大数据、云计算等数字技术的研发应用所需经费较高（Donaghy 等，2021），科研人员更难以开展持续、稳定的科研实验和研发创新。二是数字治理场景搭建困难（Fritsche，2018）。农户等传统食品生产经营主体数字技术应用能力仍然有待提升，部分主体仅使用手机、台式电脑等数字设备，运用拍照、在线查询资料等方式开展智能化生产，难以搭建可溯性强、可视性高的食品安全现代化治理场景，更难以应对复杂的食品安全风险（King，2020）。

（五）数字全球文化交流不多，食品安全现代化监管难应用

美国、新加坡、日本及欧盟等发达国家或地区有鲜明的食品安全文化特征和成功的食品安全智慧治理范式，亟需对其展开深入学习和借鉴，然而，在我国食品安全现代化推进过程中，存在食品安全数字文化关注度不高、食品安全智慧监管难应用等问题。一是食品安全数字文化关注度不高。现有关于他国食品安全文化的关注、交流和应用程度不高（高阔，2023），利用混合现实等数字技术将异域食品安全文化应用于我国特定社会情境，并展开现场模拟和问题反馈的程度还不够。且在我国特色民俗文化、人情关系等社会背景下，我国食品安全相关主体会表现出独特的行为特征，更少运用行为模拟等技术对食品经营主体行为规范展开精准化规制（Allende 等，2022）。二是食品安全智慧监管难应用（陈俞全，2022）。在食品安全治理的过程中，全球各国、我国各省市政府监管部门等主体间尚未形成联动机制明显、治理响应迅速的智慧监管方式（De Boeck 等，2016；Limareva 等，2019），导致食品安全治理信息共享平台等新型智慧监管渠道难以应用推广，并存在数据难搜集、难分析等问题，食品安全现代化监管难以应用（Qian 等，2022）。

二、数字经济赋能食品安全现代化的核心症结

基于我国数字经济赋能食品安全现代化的关键问题，明确我国数字经济赋能食品安全现代化的过程中，仍然面临数字资源要素应用不足、数字组织链条整合不畅、数字健康意识培育不够、数字关键技术研发不力和数字文化价值挖

掘不深等核心症结。

（一）数字资源要素应用不足，制约食品安全现代化供给体系扩容提质

资源要素是食品安全各主体在生产经营活动过程中所需要的条件。数字经济推动供应数据、智能算法、电商平台等我国食品产业数字资源要素创新，但我国食品产业规模差异性大、分散性强，在数字资源要素与食品产业相融合的过程中，存在数字资源要素应用不足的困境，制约食品安全现代化供给体系扩容提质。

一是数字资源开发有限。我国生物资源种类多、食品产业链条长，但缺少运用数字技术对我国食品产地空间测绘、品质智慧监控等数据进行汇集分析，存在食品来源单一，渔业、林草业及畜牧业等食品资源开发利用不足等问题（励汀郁等，2023），且部分地区食品品类局限、功效较少，深海养殖、戈壁农业、林下经济等发展不足，降低新型食品研发创新能力和生物资源开发程度，更难以满足食品市场多元诉求和健康需要。

二是数字要素统筹困难。我国疆域辽阔，各地区食品生产标准不一、农林牧渔产业数字化水平参差，农产品作物长势、病虫害特征、智能质量分级等数字信息碎片化明显，且水稻等传统主粮占据生产优势，肉蛋奶等副食生产积极性不高，更缺乏高效的食品数据共享机制对各区域食品产业资源结构、空间布局、需求特征等信息进行统筹归集和智能分析，导致各地食品品质趋同性强、品牌知名度低，难以优化现有食品供给资源结构。

三是数字基础设施滞后。我国部分地区信息化水平不足，食品生产加工多采用手工或半自动等方式，5G基站、智慧农机、卫星定位、无人机等数字设备建设匮乏，食品产业数字基础设施较为薄弱，无法及时明确土壤、气象、温度等环境因素对食品生产过程的影响，限制了数字技术应用于食品供应链全程各个环节，更难以保障食品供应链的稳定性。

（二）数字组织链条整合不畅，阻碍食品安全现代化流通网络智慧转型

食品产业链是由食品产前、产中、产后等各环节形成的网络结构，各环节相互协作，共同提升组织韧性和效益。数字经济推动食品产业链条跨时空联结，对于联合经营主体、革新加工方式、重塑组织形态等意义重大。而我国食品产业链存在智慧物流建设不足、县域集群特色不够、三产融合程度不深等问题，凸显数字组织链条整合程度低，阻碍食品安全现代化流通网络智慧转型。

一是智慧物流建设不足。我国智慧物流大多分布在一线城市和东部地区，部分中西部地区道路设施不完善、物流节点较分散，冷链物流服务体系仍有待健全，且产地预冷冷库、可视化冷藏车等智慧冷链设备费用较高，食品在运输中可能存在较高损耗率和流通成本，更降低了各主体共建智慧物流的主动性。

二是县域集群特色不够。我国县域特色食品产业多而不优，有影响力的县域食品品牌数量不多，且较少运用预定种植、电商直播、社区直销等数字化方式开展线上推介，部分地区食品产业智慧种养能力不足、精深加工水平较低、龙头企业数量稀缺，降低县域特色食品产业市场知名度和竞争力。

三是三产融合程度不深。我国食品生产经营主体具有"小、散、乱"特征，且尚未建成全国性食品产销数据共享平台，电商平台等食品销售主体与农户等食品生产主体间难以形成稳定的利益联结机制，偏远地区三产融合程度不深、食品产销对接困难、假冒伪劣频发，食品产业附加值难提升。

（三）数字健康意识培育不够，限制食品安全现代化消费素养整体提升

健康意识指个体关注自身健康情况的程度，多用于探究人们对健康信息的搜寻和处理水平（Dutta‐bergman，2005）。数字经济背景下"互联网＋"迅速普及，在线平台成为消费者获取食品安全信息和知识的重要渠道，能够帮助其培育膳食健康意识、改善日常消费习惯。但由于数字营养认知有限、膳食均衡偏好较低、社会健康氛围不足，导致我国消费者数字健康意识培育不够，更限制了食品安全现代化消费素养整体提升。

一是数字营养认知有限。我国部分消费者在面对动态烦琐的食品安全数字信息时，缺少食品营养辨识能力和定期监测自身营养状况的习惯，且政府、食品企业等权威主体多运用纸质手册等传统方式普及食品营养知识，电商平台等部分市场主体所售食品缺少电子营养标签，我国消费者数字营养认知难以提升。

二是膳食均衡偏好较低。我国正处于居民膳食结构转型关键期，居民外卖食品消费量和外出就餐比例等持续提升，食品消费便捷性改变了居民饮食方式和膳食结构，导致部分居民过多摄入盐和红肉，而鱼禽、蔬果、奶制品等食品摄入量却远远不够（刘晓洁等，2023），且存在微量营养元素摄入不足和高糖高脂食物摄入过量并存的现象，超重、三高等慢性病问题突出，阻碍消费者形成膳食均衡偏好。

三是社会健康氛围不足。数字经济能够驱动消费者积极参与食品安全事件、开展健康信息交流，但也促进了食品安全数字谣言肆意滋生和链式传播，导致消费者盲目抵制、恐慌购买等非理性行为，不利于培育社会健康氛围。社交媒体蓬勃兴起使数字食品安全信息主体更加多元，虚假、失真的食品安全信息易在互联网广泛传播，降低政府部门等权威主体精准规制效能，更约束食品企业等市场主体共同培育社会健康氛围的积极性。

（四）数字关键技术研发不力，束缚食品安全现代化生态环境绿色和谐

食品安全关键技术应用于食品生产加工、流通配送、消费服务等供应链各环节及食品安全监管全过程。数字经济促进食品生产精细化、流通高效化、治理协同化，为研发更加高效、可持续的食品安全数字关键技术，并推进食品清洁生产、低碳流通、绿色消费等带来契机。然而，我国部分食品产业相关主体过度依赖现有自然资源禀赋，沿用高能耗、高污染的粗放型生产经营方式（许宪春，2019），对食品安全数字关键技术研发重视程度不足，束缚食品安全现代化生态环境绿色和谐。

一是绿色技术发展滞后。我国食品供应方式较为落后，数字经济在绿色技术研发等方面应用程度不深，难以对化肥、农兽药等农业投入品及化石能源等农业生产燃料的用量展开动态监测，土壤质量监控、农业废弃物测算、生态环境风险评估等食品生产绿色技术自主创新不足，生物质能、太阳能等清洁能源在食品绿色智慧生产方面应用有限，降低了食品生产过程中减污降碳的效果，制约食品产业数字化转型（黄晓慧和聂凤英，2023）。

二是低碳节约理念薄弱。一方面，我国食品生产资源利用率不高，而食品安全智慧监管尚未普及，监管人员存在低碳环保意识不强、智慧设备应用不畅等问题，并缺乏促进食品低碳供给的责任感和主动性，加大了食品产业低碳发展的难度。另一方面，我国消费者低碳节约的食品消费理念薄弱，数字营销背景下消费者更容易受精准推送、可视化场景展示等数字技术影响，易产生食品冲动消费、过度消费等行为，导致食品超量生产和超量浪费现象并存（邬晓燕，2022）。

三是智慧溯源应用不足。我国食品从"田间到餐桌"涉及多个环节，区块链等数字技术所构建的智慧溯源系统面临碳排放数据难汇集、环境污染信息难共享、跨区质量监测难精准等问题，且我国智慧溯源发展时间短、建设成本高，食品安全智慧溯源应用不足。

（五）数字文化价值挖掘不深，影响食品安全现代化民族精神传承延续

我国食品安全文化厚植于悠久的历史饮食文脉和鲜明的民族风情风貌。数字文化是数字经济驱动民族文化转型的未来趋势，其强调运用数字技术对传统文化内容进行创作、生产及传播。然而，我国部分地区地势偏远，食品安全文化资源闲置浪费、低效利用等现象严重，且市场规模小、创新程度低，数字文化价值挖掘不深，影响食品安全现代化民族精神传承延续（范建华和邓子璇，2023）。

一是区域文化影响局限。食品安全区域文化能够展现我国各地的历史文脉、饮食方式和民俗风情，但部分地区数字设施不完善，农遗食品等展现区域文化的食品供需信息衔接不足，导致其品牌效应不强、辐射范围窄，区域文化难以形成影响力。

二是民族价值传承不深。数字经济能够丰富民族饮食文化展示形态，但缺乏对民族文化缘起、发展等背景进行多维阐释和活化利用，更缺少依托数字技术丰富民族饮食文化产品供给，我国消费者缺少与民族饮食文化开展多场景交互的渠道，更难对其价值产生深刻认同，导致许多传统饮食文化价值传承不深、延续困难。

三是跨界治理协作困难。各国数字设施互联互通有限、数字技术融通共享有限，食品安全主体间存在风险信息"数字鸿沟"，且部分欠发达地区食品安全数字治理思维不足、区域合作不够，难以构建跨界联动、互信共治的全球食品安全现代化格局。

三、本章小结

本章明确数字经济赋能食品安全现代化的窘境与症结。一方面，从数字品控标准建设不足、数字智慧链条衔接不够、数字膳食健康拥护不强、数字治理技术应用不深及数字全球文化交流不多等五个方面出发，阐明食品安全现代化供给难革新、食品安全现代化流通难推广、食品安全现代化需求难转型、食品安全现代化场景难搭建及食品安全现代化监管难应用等数字经济赋能食品安全现代化的关键问题。另一方面，从数字资源要素应用不足、数字组织链条整合不畅、数字健康意识培育不够、数字关键技术研发不力及数字文化价值挖掘不深等五个方面出发，明确制约食品安全现代化供给体系扩容提质、阻碍食品安

全现代化流通网络智慧转型、限制食品安全现代化消费素养整体提升、束缚食品安全现代化生态环境绿色和谐及影响食品安全现代化民族精神传承延续等数字经济赋能食品安全现代化的核心症结，从而为第三篇"实践视角与多维探索"提供理论基础与现实依据。

第三篇 >>>

实践视角与
多维探索

第七章　数字标准体系与食品安全现代化供给

一、文献综述与理论基础

（一）数字标准体系

食品供应链各环节标准体系建设是助力食品产业转型升级、促进中国食品安全现代化的重要着力点（张小允和许世卫，2022）。食品安全情境下，标准体系是指在食品原料采购、生产加工、存储销售等环节进行科学统一管理，涵盖食品原料品控过程、制作行为规范、冷链物流建设、质量检验检测等，能够提升食品综合质量，规范市场经营秩序。标准体系多用于开展食品安全质量评估，并能够降低食品安全风险（Jatib，2003；Prasetya，2022）。由此，数字标准体系是指将大数据、人工智能及物联网等前沿数字技术运用至食品安全标准体系建设之中，通过食品原料智能品控、加工过程精准规范、冷链物流可视化建设、质检结果云端核验等助力供应链各环节数字化转型，从而对食品供应过程进行统一监督管理，从而有效提升食品安全监管效能，提高食品综合质量，并进一步规范电商平台等数字化主体经营秩序（David 等，2022；刘振中，2022）。

开展数字标准体系建设，能够厘清食品精准供应流程、智慧流通方式、平台销售过程等相关数据，明确供应链全程各主体的职责职能和扮演角色，精准捕捉数字技术在开展食品安全可视化管理等过程中存在的问题并及时更正（Laux 和 Hurburgh，2010；King 等，2017）。可见，数字标准体系是促进我国食品规模化、优质化供给，助力食品安全管理数字化转型，进而实现食品产业可持续发展的重要方式。

（二）食品安全现代化供给

食品安全现代化供给是实现中国食品安全现代化的必经之路和实践基础。

食品安全供给强调食品供给者所提供食品的安全水平（Henson 和 Traill，1993）。基于"大食物观"食品安全战略的提出，以及我国食品安全理念由数量安全、质量安全朝营养安全不断迈进的现实背景，食品安全现代化供给强调食品供给质量安全、供给数量充足、供给类型多元等，其以满足消费者食品安全要求和膳食营养需求为衡量标准（Dzwolak 等，2019；王可山，2022）。

在"懒宅经济"迅速发展、新零售新电商方兴未艾背景下，预制菜产业作为农业一二三产业融合发展的新模式，是食品安全现代化供给的重要表现形式，也是践行习近平总书记"大食物观"、促进农产品产业链延伸、确保人民群众营养膳食健康的重要抓手。预制菜是以一种或多种农产品为主要原料，运用标准化流水作业，经预加工、预烹调和预包装的成品或半成品菜肴，涵盖料理包、鲜切菜等品类。新冠疫情防控期间"懒宅经济"兴起，大盆菜、海鲜锅、酸菜鱼等预制菜消费需求迅猛增长。《2021—2022 中国预制菜行业发展报告》数据显示，2021 年我国预制菜市场规模超过 3 000 亿元，2025 年将突破 8 300 亿元。2022 年 1 月国家发改委发布《关于做好近期促进消费工作的通知》，鼓励制售半成品和净菜上市；同年 6 月，中国烹饪协会正式发布《预制菜》团体标准。

二、数字标准体系视角下食品安全现代化供给实践特征

我国食品安全现代化供给的实现离不开数字标准体系的建设与推广，辨明数字标准体系视角下食品安全现代化供给实践特征，能够为明确数字标准体系作为助推食品安全现代化供给的重要抓手提供实践思路和依据。

以预制菜为例，从数字标准体系视角出发，我国预制菜产业数字标准建设体系取得初步成效。首先，预制菜地方数字标准稳步推进。广东、山东、江苏等各地政府及行业组织纷纷出台预制菜相关标准，涵盖预制菜定义、分类、评价指标、检验规则等方面；其次，预制菜产业数字集群初具规模。天眼查数据显示，截至 2022 年 6 月，我国预制菜企业已超 6.6 万家，同时，广东省肇庆市、山东省寿光市等地大力推进预制菜智慧产业园建设，为打造预制菜产业数字集群提供良好基础；再次，预制菜可视化中央厨房陆续建成。我国各地大力兴建预制菜可视化中央厨房，聚焦食材清洗切剁、烹饪分装等制作预制菜菜品，并通过供应规模化、产品标准化、仓配一体化、制作可视化等提升整体效率和数字化水平，中研普华产业研究院数据显示，2020 年我国规模以上连锁

餐饮中央厨房渗透率达 80%；最后，预制菜关键数字技术日渐突破。我国预制菜产业率先研发液氮喷雾速冻技术、生物发酵技术、滚揉快速腌制技术等多项国际先进数字技术，为保障预制菜质量安全提供有力支撑。

然而，我国预制菜产业数字标准建设体系面临发展瓶颈。一是预制菜产业数字标准体系有待细化。我国预制菜产业小、乱、散现象明显，各经营主体之间存在食材来源渠道差异、营养精准搭配有限、制作流程可视化不足、菜品价格动态波动等问题，且不同消费群体口味迥异，预制菜产业数字标准体系亟待明晰。二是预制菜智慧监管标准有待规范。预制菜供应品类丰富多元，但添加剂用量范围不清、食品电子标签信息不明、可追溯系统应用不畅、平台资质认定不全等问题频现，凸显其智慧监管标准仍尚未健全。三是预制菜数字营商环境有待加强。预制菜具有便捷性强、销售量大等特征，且消费过程涉及团餐、生鲜电商平台等多元数字消费场景，而现阶段我国的政策支持力度仍然非常有限，在平台商家准入机制、企业数字信用档案建设、高端人才队伍组建等方面存在局限，一定程度上制约了预制菜产业高质量发展。

三、数字标准体系是助推食品安全现代化供给的重要抓手

预制菜产业是落实数字标准体系的重要着力点，也是推进食品安全现代化供给的重要主体，可以作为数字标准体系与食品安全现代化供给间的重要衔接点。由此，以预制菜产业为例，明确数字标准体系作为助推食品安全现代化供给的重要抓手。

第一，建立预制菜品控数字标准。一方面，聚焦净菜、鲜切菜、料理包等预制菜多元品类，设立预制菜"从田间到餐桌"全流程质量安全标准，涵盖生产基地标准、食材供应标准、仓储保鲜标准、腌制烹饪标准、膳食营养标准、标签信息标准等多个方面，以"源头质量检测-加工品质管控-流通过程溯源-消费维权服务"打造立体式预制菜品控标准体系。另一方面，立足国际预制菜质量安全标准，鼓励味之香、安井食品等龙头企业与政府、科研机构、行业协会等主体共同确立预制菜质量安全国家标准及行业标准，引导有条件的地区设立地方标准，推动预制菜龙头企业率先设立企业标准和团体标准，并在食材加工工艺、添加剂含量、菜品包装标识等方面做出科学规定，保障预制菜质量评价可靠、品质评级明晰。

第二，推广预制菜智慧冷链物流。一是强化智慧冷链物流资源投入。加强

预制菜国家级智慧冷链物流基地、产销智慧集散中心等基础设施建设，引进冷藏前置仓、冷库温控系统、环保运输车、智慧搬运机器人等预制菜"冷链＋智慧设备"，提升预制菜智慧冷链物流标准化水平。二是研发智慧冷链物流前沿技术。着力研发货物识别技术、低碳制冷技术、全球定位技术等新型冷链物流技术，提高预制菜冷链信息采集、传输和分析效率及信息共享水平，协同推动冷链物流人机交互协作、库存盘点结算和配送路径优化，保障菜品质量可控可溯。三是推进智慧冷链物流广泛应用。在通商口岸、龙头企业、大型冷链基地等推广预制菜智慧冷链物流，助力预制菜低温加工、消杀分拣、保鲜质检标准化，降低企业运营成本和整体效应，构建产销衔接顺畅的预制菜智慧冷链物流网络。

第三，打造预制菜产业示范园区。一方面，明确预制菜产业示范园功能定位。以招商引资、联盟合作等方式吸引大型农业企业等入驻预制菜产业示范园，并合理规划园区项目用地规模及功能分区，建设集生态养殖、生产加工、冷链配送、菜式研发、质量监测、科普研学等功能于一体的预制菜产业示范园，促进预制菜产业链标准化发展。另一方面，推动预制菜产业示范园扩容提质。以"政府投资、企业合作、社会资本参与"，大力推进园区中央厨房建设，以净菜加工、肉禽分割包装等提升产品质量安全水平，协同发展订单农业，运用信息技术精准捕捉消费端数据，推动中央厨房菜品标准化，倒逼供应源头农业定制化种植养殖，扩大预制菜销售规模，激发预制菜产业园区发展活力。

第四，擦亮预制菜区域特色品牌。一是立足预制菜区域特色资源。以区域农产品特色、传统餐饮企业资源禀赋、地方菜系及民族文化等为基础，设计粤菜、川菜、滇菜等预制菜特色菜谱，并结合健康消费需求、膳食营养理念，研发预制菜特色菜品，以农、商、文、旅融合擦亮预制菜区域特色品牌。二是开展预制菜区域品牌推广。组织预制菜龙头企业等积极参加旅交会、农博会等展会，各地政府大力举办预制菜产销会，并在当地知名景区和酒店对预制菜进行品牌宣传推广，吸引国内外消费者前来品鉴，协同运用直播平台、社交媒体开展预制菜区域特色菜品推荐活动，提升预制菜区域特色品牌的知名度和美誉度，扩大我国预制菜市场占有率。

第五，设立预制菜数字监管机制。一是完善预制菜全链条数字追溯。推动市场监督管理局、海关总署等联合设立国家级预制菜数字追溯平台，综合运用大数据、物联网、人工智能等前沿数字技术，在预制菜食材生产、产品组合、鲜切加工、冷链配送、烹制食用、口碑评价等方面展开数据抓取和关联分析，并运用可视化技术明晰预制菜食品安全风险特征和监管困境，提升预制菜数字监管敏捷性和响应性。二是实现预制菜全场景数字监管。聚焦电商平台、团餐消费、餐饮企业、连锁超市等差异化预制菜数字消费场景，整合预制菜产品监管流程和内容，对产品质量标准、价格综合管控、商户经营许可、平台信用监督、企业稽查考核等开展数字监管，并将监管结果上传至数字信用档案且定期对外公示，提升预制菜数字监管效率。

四、本章小结

本章分析数字标准体系与食品安全现代化供给。首先，从数字标准体系和食品安全现代化供给两个角度出发，厘清数字标准体系与食品安全现代化供给的文献综述和理论基础。其次，以预制菜为例，从数字标准体系有待细化、智慧监管标准有待规范、数字营商环境有待加强等三个方面，剖析数字标准体系视角下食品安全现代化供给实践特征。最后，从建立品控数字标准、推广智慧冷链物流、打造产业示范园区、擦亮区域特色品牌及设立数字监管机制等五个方面，提出将数字标准体系作为助推食品安全现代化供给的重要抓手。

第八章　数字标签质量与食品安全现代化需求

一、文献综述与理论基础

（一）数字标签质量

标签是指贴在物品上的文本注释，其能够向消费者提供产品描述信息，如产品名称、规格形态、用途特征、促销价格等，可以帮助消费者了解产品相关重要信息（Lancaster 等，2000；范毅伦等，2023）。随着食品产业朝科技化、信息化、数字化等不断发展，标签在食品包装上应用广泛，食品标签是在食品包装中有关品牌文字、图形符号等方面说明物，其类型包括食品名称、配料表、检测批号、日期标志等，其是对食品属性特征等方面的描述，合法准确的食品标签内容展示能够帮助消费者准确把握食品信息（Tang 等，2004；黄泽颖，2020；王瑛瑶等，2021）。在跨境电商食品消费情境下，数字标签质量是通过人工智能、虚拟现实等数字技术对食品名称规格、生产日期等多元质量信息一致性、完整性等方面的评价，主要包括食品食用过程、营养成分等方面的内容（马也骋，2018；Chang 等，2020）。数字标签质量可分为数字标签内容质量、数字标签展示质量和数字标签规制质量，优质规范的数字标签质量能够帮助消费者对食品属性特征、用途规范有更清晰、精准的把握（DelVecchio，2001）。

（二）食品安全现代化需求

食品需求对满足人民群众美好生活需要有重要作用，食品能够为消费者日常生活中营养补充、能量供给等提供所需物质（毛中根和王鹏，2023）。随着居民消费水平不断提升、膳食营养需求转型升级，人民群众对食品需求更加多元化、丰富化，主要表现为从数量安全、质量安全向营养健康、安全美味、方便快捷等方面发展（李文龙，2023）。食品安全现代化是由传统食品向现代食品、单一食品向多元食品转型，食品安全现代化需求指在满足食品安全的基础上，对于食品种类丰富多元、膳食营养健康全面等方面的需求，其丰富了传统情境下食品安全需求的内涵及特征。随着数字经济不断发展、数字技术深度应用，食品产业借助大数据、人工智能、区块链等数字技术，在食品原料端、生产端、加工端等环节实现全产业链溯源（曾新安等，2022），推出促进消费者营养健康的多元食品和新型饮食结构，在切实保障消费者食品安全的同时，也受到了广大消费者的青睐和拥护（青平等，2023）。消费者拥护行为是消费者主动加强自身与电商平台所销售食品及相关服务之间的关系（Wilk 等，2018）。Aksoy 和 Yazici（2023）认为消费者拥护行为通常表现为在电商平台购买食品过程中对特定食品产生购买欲望或支持行为（宋良多，2021）。健康营养、信息可靠的食品作为现代消费群体的重要需求，其附有的数字标签能够为消费者提供详尽可靠、丰富全面的食品信息，数字标签质量是消费者了解食品信息、评估食品并做出购买判断的方式，主要包括数字标签内容质量、数字标签展示质量和数字标签规制质量（Guthrie 等，1995；Cowburn 和 Stockley，2005）。优质可靠的数字标签质量能够提高消费者对所选购食品的信任，降低其风险感知，拉近其与食品间的心理距离，有助于促进消费者形成拥护行为（陈默等，2018）。

二、研究模型与研究假设

（一）研究假设

1. 数字标签内容质量对消费者拥护行为的影响

数字标签内容质量是指通过虚拟现实等数字技术呈现食品营养成分、产地来源、卡路里含量等多元信息时的丰富性和科学性（Gorla N 等，2010；卢敬锐等，2023）。标签内容具有直接向消费者在线提供并传递食品相关信息的作用，其类型主要包括食品种类名称、营养成分可视化图表、规格净含量、生产者或经销者的名称、来源产地、生产日期和保质期限等内容（Tang 等，2004；聂卉和司倩楠，2018）。数字标签内容质量对于正确引导消费者选购所需食品有重要作用，还能通过科普宣传食品营养成分、健康功效等信息，进一步影响消费者的膳食搭配方式、食品选购习惯等，对提升消费者的营养健康水平、食品安全素养产生了重要作用（Barreiro-Hurle 等，2010）。随着我国与全球各国食品进出口贸易越来越广泛及密切，线上消费过程中，消费者面临的跨境电商食品种类和数量也日益增多。在跨境电商食品消费情境下，面对产自异域的跨境电商食品，跨境电商食品的数字标签内容能够帮助消费者进一步明确跨境电商食品产地来源、属性特征和营养成分含量，进而引发消费者对食品产生具体的认知和理解，能够更好地降低其消费决策过程中可能产生的不确定性认知（Ajzen，2015；Lee 和 Yeon，2021）。进一步说，数字食品标签内容能够通过物联网、区块链、智能算法及人工智能等前沿数字技术，向消费者提供详尽的食品营养成分含量、供应溯源过程等食品安全信息，从而保障食品供应链全过程的质量安全可控（王绩凯等，2018；Galvez 等，2018；Yang 等，2022）。同时，跨境电商食品的数字标签内容质量能够帮助消费者更精准地评估和判断食品质量安全程度，也能够在一定程度上提升消费者对于跨境电商食品的信任和认可程度，并依此做出合理的购买决策。可见，数字标签内容质量越高，越能够促进消费者拥护行为的形成。由此，提出以下假设：

H_1：数字标签内容质量对消费者拥护行为有显著正向影响。

2. 数字标签展示质量对消费者拥护行为的影响

数字标签展示质量是指电子商务平台等食品在线经营主体，运用智能图文、在线视频等非接触式信息浏览方式，对食品外在形态、属性特征等标签信息呈现易读性和生动性的程度（Orús C 等，2017；于爱芝等，2023）。数字标签能够通过为消费者提供图文视频等信息提高消费者对食品属性等认知过程的容易程度和精准程度，其类型主要包括食品属性文字介绍，色彩丰富、搭配得当的图案，以及具有生动性、沉浸感的视频等（Huffman 等，2003；张博和胡莹，2020）。数字标签展示质量对于满足消费者食品属性特征、营养成分等信息需求，并加深消费者对食品功能性、功效性的理解程度具有重要作用（张郁和陈磊，2023）。进一步说，电商平台等食品在线经营主体通过设计精致、美观的数字标签，能够使消费者对于其所售食品具有更强的立体感、真实感，二维码技术、增强现实技术、人机互动技术等数字技术能够通过提高食品外观的视觉效果，从而增加消费者在线消费过程的互动体验和沉浸体验（Mirsch 等，2017；何秋蓉等，2018）。随着在线消费过程中食品标签朝智能化、科技化等方面不断发展，消费者对跨境电商食品的了解渠道和了解方式日益多元（Vanderroost 等，2014）。在跨境电商食品消费情境下，食品质量安全溯源信息和产地认证信息等成为消费者购买跨境电商食品时的关注重点，同时，虚实融合等数字技术得到应用广泛，其能够用于完善在线科普视频对跨境生鲜食品、未来食品、绿色食品、有机食品等多元食品品类食用方式、消费场景、营养价值等相关信息进行清晰明确、简明可靠的展示，从而能够满足消费者对即时性、精准性食品安全信息的核心需求（Galvez 等，2018；Kamilaris 等，2019；黎映川等，2021）。同时，数字标签展示通过视频等交互性强、及时性高的信息传递方式，能够为消费者提供食品异国质量认证、食品产地场景呈现等多元化信息，从而提升消费者理解信息的速度和程度，也能够使消费者支持所选食品（周云令等，2021；Fuchs 等，2019）。进一步说，跨境电商食品的数字标签展示质量能够使消费者准确、完整地了解所选食品信息，提升跨境电商食品信誉度和质量可信度，并依此做出精准、快速的购买决策判断（石静和朱庆华，2021）。可见，数字标签展示质量越高，越能够促进消费者拥护行为形成。由此，提出以下假设：

H₂：标签信息展示质量对理性购买行为有显著正向影响。

3. 数字标签规制质量对消费者拥护行为的影响

数字标签规制质量是指跨境电商平台通过在食品数字标签中发布食品安全法律法规等相关政策规定，明确各种食品数字标签应共同遵守的内容，涵盖电商平台对于营养标签、辐照食品标签等多元食品法规的在线呈现，其体现了数字标签质量规制的权威性和可溯性要求（Ippolito 和 Mathios，1993；高秦伟，2018；刘奂辰和王君，2019）。数字标签规制质量具有降低消费者食品安全风险感知、帮助消费者预防可能产生的经济损失的作用，其类型主要包括食品数字标签中食品安全追溯过程、监管方式、质量规范等多元信息（Jones 等，2019）。数字标签规制质量具有权威性和可靠性，其对于在线保护消费者食品消费权益有着重要作用（易前良和唐芳云，2021）。进一步说，数字标签规制质量能够强化跨境电商平台等食品经营主体对于跨境电商食品追溯过程、产地信息、质量认证机构、政府监管批次等方面的信息展示，从而帮助消费者通过"扫码追溯"等数字化方式及时明确问题食品来源特征，并进一步找到责任主体并开展精准维权（刘成等，2019；徐娟和杜家明，2020）。随着我国消费者对于膳食营养水平、健康管理方式、食品安全意识的不断提高，消费者逐渐重视食品安全质量要求（周小理等，2021）。在跨境电商食品贸易量不断增加的背景下，消费者可能更加重视政府等监管部门对产自异域、风险传播迅速的跨境电商食品的监管力度和监督程度（张丽媛等，2021；史高嫣，2022）。在跨境电商食品消费情境下，消费者难以得知跨境电商生产经营者是否按照《食品安全法》《进出口食品安全管理办法》等相关法律规定和监管文件严格把控食品异国生产、跨境流通和检验检疫过程，更难以明晰食品安全经营主体职责职能，数字标签规制质量能够有效破解这一窘境，更加精准、高效地保障消费者跨境电商食品消费权益（张薇，2022；费威，2019）。进一步说，跨境电商食品的数字标签规制质量能够缓解消费者消费过程中可能存在的信息不对称现象，有效保障消费者对于跨境电商食品质量规制过程和规制方式知情权、在线参与权及监督权，并依此做出科学的在线购买或支持行为（于达尔汗，2018；涂永前和王晓天，2019）。可见，数字标签规制质量越高，越能够促进消费者拥护行为形成。由此，提出以下假设：

H₃：数字标签规制质量对消费者拥护行为有显著正向影响。

4. 风险感知的中介效应

风险感知是指消费者对所购产品及其购买结果存在着质量安全等方面的不确定性的主观判断（Li 等，2020）。Bauer（2001）认为消费者的购买行为都会存在一定的风险。为了避免消费过程可能产生的风险，消费者会通过主动或被动的明确食品属性特征等相关信息来降低这种不确定性。Hobbs 等（2005）进一步指出，消费者对可追溯食品的购买意愿主要受到食品数字标签信息的真实性和完整性、食品在线购买价格、消费者自身收入水平及食品安全认知等多元因素影响（张蓓等，2022）。

首先，风险感知是人们对于消费过程中可能发生的不利结果的主观判断，数字标签内容质量、数字标签展示质量和数字标签规制质量高低程度，可能会对消费者购买决策形成和支持程度等产生影响（Dong 和 Wang，2018；唐赫和许博，2022）。具体来说，食品在线购买过程中，在数字标签内容质量方面，充分全面、准确可靠的食品数字标签内容质量能够帮助消费者更加明确选购产品的营养成分等方面的核心特征；在数字标签展示质量方面，色彩丰富、信息生动的食品数字标签展示质量能够帮助消费者更加明确选购产品的食品价值等方面的核心特征；在数字标签规制质量方面，形式多样、信息权威的食品数字标签展示质量能够帮助消费者更加明确选购产品的食品追溯等方面的核心特征。可见，数字标签质量越高，越能增加消费者对食品的信任程度和消费欲望，在一定程度上促进跨境电商食品经营主体与消费者之间的互动交流的同时，能够降低消费者对跨境电商食品的风险感知。

在跨境电商食品消费情境下，消费者对于异域食品而产生的风险感知可能更加强烈（韩放，2021）。数字标签内容质量越高，越能帮助消费者清晰、全面地厘清异域食品产地环境、新型营养成分、特殊功效价值等多元特征，从而降低消费者对该食品可能存在的风险感知。在数字标签展示质量方面，数字标签展示质量越高，越能帮助消费者准确、完整地厘清跨境电商食品质量认证、产地场景展示、产品属性解读等多元特征，从而降低消费者对跨境电商食品可能存在的风险感知。在数字标签规制质量方面，数字标签规制质量越高，越能帮助消费者精准、高效地厘清异域食品安全溯源、检验检疫安全认证、监督进度实时可查等多元特征，从而降低消费者对该食品可能存在的风险感知。可见，在跨境电商食品消费情境下，消费者对数字标签质量的认知能够影响风险感知，数字标签内容质量、数字标签展示质量和数字标签规制质量越高，消费者对食品的风险感知越小。由此，提出以下假设：

H_4：数字标签内容质量对风险感知有显著负向影响。

H_5：数字标签展示质量对风险感知有显著负向影响。

H_6：数字标签规制质量对风险感知有显著负向影响。

其次，较低的跨境电商食品风险感知能促进消费者做出合理明确的购物判断（崔剑峰，2019）。

进一步说，在跨境电商食品消费情境下，风险感知会降低消费者对购买过程中对于规避风险、保障所购食品质优安全的控制能力和控制程度，进而影响其对跨境电商食品异国来源真实性、检验检疫可靠性等方面的信任和认同程度。可见，在跨境电商食品消费情境下，风险感知越强，越会对消费者拥护行为产生负向影响。由此，提出以下假设：

H_7：风险感知对消费者拥护行为有显著负向影响。

最后，在线购买情境下，消费者所处的在线信息环境会对其风险感知产生影响，进而影响其对于所选产品的态度和行为（Littler 和 Melanthiou，2006）。基于此，面对食品标签数字化，丰富全面的数字标签内容，可视化、互动性强的数字标签展示，权威可靠的数字标签规制等数字标签质量特征均能降低消费者的风险感知，使其对跨境电商食品产生拥护行为。

进一步说，在跨境电商消费情境下，消费者会更注重品质高、外观美、监管严的食品，风险感知能激发其购买欲望并产生拥护行为。优质多样化的数字标签内容质量能够提高消费者食品认知水平，对所选购食品的风险感知就会低，进而促进消费者形成拥护行为。动态可视化的数字标签展示质量能够吸引消费者注意力，并了解到更多食品信息进而降低其风险感知，促进消费者形成拥护行为。严格合法化的数字标签规制质量会保障跨境食品安全，消费者风险感知随之降低，促进其形成拥护行为。可见，优质的数字标签内容质量、数字标签展示质量和数字标签规制质量会提升消费者对跨境食品的信任，风险感知低的消费者更易产生消费者拥护行为。由此，提出以下假设：

H_8：风险感知在数字标签质量与消费者拥护行为因果关系间具有中介效应。

H_{8a}：风险感知在数字标签内容质量与消费者拥护行为因果关系间具有中介效应。

H_{8b}：风险感知在数字标签展示质量与消费者拥护行为因果关系间具有中介效应。

H_{8c}：风险感知在数字标签规制质量与消费者拥护行为因果关系间具有中介效应。

5. 心理距离的调节效应

解释水平理论表明，心理距离以时间、空间、社会距离和假设性等不同维度影响个体的心理解释，这些解释反过来又指导预测、评估和行为（Trope等，2007）。在线消费情境下，心理距离是指以人的心理感受作为判断某种事物接近或远离的标准，进而影响人们对客观事物的判断与行为决策（朱丽娜，2022）。在跨境电商食品消费情境下，心理距离是指消费者对跨境电商食品或购买环境所产生的情感接近程度，较近的心理距离能够提高消费者认为跨境电商食品与自身间的相关性程度（Benedicktus，2008）。对于食品数字标签，心理距离表现为消费者对数字标签质量的综合理解。近的心理距离，数字标签质量会使消费者对跨境电商食品有更清晰全面的认知并对其产生信任。

在数字标签内容质量方面，心理距离越近的情境下，异域食品越能引起消费者的关注（高笑，2022）。由此推测，心理距离近时，外观精美、可靠的数字标签内容质量能降低消费者风险感知。在数字标签展示质量方面，个性化数字标签展示信息呈现方式可以引导消费者的选择性注意，并产生更合理的价值判断，并产生选择决策（李芳等，2018）。由此推测，心理距离越近的情境下，可视化的数字食品标签能降低消费者风险感知。在数字标签规制质量方面，可靠的数字标签规制更能促进消费者产生信任等内在反应（任立肖等，2021），即心理距离越近的情境下，权威性、可靠性较高的数字标签规制质量能降低消费者风险感知。由此推测，相较于心理距离远的情境下，在心理距离越近的情境下，数字标签内容质量、数字标签展示质量、数字标签规制质量等越好，越能帮助消费者更好地了解食品信息并降低其风险感知。由此，提出以下假设：

H_9：心理距离在数字标签质量与风险感知因果关系间具有调节效应。

H_{9a}：心理距离在数字标签内容质量与风险感知因果关系间具有调节效应。

H_{9b}：心理距离在数字标签展示质量与风险感知因果关系间具有调节效应。

H_{9c}：心理距离在数字标签规制质量与风险感知因果关系间具有调节效应。

（二）研究模型

综上所述，本章基于风险感知理论、解释水平理论，以数字标签内容质量、数字标签展示质量、数字标签规制质量为前因变量，风险感知为中介变量，心理距离为调节变量，消费者拥护行为为结果变量，构建消费者数字标签质量风险感知对消费者拥护行为影响研究模型（图8-1）。

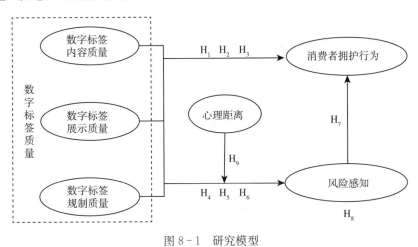

图8-1 研究模型

三、量表设计与数据搜集

本章采用问卷调查法展开研究，调查问卷以消费者通过天猫国际平台购买进口大米为背景，调查食品标签质量对消费者拥护行为的影响。天猫国际作为《2022年度中国跨境电商"百强榜"》中知名的进口跨境电商，创新实现面向国内消费者的零售和定制化销售，为消费者提供了更加新鲜、快捷、透明的产品供应。原装进口泰耆氏牌泰国茉莉香米，香米销售量占天猫国际平台进口大米销售量前列。在天猫国际平台上，泰国泰氏茉莉原装进口香米（原料产地为泰国、定价为64.9元、规格为5千克/袋、套餐分量为5人份、保质期为2年），暑期首单价格为59.9元（原料产地为泰国、规格为5千克/袋、套餐分量为5

人份、保质期为 2 年），并具有 885 开头泰国条形码和有泰国商务部认证绿色稻穗 Logo，该香米在大米类目中居于前列。以消费者在天猫国际平台购买进口大米作为问卷调查情境，具有代表性和说服力。

（一）量表设计

本章研究中涉及 6 个变量的测量：数字标签内容质量、数字标签展示质量、数字标签规制质量为前因变量，风险感知为中介变量，心理距离为调节变量，消费者拥护行为为结果变量。

研究所采用的测度项均参照以往研究成果并结合研究情境进行修改，调查问卷参照李克特 5 级量表，形成共 22 个测项的问卷量表，将 5 个变量进行 1～5 级衡量，1～5 分别表示非常不赞同、不赞同、中立、赞同、非常赞同。本章研究各变量的具体测量题项及文献来源见表 8-1。

表 8-1　变量测度项与文献来源（$N=395$）

维度	变量	题项	来源
数字标签质量	数字标签内容质量（DLCQ）	$DLCQ_1$ 该跨境电商食品数字标签信息丰富 $DLCQ_2$ 该跨境电商食品数字标签具有质量安全认证的标识 $DLCQ_3$ 该跨境电商食品数字标签标有添加剂、营养成分等信息 $DLCQ_4$ 该跨境电商食品数字标签具有准确可靠的科学信息	Vemula 等（2014）；Xiong 等（2020）
	数字标签展示质量（DLSQ）	$DLSQ_1$ 该跨境电商食品数字标签文字表述简明易懂 $DLSQ_2$ 该跨境电商食品数字标签信息展示一目了然 $DLSQ_3$ 该跨境电商食品数字标签图文并茂，可视化呈现	Filieri 等（2015）
	数字标签规制质量（DLRQ）	$DLRQ_1$ 该跨境电商食品数字标签符合我国进口食品的标准规范 $DLRQ_2$ 该跨境电商食品数字标签信息可以通过二维码或官方网站等查阅及溯源 $DLRQ_3$ 国家跨境电商食品质量安全认证是可以信任的 $DLRQ_4$ 政府严厉打击惩罚跨境电商食品违规、制假和售假 $DLRQ_5$ 政府向公众提供跨境电商食品安全信息是可信的	Vemula 等（2014）；钟颖琦和黄祖辉（2022）
中介变量	风险感知（RP）	RP_1 我会关注该跨境电商食品以降低风险概率 RP_2 我会花较多时间考虑该跨境电商食品安全性 RP_3 我会详细了解该跨境电商食品相关信息 RP_4 我会花较多时间比较各类跨境电商食品	Weber 等（2002）

（续）

维度	变量	题项	来源
调节变量	心理距离（PD）	PD_1 该跨境电商食品标签信息容易理解，方便选购 PD_2 该跨境电商食品标签信息容易激起购买欲望 PD_3 该跨境电商食品标签信息增加购买可能性 PD_4 该跨境电商食品的标签信息让我产生积极情绪	Liu（2020）； Hassanein（2020）
结果变量	消费者拥护行为（CAB）	CAB_1 我愿意为该跨境电商食品支付较高价格 CAB_2 我愿意为该跨境电商食品支付比同类食品更高的价格 CAB_3 我会积极分享购买该跨境电商食品过程中的良好体验 CAB_4 我非常愿意向身边的亲朋好友们推荐该跨境电商食品	Anselmsson 等（2014）； Yi 和 Gong（2013）； Hutchinson 等（2009）

问卷量表来源为：数字标签内容质量的量表借鉴 Vemula 等（2014）、Xiong 等（2020）研究修改得到，代表性测度题项包括"该跨境电商食品标签信息丰富"等；数字标签展示质量的量表借鉴 Filieri 等（2015）研究修改得到代表性测度题项包括"该跨境电商食品标签文字表述简明易懂"等；数字标签规制质量的量表借鉴 Vemula 等（2014）、钟颖琦和黄祖辉（2022）研究修改得到，代表性测度题项包括"该跨境电商食品标签信息可以通过二维码或官方网站等查阅及溯源"等；风险感知的量表借鉴 Weber 等（2002）研究修改得到，代表性测度题项包括"我会关注该跨境电商食品以降低风险概率"等；心理距离的量表借鉴 Liu（2020）、Hassanein（2020）研究修改得到，代表性测度题项包括"该跨境电商食品标签信息容易理解，方便选购"等；消费者拥护行为的量表借鉴 Anselmsson 等（2014）、Yi 和 Gong（2013）、Hutchinson 等（2009）研究修改得到，代表性测度题项包括"我愿意为该跨境电商食品支付较高价格"等。

（二）数据收集

商务部《中国电子商务报告（2022）》公布，海关总署数据显示 2022 年我国跨境电商进出口额为 2.11 万亿元人民币，同比增长 9.8%，其中，出口额为 1.55 万亿元人民币，同比增长 11.7%，进口额为 0.56 万亿元人民币，同比增长 4.9%，跨境网络零售进口额位居前三。本章于 2023 年 8 月通过问卷星在全国发放问卷，通过微信、百度贴吧等社交平台回收 710 份问卷，剔除无效问卷后获 395 份有效问卷。

由样本特征（表 8-2）可知，从性别方面来看，男性共 172 名，占比 43.5%；女性共 223 名，占比 56.5%；年龄中以 30～39 岁的受访者最多，共 225 名，占比 57%，其次为 21～29 岁共 155 名，占比 39.2%，符合《2019—2020 年中国跨境电商行业用户规模及用户行为分析》中进口跨境电商用户的性别及年龄分布，具有良好代表性。教育水平上，大学本科占比 72.7%，大专占比 12.4%，调查群体整体受教育程度高，能很好理解问卷内容。职业中超半数为企业工作人员，占比 54.2%，其次为事业单位及政府工作人员，分别占比 21.8% 和 17.2%。家庭结构中 68.1% 为家中有小孩或有老人。收入水平上，个人月收入在 5 001～10 000 元的居多，占比 52.9%，其次为 10 001～15 000 元和 15 001～20 000 元，分别占比 26.1% 和 12.2%，本次调研受访者整体收入水平具备良好的代表性，因此调查数据契合实际。综上所述，该调查问卷数据对研究数字标签质量对消费者拥护行为影响具有较好的代表性。

表 8-2　样本特征（$N=395$）

项目	分类	人数	百分比（%）	项目	分类	人数	百分比（%）
性别	男	172	43.5		高中及以下	27	7.8
	女	223	56.5	学历	大专	43	12.4
	20 岁及以下	3	0.8		大学本科	253	72.7
	21～29 岁	155	39.2		硕士及以上	25	7.1
年龄	30～39 岁	225	57.0		5 000 元及以下	32	8.1
	40～49 岁	8	2.0	家庭月收入（元）	5 001～10 000 元	209	52.9
	50～59 岁	4	1.0		10 001～15 000 元	103	26.1
	企业工作人员	214	54.2		15 001～20 000 元	48	12.2
	政府工作人员	68	17.2		20 001 元及以上	3	0.8
职业	事业单位工作人员	86	21.8		家中没有小孩和老人	19	4.8
	离退休人员	4	1.0	家庭结构	家中有小孩或有老人	269	68.1
	学生	23	5.8		家中既有小孩也有老人	107	27.1
	企业工作人员	214	54.2				

四、实证分析与结果讨论

主要运用 SPSS 22.0 进行数据分析，包括信度和效度分析、验证性因子分析（CFA）、信度和效度检验，使用 SPSS 的 Process 插件进行调节效应检验，运用结构方程检验研究模型。

（一）测量模型分析

信度分析。研究变量运用 Cronbach's α 值进行信度检验，采用 SPSS 22.0 对数字标签内容质量、数字标签展示质量、数字标签规制质量、风险感知、心理距离和消费者拥护行为这 6 个变量的 Cronbach's α 系数进行分析。首先，通过 Cronbach's α 系数信度检验方法分析各个维度的内部一致性。Cronbach's α 系数取值范围在 0～1 之间，检验结果系数值越高，信度越高。其次，一般认为信度系数在 0.6 以下则认为信度不可信，需要重新设计问卷或者尝试重新收集数据并再次进行分析。最后，信度系数在 0.6～0.7 为可信，在 0.7～0.8 为比较可信，在 0.8～0.9 为很可信，在 0.9～1 为非常可信。

由变量测度项、信度和收敛效度检验（表 8 - 3）可知，各变量的 Cronbach's α 系数结果，本章设计的 6 个变量所对应的 Cronbach's α 系数值分别为 0.876、0.839、0.903、0.822、0.873 和 0.873，均大于 0.8，各变量信度系数最低为 0.822，最高为 0.903，高于临界值 0.60，表明该问卷信度良好。

表 8 - 3 变量测度项、信度和收敛效度检验（$N=395$）

潜变量	测度项	信度	CR	AVE
数字标签内容质量（DLCQ）	$DLCQ_1$ $DLCQ_2$ $DLCQ_3$ $DLCQ_4$	0.876	0.878	0.643
数字标签展示质量（DLSQ）	$DLSQ_1$ $DLSQ_2$ $DLSQ_3$	0.839	0.839	0.634
数字标签规制质量（DLRQ）	$DLRQ_1$ $DLRQ_2$ $DLRQ_3$ $DLRQ_4$ $DLRQ_5$	0.903	0.904	0.654

（续）

潜变量	测度项	信度	CR	AVE
风险感知（RP）	RP_1 RP_2 RP_3 RP_4	0.822	0.825	0.611
心理距离（PD）	PD_1 PD_2 PD_3 PD_4	0.873	0.875	0.636
消费者拥护行为（CAB）	CAB_1 CAB_2 CAB_3 CAB_4	0.873	0.875	0.700

效度分析。效度分析包括内容效度和结构效度。在内容效度方面，均借鉴已有文献成熟量表，根据数字标签质量下消费者拥护行为情境修改形成初始量表，并经预调研修改完善，证明量表内容效度良好。因此，研究量表并非自行开发，无须进行主成分分析（匡红云和江若尘，2019）。本章通过探索性因子分析的 KMO 值以及判断 Barlett 的球形检验来对数字标签内容质量、数字标签展示质量、数字标签规制质量、风险感知、心理距离和消费者拥护行为的各量表进行内容效度检验。KMO 统计量取值在 0 和 1 之间，KMO 值越接近于 1，意味着变量间的相关性越强。Barlett 球形检验用于检验各个变量是否各自独立，如果变量间彼此独立，则无法从中提取公因子。KMO 为 0.902，大于 0.6 和 Bartlett 球形度检验（$p < 0.001$），表明研究数据适合进行因子分析（表 8-4）。

表 8-4　KMO 和 Bartlett 的检验

KMO 值		0.902
Bartlett 球形度检验	近似卡方	5 193.018
	自由度	231
	p 值	0.000

在结构效度方面，检验收敛度及区分效度，对数字标签内容质量、数字标

签展示质量、数字标签规制质量、风险感知、心理距离和消费者拥护行为 6 个变量的复合信度（CR 值）和平方差萃取量（AVE 值）进行检验，检验结果如表 8-3 所示。经统计，6 个变量的 CR 值均在 0.825 以上，大于标准值 0.6，说明各变量内部一致性良好；AVE 值最小为 0.611，大于推荐值 0.5，说明各变量可以较好解释方差，调查问卷数据收敛程度较好。如表 8-5 所示，各变量 AVE 值的平方根，即位于对角线上的数字均大于相应相关系数，表明本章各变量所使用的数据具有较好的区别效度。以上结果表明，研究模型具有较好的信度和效度。

表 8-5　**AVE 平方根和相关系数**（N=395）

变量	1	2	3	4	5
1. 数字标签内容质量	0.643				
2. 数字标签展示质量	0.437**	0.634			
3. 数字标签规制质量	0.507**	0.484**	0.654		
4. 风险感知	−0.404**	−0.394**	−0.419**	0.611	
5. 消费者拥护行为	0.558**	0.508**	0.610**	−0.536**	0.700

注：$N=395$；* 表示 $p<0.05$；** 表示 $p<0.01$，双尾检验；对角线上的数值为各构面的平方根值，其他数值为构面间的相关系数。

本章各变量的 AVE 平方根、Pearson 相关系数如表 8-5 所示。首先，数字标签内容质量与风险感知的相关系数为 −0.404，具有显著性且相关系数为负值小于 0，表明数字标签内容质量与风险感知之间存在负相关关系；数字标签展示质量与风险感知之间的相关系数为 −0.394，具有显著性且相关系数为负值小于 0，表明数字标签展示质量与风险感知之间存在负相关关系；数字标签规制质量与风险感知之间的相关系数为 −0.419，具有显著性，相关系数为负值小于 0，表明数字标签规制质量与风险感知之间存在负相关关系。其次，数字标签内容质量与消费者拥护行为之间的相关系数为 0.558，呈现显著性且相关系数为正值大于 0，表明数字标签内容质量与消费者拥护行为之间存在正相关关系；数字标签展示质量与消费者拥护行为之间的相关系数为 0.508，呈现显著性且相关系数为正值大于 0，表明数字标签展示质量与消费者拥护行为之间存在正相关关系；数字标签规制质量与消费者拥护行为之间的相关系数为 0.610，具有显著性且相关系数为正值大于 0，表明数字标签规制质量与消费者拥护行为之间存在正相关关系。最后，风险感知与消费者拥护行为之间的相

关系数为 -0.536，具有显著性且相关系数为负值且小于 0，表明风险感知与消费者拥护行为之间存在负相关关系。以上与理论模型预期基本一致，为模型假设提供了初步支持。

结构方程验证。为检验整个模型与数据间的适配度，本章选择 x^2/df、RMSEA、AGFI、GFI、CFI、NFI、IFI 共 7 个指标检测该结构方程的适配度。其中，$x^2/df=1.997$ 位于 1～3 为优秀理想标准值之间，$RMSEA=0.05<0.08$，$AGFI=0.898<0.9$，$GFI=0.922>0.9$，$CFI=0.962>0.9$，$NFI=0.927>0.9$，$IFI=0.962>0.9$（表 8-6），这 7 个指标均在可接受范围内，全部符合检验。可见，本章结构方程模型整体适配度符合要求，可用来检验相应的研究假设。

表 8-6　整体拟合系数表

统计检验量	理想标准值	模型结果	标准符合情况
x^2/df	1～3 为优秀，3～5 为良好	1.997	理想
RMSEA	<0.05 为优秀，<0.08 为良好	0.050	可接受
AGFI	>0.9 为优秀，>0.8 为良好	0.898	可接受
GFI	>0.9 为优秀，>0.8 为良好	0.922	理想
CFI	>0.9 为优秀，>0.8 为良好	0.962	理想
NFI	>0.9 为优秀，>0.8 为良好	0.927	理想
IFI	>0.9 为优秀，>0.8 为良好	0.962	理想

（二）结构模型分析

本章运用 Amos 21 和 SPSS 22.0 分析结构模型，并对研究假设进行依次检验，并进一步采用 Bootstrapping 抽样，所得各变量间关系的路径系数及显著性结果见表 8-7。

表 8-7　模型路径系数显著性检验

研究假设	标准化系数	显著水平	检验结果
数字标签内容质量对消费者拥护行为有显著正向影响	0.237	***	成立
数字标签展示质量对消费者拥护行为有显著正向影响	0.165	***	成立
数字标签规制质量对消费者拥护行为有显著正向影响	0.320	***	成立

（续）

研究假设	标准化系数	显著水平	检验结果
数字标签内容质量对风险感知有显著负向影响	−0.221	***	成立
数字标签展示质量对风险感知有显著负向影响	−0.233	***	成立
数字标签规制质量对风险感知有显著负向影响	−0.224	***	成立
风险感知对消费者拥护行为有显著负向影响	−0.283	***	成立

注：*** $p<0.010$；** $p<0.050$；* $p<0.100$。

（1）数字标签内容质量、数字标签展示质量和数字标签规制质量对消费者拥护行为全部发挥作用。由表 8-7 可知：

在路径"数字标签内容质量→消费者拥护行为"中，标准路径系数为：0.237，并且达到极高的显著性水平（$p<0.01$），表明此路径有显著正向影响。据此，假设 H_1 成立。

在路径"数字标签展示质量→消费者拥护行为"中，标准路径系数为：0.165，并且达到较好的显著性水平（$p<0.01$），表明此路径有显著正向影响。据此，假设 H_2 成立。

在路径"数字标签规制质量→消费者拥护行为"中，标准路径系数为：0.320，并且达到极高的显著性水平（$p<0.01$），表明此路径有显著正向影响。据此，假设 H_3 成立。

数字标签内容质量（$B=0.237$，$p<0.01$）、数字标签展示质量（$B=0.165$，$p<0.01$）和数字标签规制质量（$B=0.320$，$p<0.01$）均显著正向影响消费者拥护行为。据此，假设 H_1、H_2、H_3 完全成立。

（2）数字标签内容质量、数字标签展示质量和数字标签规制质量对风险感知发挥作用。由表 8-7 可知：

在路径"数字标签内容质量→风险感知"中，标准路径系数为：−0.221，并且达到较好的显著性水平（$p<0.01$），表明此路径有显著负向影响。据此，假设 H_4 成立。

在路径"数字标签展示质量→风险感知"中，标准路径系数为：−0.233，并且达到较好的显著性水平（$p<0.01$），表明此路径有显著负向影响。据此，假设 H_5 成立。

在路径"数字标签规制质量→风险感知"中，标准路径系数为：−0.224，并且达到较好的显著性水平（$p<0.01$），表明此路径有显著负向影响。据此，

假设 H_6 成立。

数字标签内容质量（$B=-0.221$，$p<0.01$）、数字标签展示质量（$B=-0.233$，$p<0.01$）和数字标签规制质量（$B=-0.224$，$p<0.01$）均显著负向影响风险感知。据此，假设 H_4、H_5、H_6 完全成立。

（3）风险感知对消费者拥护行为完全发挥作用。由表 8-7 可知：

在路径"风险感知→消费者拥护行为"中，标准路径系数为：-0.283，并且达到极高的显著性水平（$p<0.01$），表明此路径有显著负向影响。据此，假设 H_7 成立。

（三）中介效应检验

首先，对 Hayes（2013）编制的 SPSS Process 中的 Model 4（简单中介模型）进行中介效应分析，在控制性别、年龄、学历、职业、家庭月收入、家庭结构等无关变量后，以数字标签内容质量、数字标签展示质量、数字标签规制质量 3 个前因变量为自变量，风险感知作中介变量，消费者拥护行为作为结果变量，检验风险感知在前因变量与结果变量间的中介效应。研究结果（表 8-8）表明：

表 8-8　总效应、直接效应和中介效应分解表

假设路径	效应名称	效应值	Boot 标准误	Boot CI 下限	Boot CI 上限	相对效应值（%）
数字标签内容质量→风险感知→消费者拥护行为	总效应	0.299	0.062	0.170	0.415	
	直接效应	0.237	0.063	0.109	0.356	
	中介效应	0.063	0.027	0.018	0.124	21.07
数字标签展示质量→风险感知→消费者拥护行为	总效应	0.231	0.060	0.117	0.350	
	直接效应	0.165	0.058	0.051	0.279	
	中介效应	0.066	0.026	0.023	0.126	28.57
数字标签规制质量→风险感知→消费者拥护行为	总效应	0.384	0.059	0.261	0.494	
	直接效应	0.320	0.058	0.199	0.426	
	中介效应	0.063	0.026	0.018	0.120	16.41

注：Boot 标准误、Boot CI 下限及 Boot CI 上限分别指通过偏差矫正的百分位 Bootstrap 法估计的间接效应的标准误差、95% 置信区间的下限和上限；所有数值均保留三位小数，* $p<0.1$；** $p<0.05$；*** $p<0.01$，下同。

在中介路径"数字标签内容质量→风险感知→消费者拥护行为"中，中介效应为 0.063，Bootstrap 置信区间为 0.018 ～ 0.124，区间内不含 0，表明风险感知在数字标签内容质量和消费者拥护行为之间的作用为部分中介。据此，假设 H_{8a} 成立。

在中介路径"数字标签展示质量→风险感知→消费者拥护行为"，中介效应为 0.066，Bootstrap 置信区间为 0.023 ～ 0.126，区间内不含 0，表明风险感知在数字标签展示质量和消费者拥护行为之间的作用为部分中介。据此，假设 H_{8b} 成立。

在中介路径"数字标签规制质量→风险感知→消费者拥护行为"，中介效应为 0.063，Bootstrap 置信区间为 0.018～ 0.120，区间内不含 0，表明风险感知在数字标签规制质量和消费者拥护行为之间的作用为部分中介。据此，假设 H_{8c} 成立。

综上，假设 H_8 完全成立，风险感知在数字标签质量与消费者拥护行为关系间具有中介效应。

(四) 调节效应检验

采用 Hayes（2013）编制的 SPSS Process 宏的 Model 1（Model 假设中介模型的前半段受到调节，与本章此部分结构一致）进行调节效应分析，控制性别、年龄、学历、职业、家庭月收入、家庭结构等无关变量后，心理距离分别对数字标签内容质量→风险感知路径、数字标签展示质量→风险感知路径和数字标签规制质量→风险感知路径进行调节，研究结果表明（表 8 - 9）：

表 8 - 9　Process 回归模型调节效应检验分析结果（$N=395$）

变量	coeff 回归系数	se	t	p	Boot CI 下限	Boot CI 上限
常量	2.634	0.415	6.355	0.000	1.819	3.449
数字标签内容质量	−0.382	0.045	−8.417	0.000	−0.471	−0.292
心理距离	−0.041	0.040	−1.007	0.315	−0.120	0.039
数字标签内容质量× 心理距离	0.132	0.040	3.269	0.001	0.053	0.212
		$R^2=0.193$				
		$F=10.218, p<0.001$				

（续）

变量	coeff 回归系数	se	t	p	Boot CI 下限	Boot CI 上限
常量	2.508	0.420	5.973	0.000	1.682	3.333
数字标签展示质量	−0.367	0.045	−8.219	0.000	−0.455	−0.279
心理距离	−0.058	0.041	−1.425	0.155	−0.138	0.022
数字标签展示质量×心理距离	0.095	0.042	2.264	0.024	0.012	0.177
$R^2 = 0.177$						
$F = 9.203$，$p < 0.001$						
常量	2.654	0.411	6.452	0.000	1.845	3.463
数字标签规制质量	−0.394	0.044	−8.937	0.000	−0.480	−0.307
心理距离	−0.046	0.040	−1.153	0.250	−0.125	0.033
数字标签规制质量×心理距离	0.130	0.040	3.263	0.001	0.052	0.208
$R^2 = 0.205$						
$F = 11.006$，$p < 0.01$						

在 Process 回归模型中，三个交互项：数字标签内容质量×心理距离、数字标签展示质量×心理距离和数字标签规制质量×心理距离对因变量风险感知的回归系数分别为 0.132、0.095 和 0.130，$p < 0.05$，置信区间不包含 0，故调节效应显著，假设 H_9 得到支持。

为了进一步检验心理距离在数字标签内容质量和风险感知之间的调节效应，本章对变量进行高低分组：①由图 8-2 可知，调节变量（心理距离）在不同水平时，影响幅度具有显著性差异。当心理距离越近和内容质量值越高，风险感知值越低。心理距离会削弱数字标签内容质量与风险感知的负向影响关系，即心理距离在数字标签内容质量和风险感知关系中起调节效应。据此，H_{9a} 假设成立。②由图 8-3 可知，检验心理距离在数字标签展示质量和风险感知之间的调节效应，对变量进行高低分组。调节变量（心理距离）在不同水平时，影响幅度具有显著性差异。当心理距离越近和数字标签展示质量值越高，风险感知值越低。心理距离会削弱数字标签展示质量与风险感知的负向影响关系，即心理距离在数字标签展示质量和风险感知关系中起调节效应。据此，H_{9b} 假设成立。③由图 8-4 可知，检验心理距离在数字标签规制质量和风险感知之间的调节效应，对变量进行高低分组。调节变量（心理距离）在不同水平时，影响幅度具有显著性差异。当心理距离越近和数字标签规制质量值越高，风险感知值越低。心理距离会削弱数字标签规制质量与风险感知的负向影响关系，即心理距离在数字标签规制质量和风险感知关系中起调节效应。据此，H_{9c}假设成立。

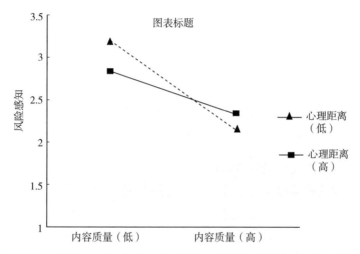

图 8-2　心理距离在数字标签内容质量与风险感知因果关系间的调节效应

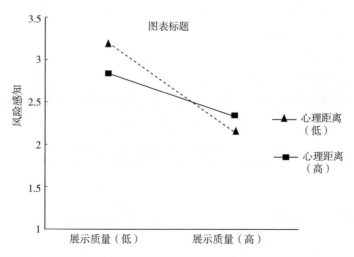

图 8-3　心理距离在数字标签展示质量与风险感知因果关系间的调节效应

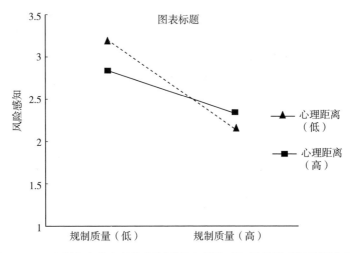

图 8-4　心理距离在数字标签规制质量与风险感知因果关系间的调节效应

综上所述，首先，风险感知在数字标签质量与消费者拥护行为因果关系间具有中介效应的检验结果完全成立，符合假设 H_8。风险感知在数字标签内容质量与消费者拥护行为因果关系间具有中介效应的检验结果成立，符合假设 H_{8a}。风险感知在数字标签展示质量与消费者拥护行为因果关系间具有中介效应的检验结果成立，符合假设 H_{8b}。风险感知在数字标签规制质量与消费者拥护行为因果关系间具有中介效应的检验结果成立，符合假设 H_{8c}。其次，心理距离在数字标签质量与风险感知因果关系间具有调节效应的检验结果完全成立，符合假设 H_9。心理距离在数字标签内容质量与风险感知因果关系间具有调节效应的检验结果成立，符合假设 H_{9a}。心理距离在数字标签展示质量与风险感知因果关系间具有调节效应的检验结果成立，符合假设 H_{9b}。心理距离在数字标签规制质量与风险感知因果关系间具有调节效应的检验结果成立，符合假设 H_{9c}。本章中介效应和调节假设检验结果见表 8-10。

表 8-10　中介效应和调节效应假设检验结果

研究假设	检验结果
H_8：风险感知在数字标签质量与消费者拥护行为因果关系间具有中介效应	完全成立
H_{8a}：风险感知在数字标签内容质量与消费者拥护行为因果关系间具有中介效应	成立
H_{8b}：风险感知在数字标签展示质量与消费者拥护行为因果关系间具有中介效应	成立

（续）

研究假设	检验结果
H_{8c}：风险感知在数字标签规制质量与消费者拥护行为因果关系间具有中介效应	成立
H_9：心理距离在数字标签质量与风险感知因果关系间具有调节效应	完全成立
H_{9a}：心理距离在数字标签内容质量与风险感知因果关系间具有调节效应	成立
H_{9b}：心理距离在数字标签展示质量与风险感知因果关系间具有调节效应	成立
H_{9C}：心理距离在数字标签规制质量与风险感知因果关系间具有调节效应	成立

五、研究结论与管理启示

（一）研究结论

本章探讨了数字标签质量对消费者跨境电商食品拥护行为的影响因素，包括前因变量数字标签内容质量、数字标签展示质量和数字标签规制质量，中介变量风险感知及调节变量心理距离，以消费者在天猫国际平台购买进口大米为研究情境。通过问卷调查分析和实证分析检验研究模型，研究发现：

一是数字标签质量对消费者拥护行为具有较强的促进作用。第一，数字标签内容质量对消费者拥护行为有显著正向作用，在消费者拥护行为形成过程中作用最大，说明在跨境电商消费情境下，消费者直接受到数字标签内容准确性、质量安全可靠性影响，详尽和可靠的内容能促进消费者产生拥护行为。第二，数字标签展示质量对消费者拥护行为有显著正向作用，在消费者拥护行为形成过程中作用较大，这说明数字标签展示质量越可视化，消费者越容易提高食品认知，越容易做出购买决策判断。第三，数字标签规制质量对消费者拥护行为具有显著正向作用，数字标签规制的权威性作用，保障了食品质量安全，满足了广大消费者选购所需，促使消费者对食品的认可度并形成消费者拥护。

二是验证风险感知作为中介变量对数字标签质量对消费者拥护行为之间关系的中介效应，即数字标签内容质量、数字标签展示质量、数字标签规制质量均可以通过风险感知对消费者拥护行为产生显著负向影响。以往研究表明，数字标签质量对消费者拥护行为有显著负向影响。本章研究结果与先前研究一致，可见消费者面对更多优质的数字标签内容、可视化数字标签展示、良好的数字标签规制，会降低消费者风险感知，并产生拥护行为。

三是验证心理距离作为调节变量对数字标签质量与风险感知之间关系的调节效应。引入心理距离作为调节变量，构建数字标签质量对拥护行为的影响研究理论模型，实证检验证明心理距离在数字标签内容质量、数字标签展示质量、数字标签规制质量与风险感知因果关系间均具有显著调节效应。心理距离可以影响消费者对数字标签信息的解释和风险感知程度，进而影响其拥护行为。当心理距离越近，数字标签质量值越高，消费者风险感知越低，越能更好地促进消费者拥护行为形成。

（二）理论贡献

基于上述研究结论，本章理论贡献如下：

一是基于消费者在跨境电商消费情境下购买食品，对消费者拥护行为形成机制进行定量化和模型化研究，丰富了消费者食品安全现代化已有研究。研究结果可以为数字标签质量引导消费者拥护行为形成提供理论支持和现实意义。突破了以往研究多采用计划行为理论、心理定势理论等理论，探索了风险感知在消费者拥护中的作用和影响因素。本章立足消费者拥护行为、食品标签质量数字化，归纳数字标签主要特征，并探究数字标签对消费者拥护行为的影响内在机制，进而扩展了数字标签内容质量、数字标签展示质量、数字标签规制质量在推动消费者拥护行为形成中的重要作用，是对现有食品标签研究的有益补充。

二是在跨境电商食品消费情境下，细化、归纳了数字标签内容质量、数字标签展示质量和数字标签规制质量，探究数字标签质量对消费者跨境电商食品拥护行为的影响机制，丰富了风险感知研究。本章针对消费者性别、年龄、学历、职业、家庭月收入、家庭结构等控制变量进行定量化研究分析，结合数字标签质量对消费者拥护行为的影响研究模型展开结构方程分析，推动定量化与模型化研究相结合，推进消费者拥护行为研究的深度和广度。

三是对跨境电商平台食品营销决策和理论基础提供方向指导和理论基础。本章通过实证分析，发现数字标签质量对消费者跨境电商食品拥护行为具有积极作用，通过明确风险感知在数字标签质量与消费者跨境电商食品拥护行为之间的中介效应，以及心理距离在数字标签质量与风险感知之间的调节效应，弥补数字标签质量对消费者拥护行为影响研究的不足，扩展数字标签质量对消费者拥护行为的影响中内部心理动机变化的探究，为风险感知的中介效应、心理距离的调节效应等相关研究提供未来方向和理论基础。

（三）管理启示

引导消费者对跨境电商食品形成正确的拥护行为。是优化食品数字标签质量、满足食品现代化需求、驱动食品安全现代化进程的重要方式。基于上述理论分析和实证结果，得出四点管理启示：

第一，推广可视化数字标签，提升信息质量水平。可视化数字标签是促进食品购买过程中消费者拥护行为形成的基础。一是明确可视化数字标签内容。随着数字化时代的发展，标签内容变得更加容易理解和吸引消费者注意。标签种类多样、颜色丰富多彩、内容详略得当，如营养成分类型标签，既可以通过红绿灯颜色标记某个营养成分是否超标，又可以为消费者提供直接的健康或不健康等级综合判断。此外，需要立足不同跨境电商食品数字化消费情境，设计形态、外观、颜色符合其在线消费情境的食品数字标签，并在标签中引导消费者扫码查看跨境电商食品可视化产地场景、多元化健康功效等信息，确保跨境电商食品质量安全。二是完善可追溯供应信息内容。研发推广数字标签定位技术，实现产品精准溯源、召回数字化，为消费者提供实时在线查询可视化的溯源信息内容。跨境电商平台、跨境食品供应商等食品生产经营主体可以根据跨境电商食品数字标签内容的核心信息，从"食品原料信息、智慧生产信息、营养成分信息、产地溯源信息、权威认证信息"五个维度严格优化食品数字标签内容，运用大数据、物联网等前沿数字技术抓取特定跨境电商食品营养成分、冷链过程等属性信息，并将其在数字标签中全面体现。同时，严格检验与把关信息内容质量，明晰食品安全主体责任，确保供应链中"生产有记录、信息可查询、流向可跟踪、责任可追究、质量有保障"，抓好食品安全工作，完善数字标签溯源信息，提升食品信息内容质量水平，保障消费者合法权益和消费安全，改善食品消费环境。三是丰富多元化营养健康内容。完善营养健康、安全可靠的数字标签体系，数字标签的营养健康内容主要有营养成分表、营养价值、膳食均衡知识等信息。按照国家标准规定食品各种营养成分含量及微量元素标准生产人们日常所需的食品，在营养成分表中标明每种营养成分的含量和所占营养素参考值的比例，帮助消费者提高食品膳食均衡意识，更科学地选择所需食品，形成良好的饮食习惯。企业等管理部门健全食品信息质量追溯机制，提升信息的丰富性、准确性和可读性，通过可视化数字标签增强消费者对食品营养价值的了解和认知，更好地满足群众多元化、健康化、个性化营养健康需求，树立健康的生活理念，进而推动消费者对食品形成拥护行为。

第二，推广智能化食品展示，降低风险感知程度。智能化食品标签展示是降低消费者风险感知程度的重要方式。一是呈现食品智能生产过程。运用食品智能生产、数字标签等技术，生产经营者以个性化营养搭配的方式，以供应原料、生产环境、包装储存等食品制作的公开透明，打造透明化的食品生产车间，同时利用食品条码、溯源二维码、营养条码等数字标签展现形式，帮助消费者了解该食品信息，提高消费者食品安全信任度，降低消费者的食品安全风险感知，满足人们要求的多样化。在网络、大数据、物联网和人工智能等数字技术的支持下，食品生产经营者提供完全透明的生产信息和整个供应链的信息，降低消费者对食品风险面临或体验到的不确定性，满足消费者各种需求，实现中国食品标签信息展示的透明化、信息化、可溯化。二是明确食品智慧流通方式。运用计算机和数字标签等技术，推进生产、监管和交易等食品供应链流通智能化，实现"检测、监管、交易、溯源"数据一体化，以全产业链数字赋能食品流通的标准化和交易的数字化，打造安全、透明、营养、智能的全链条食品质量安全溯源体系，满足消费者食品安全追溯要求，保障消费者的知情权，进而降低消费者风险感知。企业等管理部门搭建原材料验收、配料防差错、生产过程管理等环节的智能控制系统，预判产品质量的稳定程度，实现"线上＋线下"操作系统和溯源系统的数据共享，有效消除差错隐患，使消费者能够放心准确地识别食品信息，增强消费者拥护行为。三是构建食品健康消费场景。以数字技术赋能食品产销，研发推广消费者推送个性化、全供应链智慧化、新零售交易多元化体系，构建食品健康营养的"人货场"模式，实现全场景自动化营销，同时打通业务链信息壁垒，实现供应链实时透明和高效可控，为消费者提供多元化场景消费，满足其对选购食品的营养需求，保障食品安全，进而降低消费者的风险感知。如何精准地满足消费升级需求，将是未来商业产生的原点。完善智能化食品展示功能，注重食品安全追溯、经营管理可视化以及消费者互动体验。让广大消费者进行监督和评判，使其切实感受到食品的安全和可靠，提高消费者的信任度，引导消费可靠来降低消费者所承担的社会风险，保障食品安全现代化可持续发展。

第三，开展多渠道宣传科普，引导消费者拥护。开展食品合理消费多渠道宣传科普是引导消费者拥护的重要因素。一是革新跨境电商食品智慧科普方式。创新食品智慧科普，以食品原包装展示、数字多语言标签或跨境电商企业、数字化跨境电商平台等方式向消费者宣传各国食品和普及各类食品的营养功效，相较于通过宣传手册发放、PPT展示、科普讲座等传统的食品科普形式向消费者普及食品安全知识来说，跨境电商食品的智慧科普能够帮助消费者提高跨境食品消费认知。运用图片、视频等可视化方式，通过互联网向消费者展示饮品类、速冻食品类、生鲜类等食品信息，讲解如何通过食品标签辨别不合格食品，提醒消费者购买食品时看标签、标识、生产日期、保质期等重要信息，引导消费者养成良好的科学饮食习惯，牢固树立正确的食品安全消费理念。二是倡导跨境电商食品健康消费理念。在微博、公众号、短视频等数字化社交媒体上，向广大群众普及跨境食品安全相关信息，并加强食品检验检疫、平台监督等方面监督管理，严格跨境电商食品准入，健全境外食品从原料到出厂销售环节的追溯机制，为消费者提供透明化、数字化的食品监管，提高消费者对跨境食品的认知，依此树立消费者对跨境食品的健康消费理念。在社区、乡村、学校、商超等群众密集区域，食品相关主体亟需通过发放宣传资料、悬挂宣传标语、现场接受咨询等形式，向广大消费者，尤其是易上当受骗的老年消费群体宣传科普跨境食品标签标识、适用人群等基本常识，积极引导消费者正确选购跨境食品。三是提高消费者跨境电商食品安全素养。政府积极推动食品质量安全相关法律法规延伸至跨境食品质量安全，并完善跨境食品监管制度、规范跨境电商平台、跨境电商平台经营者行为，确保数字标签信息准确性，鼓励消费者积极判断跨境食品质量安全，提高食品健康的消费意识。企业等相关部门通过向消费者提供准确、翔实的标签信息，向群众科普假冒伪劣、食品标签标识不符、价格欺诈等违法案例，强调消费者在购买跨境食品前对食品质量和营养价值了解的重要性，引导消费者拥护。

第四，促进个性化精准推荐，拉近网购心理距离。基于人工智能等数字技术的情境下，进行食品标签信息个性化推荐是引导消费者拥护的关键。一是明确消费者特征。健全食品用户画像和用户信息消费行为个性化内容服务体系。企业等生产经营者分析挖掘消费者更多的数据信息，将消费群体抽象成一个更具体的用户形象，总结提炼消费者共同的特征，虚构个性化的精准服务，建立消费者画像，根据消费者偏好定义，推进精细化、个性化的食品。明晰食品安全主体责任、监督管理、举报投诉等信息，搭建食品安全评价体系，以数字标签明确食品安全的具体情况，为消费者展示主体责任落实情况的"精准画像"，倒逼企业等生产经营者提升食品安全水平。以消费者需求为导向，一方面引导消费者浏览食品标签信息，使消费者真正愿意参与和互动，另一方面也要注意消费者用户数据不被违规使用，保护消费者隐私。二是提升消费者体验。运用各种类型的信息内容推荐引擎改善用户体验。数字标签信息、评价信息等消费者所需要的信息以图片、视频等可视化形式展示，依据信息内容推荐引擎实现食品推荐数字化，提高电商平台食品曝光度，为消费者打造个性化、精准化、智能化三位一体的消费体验。进一步说，在跨境电商消费情境下，消费者可以沉浸式体验智能、高效、快捷的购物，提升了消费者的购物体验。同时，优化个性化食品精准推荐，生产经营者亟需考虑和评估一些更具体的因素和更细化的标签，比如食品的生产日期、溯源地、生产商、品质认证、营养成分等，为不同的消费群体提供个性化精准推荐，实现数字赋能食品标签信息，满足消费者个性化需求，拉近消费者与食品消费之间的距离。三是满足消费者需求。结合计算机、物联网设备等数字技术，将可追溯技术融入食品原材料、生产、加工、销售整个过程，提升食品质量、数字标签信息质量，多渠道向消费者宣传食品安全，满足消费者对食品新鲜、营养、健康的需求。通过消费者已浏览、收藏、购买的记录，更精准地理解消费者需求，对消费者进行聚类、打标签，推荐精准个性化的食品，使其能快速找到合适和满意的食品。向消费者展示多种方式的可视化食品标签信息，提高消费者对食品信息的认知度，进而拉近消费者与食品之间的心理距离。

六、本章小结

本章分析数字标签质量与食品安全现代化需求。从食品现代化需求视角出发，探究数字标签质量对消费者拥护行为影响机制。基于风险感知理论和解释水平理论，以数字标签内容质量、数字标签展示质量、数字标签规制质量为前因变量，风险感知为中介变量，心理距离为调节变量，消费者拥护行为为结果变量，构建数字标签质量对消费者拥护行为的影响研究模型，运用问卷调查法和结构方程技术，揭示消费者拥护行为形成机制，并检验风险感知的中介效应和心理距离的调节效应。研究结果表明，数字标签内容质量、数字标签展示质量、数字标签规制质量对消费者拥护行为均有显著正向影响；风险感知在数字标签质量与消费者拥护行为关系间起中介效应；心理距离负向调节数字标签内容质量、数字标签展示质量、数字标签规制质量与风险感知的关系。由此提出推广可视化数字标签，提升信息质量水平；推广智能化食品展示，降低风险感知程度；开展多渠道宣传科普，引导消费者拥护；促进个性化精准推荐，拉近网购心理距离等管理启示。

第九章　数字信息公开与食品安全现代化流通

一、文献综述与理论基础

（一）食品安全现代化流通内涵及风险

1. 食品安全现代化流通内涵

食品安全现代化的重要内容之一是基于数字信息获取、数字信息挖掘、数字信息呈现、数字信息交互、数字信息公开等数字化、信息化技术实现食品可视化流通，助推食品产业高质量发展，实现食品安全从数量安全、质量安全向营养膳食安全不断演进。食品安全现代化流通指的是食品安全现代化过程中，为保障食品安全，通过数字化技术在食品生产到消费的中间环节所做的管理和控制活动，通过实现食品配送智慧化，冷链过程可视化防范化解食品流通风险，保障消费者食品安全营养健康需求。基于大数据云计算的智慧物流模式对促进食品配送智慧化发挥了显著的作用，该模式在信息共享、资源利用协同化及供应链一体化方面表现出良好的适用性（李佳，2019；Seghezzi 和 Mangia-racina，2021）。人工智能与区块链的高速发展也为食品冷链流通提供了可视化基础，依托大数据云计算搭建的食品安全现代化流通信息平台具有高效率、低成本及优服务等明显优势（Han 等，2021）。由此，数据要素在食品安全现代化商流、物流、信息流实现了高效流通，加强了食品安全现代化流通的可视化。

2. 食品安全现代化流通风险

由于食品供应链具有环节长、危害多、信息源异质等特点（Santeramo 和 Lamonaca，2021；Behnke 和 Janssen，2020），食品安全现代化流通高质量发展面临着风险隐匿性强、风险破坏性大、信息流通不畅等挑战。跨境电商食品供应链内部环境中源头分散、环节复杂、信息隐匿和主体多方，供应链外部环境中跨境区域经济不平衡、跨境政策制度差异化、跨境技术创新多样性、跨境社会文化多元性和疫病疫情突发性常常导致跨境电商流通环节食品安全风险频发。可见，食品安全现代化流通风险在跨境电商食品流通中更为显现，为此，本章以跨境电商食品流通风险为例探讨食品安全现代化流通风险。跨境电商食品流通风险指的是跨境电商食品生产到消费环节中的不确定性，涉及运输、储存及销售等多环节。一方面，由于跨境电商交易的跨地域、虚拟性、隐秘性以及食品特殊属性，跨境食品运输各环节的不可控等都加剧了跨境电商流通环节食品安全风险（张顺等，2020）。另一方面，随着经济全球化的不断深化，新业态、新资源的潜在风险不断涌现，同时，国际贸易所导致的食品安全问题也在不断加剧，消费者在购买跨境电商食品时由于无法或难以得到供应链各主体的全部信息造成信息不对称，由此加剧跨境电商食品销售环节的流通风险（殷冉等，2021）。

（二）食品安全现代化流通下的数字信息公开

1. 食品安全现代化流通下数字信息公开内涵

数字信息指的是依赖于计算机系统存取并可在通信网络上传输的信息。数字信息公开指的是基于大数据云计算、人工智能等数字技术，通过法定形式或程序主动向公众进行的信息披露和公布，从而提高公众食品安全知情、参与和监督意识。对整个食品供应链进行有效的信息管理，可通过改善信息公开和共享，减少生产过程中的危害，保障食品安全（Zhang 等，2020）。由此，食品安全领域中的数字信息公开指在食品安全方面，通过法定形式或程序主动向公众进行的数字化食品安全信息披露和公布，从而实现食品安全信息互联互通，提高公众食品安全知情、参与和监督意识。在食品安全现代化转型、食品供应链长且复杂、食品流通风险频发的情况下，数字信息公开更加聚焦于如何减少食品流通与消费者之间存在的信息不对称，以缓解消费者信息缺失所带来的负向风险感知的不良影响。食品安全数字信息可通过由大数据云计算技术搭建的透明、共享的信息平台传达到政府、媒体、食品商家及消费者等多方主体，实现食品安全信息高效交换共享。全面、清晰、及时的食品安全数字信息公开可降低消费者的食品安全数字信息不对称水平，满足其食品安全数字信息需求，缓解其对食品安全问题的不良响应（Lam 等，2020）。为此，本章所提的数字信息公开指的是在食品安全现代化流通中，依托数字技术获取及处理信息的优势，政府、媒体等重要信息主体基于 5G、AI、VR 等信息技术以及可视化信息平台及时为公众披露和公布食品安全信息，以促进食品安全信息共享、破解食品安全信息不对称困境、加强食品安全现代化流通可视化，从而改善消费者对食品安全风险感知，引导其形成正向风险响应，重点关注媒体与政府两大信息主体的数字信息公开。

2. 食品安全现代化流通下数字信息公开特征

实现食品安全现代化流通可视化离不开数字信息的支撑，亦对数字信息公开有了更高层次的要求。一方面，消费者和生产者之间存在不对称的食品安全数字信息导致了市场失灵，政府食品安全数字信息公开可加强食品信息的管理和综合利用，调查食品检查机构资格、检查规范和处理重大食品安全事故（Liu 等，2019）。另一方面，随着食品供应链全球化和复杂化，有效的媒体信息公开对风险交流至关重要，媒体公开食品事件信息在食品安全现代化流通中发挥了重要作用（Zhu 等，2019）。此外，新冠疫情刺激了消费者更为广泛及深度的食品安全需求，同时加大了食品安全现代化流通风险管理难度。特别的，跨境电商食品交易异质性挑战传统食品安全流通形式，疫情危害与跨境冷链风险双重加持下食品安全信息纷繁复杂，加剧了消费者的恐慌心理。为此，食品安全现代化流通中的数字信息公开要求提高跨境电商食品安全信息利用率，建立跨境电商食品安全数字信息公开档案（费威，2019）。跨境冷链食品有可能携带病毒，需借助跨境食品安全信息媒体平台及时公布检验检疫情况，提高信息透明度并引导消费者形成正确的风险认知（史彦龙，2022）。

3. 食品安全现代化流通下数字信息公开作用

有关数字信息公开作用的研究，学者多聚焦于两个角度，一是重点关注不同信息公开主体；二是关注信息公开在消费者对食品流通风险感知及响应中的作用。

从信息公开主体角度来看，相关研究从媒体数字信息公开和政府数字信息公开两大视角展开。从媒体数字信息公开作用来看，Liu 等（2020）收集有关新冠疫情的媒体信息公开，并调查媒体进行健康传播的模式以及媒体在疫情危机中发挥的作用，通过提供例如发病机理、传播途径、预防和遏制等有关病毒的健康信息，引导公众积极地应对疫情。Zhou 等（2020）研究发现在疫情暴发初期，除提高医疗水平外，提高媒体对疫情严重程度报道的反应率、公众对媒体报道的意识反应率，均可显著降低疫情高峰规模，媒体信息公开是减缓疾病传播的有效途径。从政府数字信息公开作用来看，政府的高质量数字信息公开更有益于降低消费者对突发事件的恐慌心理。Hu 等（2020）认为信息公开是政府等官方部门应对疫情的首要任务，发布及时和标准化信息并为大流行做好准备，有助于形成更有效的公共卫生对策。此外，学界普遍认可数字信息公开通过降低信息不对称影响消费者对食品安全事件的反应。在跨境电商平台购买冷链食品，政府和媒体等相关群体应推进风险信息公开交流机制，主动公开和追溯食品生产信息、检验检疫证明、病毒检测报告等信息（狄琳娜和于燕燕，2020）。

从信息公开在消费者食品流通风险感知与响应间的作用来看，数字信息公开是风险评估和管理的重要方式，食品安全信息的有效获取是判断监管效果的主要依据，食品安全信息公开能够推动消费者参与食品流通风险治理（杨晓波和吴晓露，2022）。消费者产生食品安全风险感知后，为缓减食品安全风险恐慌，往往主动加强食品安全信息搜寻（周洁红等，2020）。消费者食品安全风险感知影响其对风险的判断与态度，是促成风险情境下消费者行为的关键因素。食品安全谣言（潘文静等，2022）、信息获取来源、沟通渠道（马超，2020）等对个体风险态度、行为转变具有差异影响。媒体报道失实、官方权威信息公开延迟等增强消费者食品安全风险感知（倪国华等，2019）。

（三）保护动机理论

保护动机理论源于"恐惧诉求"心理学概念，风险事件严重程度、风险事件发生概率和保护性反应等是引起个体恐惧诉求的关键因素，个体恐惧诉求进而引发认知过程，个体出于保护动机而采取适当的态度与行为（Rogers，1975）。其中，恐惧诉求所引起的认知过程被划分成两个部分，分别是：威胁评估和应对评估。威胁评估对于个人是否采取保护性行动起着关键的作用，即个体保护动机来自感知到的威胁和避免产生消极结果的愿望（Floyd，2000）。保护动机理论主要由信息源和评估过程组成，信息源包含外部、自身经历和个体特征等因素；评估过程包含威胁和响应评估，具体通过认知过程的威胁评估（易感性、严重性）和响应评估（反应效能、自我效能和反应代价）解释个体行为，威胁评估反映个体对危险因素的认知，响应评估反映个体应付和回避危险的能力（贾若男等，2021）；响应方式包含行动或抑制的保护行为。保护动机理论为消费者风险感知与风险响应的形成过程提供了重要理论依据，它逐渐被拓展到农业种植、疾病预防、健康行为、自然灾害和隐私安全等风险管理研究领域（Anderson 和 Agarwal，2010）。个体在风险感知与判断过程中出于保护动机而改变自身态度与响应（Mutaqin，2019），风险事件响应措施与说服性沟通对个体态度与行为有重要影响（Floyd，2000），风险威胁感知对风险响应有显著影响（吴丁娟，2020）。个体利用认知调控，对预期或正在发生的威胁事件展开了评估，包括了严重性、概率和响应效力，并与保护动机相结合，产生了态度上的变化，从而形成响应。根据保护动机理论，消费者在受到威胁时会产生相应的保护性响应，而在跨境电商环境下，消费者的行为模式也会发生改变。可见，已有研究成果在保护动机理论框架下探究个体风险感知与响应的影响机制，为消费者风险响应决策提供理论基础。

（四）ABC 理论

Ellis 在 1962 年提出了 ABC 理论，其中 A 代表激活事件（Activating Events），B 代表内心信念（Belief），C 代表情绪和行为后果（Emotional and Behavioral Consequences），改编自 Woodworth 在 1929 年提出的早期个体行为 SOR 模型。ABC 理论讲述了对个人经历的感知、推断和评估，并规范个人行为，个体对外部事件的认知和信念激发对其的情感或行为反应。Wessler（1980）在此基础上继续完善并扩展了 ABC 理论，从总体上阐述认知过程，通过解释激活过程涉及外部刺激（Stimuli）和感知（Perception），内心活动涉及推断（Inferences，指的是感知事件）和评估（Evaluations，指的是判断事件），最终导致情绪和行为后果（Consequences）。基于 ABC 理论，外部事件将影响互联网个体信念或消费者态度进而产生不同的情绪或行为后果。

ABC 理论具有对"事件-心理-行为"相关问题较好的解释力，广泛应用于各个领域对个体在激活事件下不同响应的研究。Ho 等（2019）运用 ABC 理论模型中的认知、情感、行为方面了解不同文化背景的消费者态度，从而打造联合品牌战略。李淑娜（2020）提出根据 ABC 理论研究新冠疫情下网络个体情绪的产生机理，在疫情防控阶段基于同样的疫情因不同信念产生不同的情绪反应。Chang 等（2021）利用 ABC 理论研究社交网络服务的特性是否能增加消费者的动机，进而增加他们的情感和认知，并改变他们的购买行为和后果。王鹏飞和贾林祥（2021）基于 ABC 理论探讨调整信念，产生理性判断从而增加个体在网络上的积极情绪和行为后果，并促使其与外界环境保持一个良性互动。Chopdar 等（2022）基于 ABC 模型，研究新冠疫情相关的新闻曝光对消费者个人心理状态及由此产生对网络购物行为的影响。付佳和喻国明（2022）在广告叙事形式以 ABC 理论为基础探讨如何通过品牌拟人化和情境效价的方式，建立消费者与品牌或产品的情感联结，加深品牌理解和强化品牌形象，从而影响消费者态度和行为意向。Wiśniewska 等（2023）的研究旨在

ABC 理论模型的基础上，从认知、情绪和行为三个层面探讨年轻消费者对食品分享现象的态度，并以此验证食品分享的态度和行为模式。

（五）文献评述

综上所述，现有研究及理论成果为探索食品安全现代化流通与数字信息公开问题奠定了坚实基础，但仍待进一步探索。一是鲜有研究从心理和行为科学视角研究数字信息公开在食品安全现代化流通中的作用及消费者跨境电商流通环节食品安全风险感知与风险响应。二是缺乏基于保护动机理论和 ABC 理论分析消费者跨境电商流通环节食品安全风险感知对风险响应的影响的实证研究。三是缺乏运用情境实验法等实验方法构建消费者跨境电商流通环节食品安全风险感知对风险响应的影响框架。

为此，本章基于保护动机理论和 ABC 理论，采用情境实验法，以跨境电商流通环节食品安全为例，采用情境实验法，明确食品安全现代化背景下数字信息公开在跨境电商流通环节食品安全风险情境下消费者风险感知与风险响应间的作用，重点关注政府与媒体两大主体的数字信息公开差异化作用，揭示消费者风险内部响应的驱动机制，以期丰富消费者食品安全风险感知对风险响应机制研究，为高效引导消费者形成合理的跨境电商流通环节食品安全风险感知与风险响应提供理论支持，为厘清数字信息公开赋能食品安全现代化流通方式，推动食品安全现代化进程提供参考。

二、研究假设与研究模型

（一）研究假设

1. 风险感知对风险响应的影响

消费者风险响应指消费者在风险情境下态度和行为的综合体现，包括判断、态度等内部响应，及参与、购买等外部响应（Bhattacharya，2004）。风险感知引起消费者态度变化以形成内部响应，并改变购买意愿等外部响应。全球质量认证、检疫检验标准不一、传播速率高以及传播范围广，皆强化了消费者跨境电商食品安全恐惧风险的感知程度。恐惧风险指的是风险的不可控性、对风险的恐惧、风险传播全球性、风险所带来的致命结果等（Slovic，1987）。从风险内部响应而言，风险感知中的恐惧风险加剧消费者心理恐慌，促进消费者提升跨境电商食品安全风险卷入度，对恐惧风险重要性和相关性的感知程度越高，风险卷入度越高（陈义涛等，2021）。消费者跨境电商食品安全恐惧风险的感知带来无法控制和灾难的持续性影响，使消费者渴望通过获取食品消费信息来进行自我健康调节，以降低购买过程中遭遇不确定性的风险卷入（Song 和 Zahedi，2001）。最后，在疫情不断蔓延背景下，消费者在跨境电商食品安全恐惧风险的感知严重性和不可控性刺激下形成风险责任感等态度，并产生调整食品消费结构合理性、主动参与公共服务等行为。因此，消费者跨境电商食品安全恐惧风险感知水平越高，其风险内部响应越高。

跨境电商食品的全球流动性、传输链条广泛以及病毒的升级变异、疫情发展趋势难以预料，皆强化了消费者跨境电商食品安全未知风险的感知程度。未知风险指的是风险是难以预测、无法全面了解以及科学未知的情况（Slovic，1987）。从风险外部响应而言，在医疗健康领域，未知风险对可能导致的危害，对准备的应急资源，以及对各种突发情况的应急计划的影响，都存在很大的不确定性，未知风险使消费者产生主动搜寻、分享医学信息等信息参与行为（Costello 和 Veinot，2020）。面对复杂多变的跨境电商食品安全未知风险，消费者会提升跨境电商食品安全未知风险的感知，并产生风险信息需求和信息参与意向（Andries 和 Haddad，2020）。由此，信息参与是指消费者对跨境电商食品安全数字信息的关心程度，表现为信息搜寻、分享、回应、讨论的积极主动性（Borda 等，2021）。在疫情全球传播的情况下，对病毒的传播方式、传播途径、潜伏期等科学认知反复推演不断更新，跨境电商食品质量的不确定性、跨境物流追溯困难、跨境电商食品存在"物传人"的传播风险等现实问题降低了消费者的购买意向，消费者会着重维护自身健康。各国科研团队和学者的风险研究结论差异性、应对风险所需资源生产和供应能力不确定性以及应对方案有效性未知，面对跨境电商食品安全未知风险，消费者会强化健康信念一致性，并产生购买无添加食品、形成良好饮食习惯及关注健康情况等健康促进行为（贾培培等，2020）。由此，健康促进是指使消费者面对跨境电商食品安全未知风险，能够加强对自身健康及相关因素的控制，从而改善健康的过程（Rosenthal 等，2021）。因此，消费者跨境电商食品安全未知风险的感知水平越高，其风险外部响应程度越高。可见，消费者跨境电商流通环节食品安全风险感知对风险内部响应和风险外部响应均产生显著影响。由此，提出以下假设：

H_1：风险感知对风险响应的影响具有显著差异。

H_{1a}：相较于未知风险，恐惧风险对风险卷入度的影响更显著。

H_{1b}：相较于未知风险，恐惧风险对风险责任感的影响更显著。

H_{1c}：相较于恐惧风险，未知风险对信息参与的影响更显著。

H_{1d}：相较于恐惧风险，未知风险对健康促进的影响更显著。

2. 食品安全风险内部响应的中介作用

风险内部响应由风险卷入度和风险责任感组成。风险卷入度指个体在风险情境下对特定事物的重要性和相关性的感知关联程度（Andrews 等，1990），在风险情境下个体对客观事件参与程度的感知。风险责任感指风险情境下个体积极采取措施解决问题的意识，促使个体对风险成因及后果进行反思并产生积极行为，相信自身能影响事件进程并实现预期结果的信念（Wolfinbarger 和 Gilly，2001）。跨境电商企业信用档案不完善、疫情扩散、文化交流障碍等会强化风险感知，使消费者增强风险卷入度并提升风险责任感。

疫情期间在跨境电商食品购买情境下，消费者对个人购买决策投入程度、购买跨境电商食品需求与疫情参与的感知程度具有差异。一方面，风险卷入度是消费者面对风险的一种内在唤醒机制，能通过主观评判个体与事件的关联，具有一定的持续性、明确性与强度。疫情传播着大量跨境电商食品威胁信息，如跨境电商食品外包装检验出病毒等，使累积的恐慌升级，引发预判性信息恐慌。风险卷入度越高，消费者越需要根据跨境电商食品的购买情境搜集和评估信息，积极提升跨境电商食品安全风险信息关注度和参与度，进行自我调适以释放面临食品安全风险而面临的压力。在突发公共卫生事件暴发之际，消费者主动通过搜索、浏览、查询风险来源及应对有关信息，详尽真实的信息源和便捷高效的信息搜寻分享平台能有效安抚公众情绪，提升公众安全感和掌控力。另一方面，面对社会风险下产生的责任感，能较好地培养消费者跨境电商食品安全意识及适应风险的能力，在突发风险情况下快速反应和疫情防控下的持续防范，如提高食品安全知识技能、风险觉察并实时预警能力和风险防控自觉性，尽量避免消费者的损失扩大，减少消费者的短视行为，助力风险防控工作精准科学。风险责任感越高，消费者越了解跨境电商食品安全风险发展态势（白洁等，2017），消费者越可能通过健康行动、健康预防、提升跨境电商食品安全素养等响应行为规避风险，减少不确定因素（Song 和 Zahedi，2001；Chen 等，2017）。此时消费者风险响应效能提升，积极探讨风险规避策略，通过调适情绪、适应环境、养成良好的行为习惯等改善身心健康状态，有效抵御风险对群众产生的生产生活严重冲击，减少抑郁、焦虑、创伤后应激障碍等负向心理综合征，帮助营造跨境电商食品安全健康的情境。

基于此，当消费者跨境电商流通环节食品安全风险感知水平较高，经过风险内部响应形成风险态度，并产生风险外部响应行为的可能性越高。由此，提出以下假设：

H_2：风险内部响应（风险卷入度和风险责任感）分别在风险感知和风险外部响应（信息参与和健康促进）间发挥中介效应。

H_{2a}：风险卷入度在食品安全风险感知和信息参与间起中介作用。

H_{2b}：风险责任感在食品安全风险感知和健康促进间起中介作用。

3. 数字信息公开的调节作用

数字信息公开程度将影响消费者内部知觉、信念和评价，影响其外部食品购买意向和满意度。本章以政府公示质量和媒体披露来源衡量数字信息公开。政府公示质量表示食品安全现代化流通视角下，政府所公开与公共利益相关的跨境电商流通环节食品安全信息及时、准确、充分传达的程度（Caswell 和 Mojduszka，1996）。媒体披露来源表示食品安全现代化流通视角下，媒体所披露与消费者利益相关的跨境电商流通环节食品安全信息获取渠道的权威性及公信力。

一方面，政府关于疫情和跨境电商食品的资讯发布、安全提醒、数据统计及信息公示等政府公示质量能影响消费者对食品安全风险事件的心理反应进而改变其外部响应。消费者对政府信息发布质量感知将促进风险防控政策响应及显著影响风险应对信心。突发公共卫生事件中政府是应急管理信息传播的攻坚力量，在海量信息和数据聚集中的信息开放中政府公示是消除公众社会焦虑、获取公众信任、有效引导舆论和疏解公众情绪，实现风险协同治理的重要路径。政府公示质量越高，消费者越可能对跨境电商食品安全风险带来的危害减少恐惧和担忧情绪，越能促进消费者甄别风险信息，并影响风险卷入度和风险责任感等风险内部响应，最终影响风险外部响应。

另一方面，消费者为满足其跨境电商流通环节食品安全风险数字信息需求而关注媒体信息披露来源，媒体披露来源的权威性和公信力能影响消费者信息响应程度。疫情大流行背景下容易产生"信息迷雾"，后疫情时代媒体披露来源和舆情控制显得至关重要，媒体披露公信力越差，不安、焦虑等负面情绪蔓延传播，影响消费者在购买跨境电商食品时做出正确决策，并阻碍疫情防控进程。媒体披露来源越权威，表明跨境电商流通环节食品安全风险数字信息风险信息越准确真实、公布及时、渠道完善，从而提升消费者对跨境电商食品安全风险情境复杂性和不确定性的把握程度，减少疫情恐慌、疫情谣言、选择报道等"信息疫情"现象，从而使消费者能辨明风险卷入度，产生风险责任感，即其风险内部响应程度更高，越能通过风险外部响应规避食品安全风险。基于此，相对于政府公示质量低的情境，消费者面对政府公示质量高的情境下跨境电商流通环节食品安全风险感知对风险内部响应的影响更强烈；消费者在相对于媒体披露来源非权威的情境，媒体披露来源权威的情境下跨境电商流通环节食品安全风险感知对风险内部响应影响更强烈。由此，提出以下假设：

H_3：数字信息公开（政府公示质量和媒体披露来源）调节风险感知对风险内部响应的影响，进而影响风险外部响应。

H_{3a}：在恐惧风险的刺激下，相较于数字信息公开非权威组，数字信息公开权威组对风险卷入度的影响更显著。

H_{3b}：在恐惧风险的刺激下，相较于数字信息公开非权威组，数字信息公开权威组对风险责任感的影响更显著。

H_{3c}：在未知风险的刺激下，相较于数字信息公开非权威组，数字信息公开权威组对风险卷入度的影响更显著。

H_{3d}：在未知风险的刺激下，相较于数字信息公开非权威组，数字信息公开权威组对风险责任感的影响更显著。

（二）研究模型

综上所述，本章基于保护动机理论和 ABC 理论，以风险感知（恐惧风险和未知风险）为前因变量，以风险内部响应（风险卷入度和风险责任感）为中介变量，以数字信息公开（政府公示质量和媒体披露来源）为调节变量，以风险外部响应（信息参与和健康促进）为结果变量，通过设计情境实验，利用问卷收集相关数据并进行验证，揭示消费者跨境电商流通环节食品安全风险感知对风险响应的影响机制并挖掘数字信息公开在其中的作用，构建理论模型如图 9－1 所示。

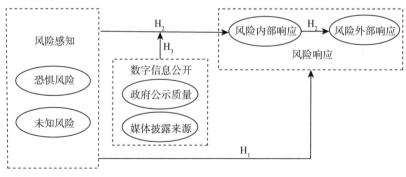

图 9－1 研究模型

三、以进口车厘子为例的情境实验设计

(一) 情景实验

情境实验是指通过控制多个因素和多个因素的水平，来检验单一因素如何影响被试的判断的研究设计。此后还有学者将因子调查称为情境分析，对被试提出基于不同层面来判断提供给他们的不同情境描述的实验性设计。情境实验被界定为以情境为基础的角色扮演实验，在这些实验中，设计各种描述性场景，以便将有关自变量的特定程度的信息传递给被调查者（Rungtusanatham 等，2011）。情境实验指的是研究人员向被试呈现经过设计与现实相近的情境，来判断个体的态度和行为等变量，以此来提高实验的真实性，并允许研究人员操控自变量（Aguinis 和 Bradley，2014）。与实验室实验、实地实验比较起来，情景实验将实验法与调查研究的优点结合起来，它的操作比较简单，并且与问卷星、Toluna、Surveymonkey 等成熟的在线调查平台结合起来，可以更加便捷、快速地采样并开展调查，极大地降低了实验成本，因此被国内学者广泛采用。

(二) 实验设计

本章通过情景实验验证研究假设，重点检验跨境电商食品流通环节不同类型的食品安全风险感知对消费者风险内部响应的影响受到数字信息公开（政府公示质量 VS 媒体披露来源）的调节作用，以增强实验结论的有效性和推广性。借鉴以往情景实验的成果，本章的实验设计具体如下：

1. 实验对象选择

据艾媒咨询公布的《中国进口食品电商热销品类剖析及行业发展报告》中显示，我国进口食品消费者中，年龄在 19～30 岁的约占 42%，年龄在 31～50 岁的约占 50%，基于 Falk 和 Heckman（2009）论述，实验研究并不根据受试者的经历而加以区别，选择学生进行实验能提高实验过程可控性，故一方面实验一选择高校学生作为被试对象，具有较好代表性。另一方面，为加强实验结果的可推广性，实验二通过在线方式招募被试。实验被试人口统计学特征见表 9-1，实验有效样本为 210 人，从年龄来看，20～49 岁有 141 人，占总人数的 67.1%，与上述报告涵盖主要消费者年龄段相同，概括性强；从收入水平来看，家庭月收入在 10 000 元以上的有 132 人，占总人数的 62.9%，表明购买跨境电商食品具有一定代表性。

表 9 - 1　样本特征 （N＝210）

项目	分类	人数	百分比（%）	项目	分类	人数	百分比（%）
性别	男性	78	37.1		5 000 以下	24	11.4
	女性	132	62.9		5 001～10 000	54	25.7
年龄（岁）	20 以下	65	31.0	家庭月收入（元）	10 001～15 000	55	26.2
	20～29	91	43.3		15 001～20 000	39	18.6
	30～39	39	18.6		20 001 以上	38	18.1
	40～49	11	5.2				
	50 以上	4	1.9		企业工作人员	41	19.5
教育程度	初中或以下	3	1.5		政府工作人员	21	10.0
	中专或高中	8	3.8	职业	事业单位工作人员	33	15.7
	大专或本科	175	83.3		学生	109	51.9
	研究生或以上	24	11.4		其他	6	2.9

2. 实验平台选择

选择京东生鲜为实验跨境电商平台（图 9 - 2）。京东生鲜跨境电商平台上线时间长、品牌知名度高、食品种类多、顾客群体大，《2020 年线上生鲜行业报告》数据显示，京东生鲜占据 25.8% 的生鲜市场份额，且操作简便、界面清晰、功能完善，实验采用的操控材料贴近消费者跨境电商食品购买真实情境。京东生鲜是全球生鲜食品电商平台，建设标配快检实验室、区块链溯源平台严格把控食品采购、加工、检测全程链条。

图 9 - 2　实验平台

3. 实验物品选择

本章选择车厘子作为实验物品。车厘子也称樱桃，特指产自智利、美国和新西兰等地进口车厘子，具有个大、皮厚、肉甜等特征。2020 年我国车厘子进口量约 21 万吨，进口额达 113 亿元。自 2021 年 1 月江苏省首例在进口车厘子表面检测出新冠病毒的案例，河北、浙江等地相继公布进口车厘子外包装或食品表面新冠病毒核酸检测呈阳性并已流入市场。2022 年 1 月河南鹤壁淇滨区接到关于通报智利车厘子新冠病毒核酸检测呈阳性协查函，部分涉疫批次智利车厘子流入该地。因此，在新冠疫情防控风险情境下选择进口生鲜食品车厘子作为实验食品有较强说服力。

4. 研究量表设计

阅读实验材料后，请被试填写以下五点李克特量表（1＝"非常不同意"，2＝"不同意"，3＝"中立"，4＝"同意"，5＝"非常同意"）和个人基本资料（表 9-2）。本章将人口统计学中的性别、年龄、家庭收入以及相关变量中的风险经历作为控制变量，以控制以上变量对本章结果的干扰。

表 9-2 消费者跨境电商食品安全风险响应测度量表

一级维度	二级维度	变量	测度项	文献来源
风险响应	内部响应	风险卷入度（RI）	RI_1 该跨境电商流通环节食品安全风险与我生活紧密相连 RI_2 该跨境电商流通环节食品安全风险暴发对我很重要 RI_3 我在该跨境电商流通环节食品安全风险中参与度很高 RI_4 我非常关注该跨境电商流通环节食品安全风险发展趋势 RI_5 该跨境电商流通环节食品安全风险会影响我的生活质量	Zaichkowsky（1994）；Zohra 和 Maher（2019）
		风险责任感（RR）	RR_1 我有义务应对该跨境电商流通环节食品安全风险 RR_2 我应努力解决该跨境电商流通环节食品安全风险 RR_3 我必须帮他人避免该跨境电商流通环节食品安全风险 RR_4 我愿意化解该跨境电商流通环节食品安全风险	Eisenberger（2001）
风险响应	外部响应	信息参与（IE）	IE_1 我会搜寻该跨境电商流通环节食品安全风险信息 IE_2 我会分享该跨境电商流通环节食品安全风险信息 IE_3 我会回应该跨境电商流通环节食品安全风险信息话题	DuBenske（2009）；张洁和廖貅武（2020）
		健康促进（HP）	HP_1 我会选择不含添加剂等属性的跨境电商食品 HP_2 我会养成补充膳食纤维等良好饮食习惯 HP_3 我会时常监测自身健康情况变化 HP_4 我会在每次购买该跨境电商食品前阅读食品标签 HP_5 我会搜寻保持身心健康的办法	Chen 等（2003）；Chen 等（2014）

四、情境实验操作过程及数据检验

（一）实验一：风险感知对风险响应的情境实验研究

1. 实验目的

本部分应用情境实验的研究方法，讨论了跨境电商流通环节食品安全风险感知对风险响应的影响机制。实验一主要为验证假设 H_1 和假设 H_2，检验不同类型的风险感知即恐惧风险和未知风险对消费者风险内部响应和外部响应的影响差异，并讨论风险内部响应在风险感知和风险外部响应中发挥的中介作用。

2. 正式实验

实验一检验风险感知对风险响应的影响以及风险卷入度和风险责任感在风险感知与风险外部响应中的中介作用（假设 H_1 和 H_2）。采用简单组间因子设计 2（风险感知：恐惧风险 VS 未知风险）共 2 组，比较实验组和控制组间消费者跨境电商流通环节食品安全风险响应差异。实验一共招募高校学生有效样本 90 人作为被试（图 9-3）。

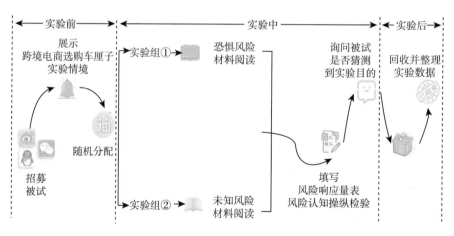

图 9-3 实验——流程

（1）实验材料。风险感知分组实验材料。以疫情疫病为主题，所选择的风险事件为新冠疫情，消费者将在此背景下于跨境电商平台做出车厘子购买决策。实验材料由普通视频和文字材料组成，从国内权威媒体网站如央视新闻、新华网和人民网等新闻、时评、专题报道和科研成果资料整合完成。

①恐惧风险组。实验材料从风险感知的恐惧维度出发，强调新冠疫情的风险伤害性（如伤亡人数、致命性、可控性和受灾地区及范围）和风险持续性（如疫情威胁的时间长度、疫情风险累加和疫情产生的持久影响）。具体文字材料如下。

新冠疫情是指 2019 年新型冠状病毒引发的全球大流行疫情。据 WHO 报告，截至 2021 年 2 月，全球累计确诊病例超过 1 亿例，累计死亡病例约 231 万；截至 2022 年 4 月 29 日，全球累计确诊病例约 5.10 亿，累计死亡病例约 623.3 万。自 2020 年以来，陆续有阿根廷冷冻牛小排、巴西冷冻猪小里脊肉、乌拉圭冷冻去骨牛肉、越南火龙果、泰国龙眼、俄罗斯饼干、智利车厘子等跨境食品的外包装上检出新冠病毒。2021 年 1 月江苏发现首例进口车厘子新冠病毒核酸检测呈阳性，河北、浙江等地相继公布进口车厘子外包装或食品表面新冠病毒核酸检测呈阳性并已流入市场。此外，已有多名跨境食品运输的货车司机核酸检测阳性（图 9-4）。

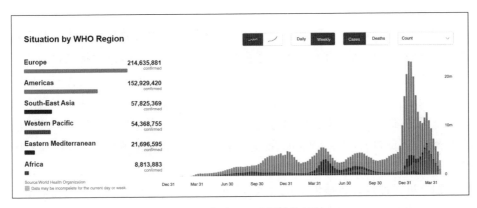

图 9-4　实验——恐惧风险材料

②未知风险组。实验材料从风险感知的未知维度出发，强调新冠疫情的风险涌现性（如变异毒株涌现、不可预测的疫情发展）和风险隐匿性（如疫情造成的后遗症状无法获知、疫情对全球经济政治的不确定性）。具体文字材料如下。

新冠疫情是指 2019 年新型冠状病毒引发的全球大流行疫情。2020 年 10 月，在印度发现的德尔塔变异株，具有潜伏期短、传播力更强、高致病性等特点。2021 年 11 月，世界卫生组织将南非上报的奥密克戎新变异株列为高度关注的变异株。该变异株较德尔塔变异株突变性、传播度和抗药性更强。变异株仍在不断迭代更新。《医学前沿》发表新冠疫情后遗症研究，表示新冠病毒对人体全身如呼吸系统、血液系统和心血管系统等皆有影响。《柳叶刀》相关研究评估了新冠患者情况并发现：超 22％的人因持续不适无法工作；91％以上的患者至少需要 35 周才能恢复；对于新冠后遗症为何发生、具体治愈时间等暂无定论（图 9－5）。

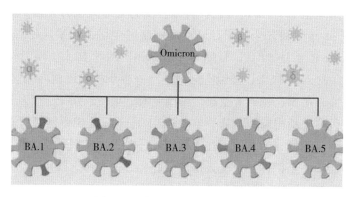

图 9－5　实验——未知风险材料

（2）实验流程。首先，各被试到达实验场地后为其安排座位，由实验员随机发放纸质版实验材料并在线上传送视频链接，说明实验要求。被试将阅读一份实验说明和实验情境介绍，要求被试独立并按个人真实感受如实作答，回答没有正误之分。第一部分，根据不同情境，向被试发放恐惧风险和未知风险的材料。第二部分，在要求被试思考后，要求被试填写李克特五点量表，测试消费者风险内部响应和外部响应的选择。第三部分，请被试填写实验操纵材料风险感知量表，测试风险感知是否操纵成功，具体为：请对您阅读的"材料：风险感知"进行评定，越接近 1 代表风险恐惧性越强，越接近 7 代表风险未知性越强。第四部分，要求被试填写人口统计信息，包括性别、年龄、受教育程度、家庭月收入等信息。实验结束后，询问被试是否猜测到实验目的，并向被试答谢，最后由实验员进行实验材料回收汇总。

（3）实验结果。

①信度检验。实验一通过 SPSS 26.0 分析软件，首先进行实验数据处理并运用 Cronbach's α 克朗巴赫系数反映风险内部响应和风险外部响应的量表可靠性。通过对 90 份样本进行分析，各潜变量的 Cronbach's α 结果显示，风险内部响应中风险卷入度为 0.777，风险责任感为 0.756；风险外部响应中信息搜寻为 0.811，健康促进为 0.800，皆大于 0.7 的可接受标准，表明各潜变量的内部一致性较好。信度检验表明，消费者风险内部响应和消费者风险外部响应变量都具有较好的信度。

②自变量的操纵检验。实验一通过单因素方差分析检验消费者风险感知分组是否操控成功，结果显示（表9-3、图9-6），被试对两组风险感知存在明显差异（其中 $M_{恐惧风险} = 2.38$，$SD = 0.747$，$M_{未知风险} = 4.87$，$SD = 1.198$，$p < 0.01$），说明本实验对风险感知的分组操控成功。同时，为进一步验证被试分组情况，本章采用独立样本 t 检验对被试的风险感知操纵进行检验。结果显示，消费者风险感知中的恐惧风险组和未知风险组具有显著差异（$p < 0.01$），其中 $t(90) = -11.821$，$p < 0.01$。经过以上数据比对可得知，通过实验一风险感知的操纵，使两组被试之间的风险感知产生了显著差异，因此实验一的消费者风险感知组合设置符合风险感知不一致的要求。

表9-3 消费者风险感知的操纵检验

风险感知组别	样本量	均值	标准差	标准误差均值
恐惧风险	45	2.38	0.747	0.111
未知风险	45	4.87	1.198	0.179

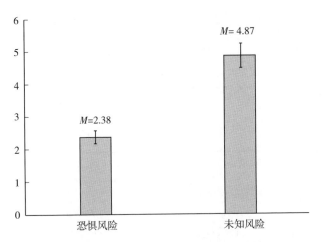

图9-6 实验——自变量操纵检验结果

③假设检验。在假设检验阶段，本章采用单因素方差分析进行主效应检验。为了验证消费者风险感知对风险响应的影响，本章对所有消费者中被试样本进行单因素方差分析，检验结果如表9-4所示。本章根据消费者风险感知类型（恐惧风险和未知风险）将90个有效样本数据分为恐惧风险组（45个样本）和未知风险组（45个样本）。首先，对消费者风险内部响应中的风险卷入

度进行检验（$M_{恐惧风险}=3.75$，$M_{未知风险}=3.26$，$F(1,88)=13.205$，$p=0.000<0.01$），证明恐惧风险对风险卷入度影响更大（图9-7），H_{1a}被证实。其次，对消费者风险内部响应中的风险责任感进行检验（$M_{恐惧风险}=3.53$，$M_{未知风险}=3.23$，$F(1,88)=3.809$，$p=0.054<0.1$），证明恐惧风险对风险责任感影响更大（图9-8），H_{1b}被证实。接着，对消费者风险外部响应中的信息搜寻（$M_{恐惧风险}=3.31$，$M_{未知风险}=3.75$，$F(1,88)=18.229$，$p=0.000<0.01$）进行检验，结果发现在不同组别的风险感知刺激下，被试的信息搜寻在未知风险组中明显增强（图9-9），在这种情况下，H_{1c}被证实。最后，对消费者风险外部响应中的健康促进进行检验（$M_{恐惧风险}=3.86$，$M_{未知风险}=3.31$，$F(1,88)=14.308$，$p=0.000<0.01$），证明恐惧风险对健康促进影响更大（图9-10），H_{1d}未被证实。基于此，以上检验结果证明在两种不同的风险感知刺激下，消费者内部响应中的风险卷入度和风险责任感及消费者外部响应中的信息参与和健康促进呈现出显著的差异，H_1在不同程度上得到证实。

表9-4 消费者风险感知对风险响应的意向差异

分组	风险卷入度		风险责任感		信息参与		健康促进	
	M	SD	M	SD	M	SD	M	SD
恐惧	3.75	0.695	3.53	0.698	3.31	0.594	3.86	0.611
未知	3.26	0.574	3.23	0.732	3.75	0.343	3.31	0.762
F	13.205***		3.809*		18.229***		14.308***	

注：* 表示 $p<0.1$，** 表示 $p<0.05$，*** 表示 $p<0.01$，下同。

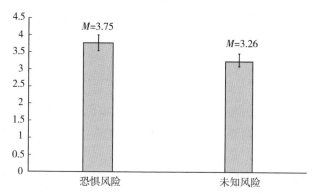

图9-7 不同风险感知下的风险卷入度结果

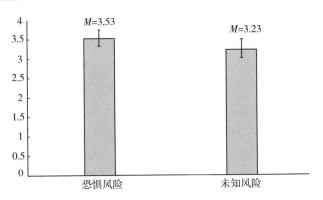

图 9-8　不同风险感知下的风险责任感结果

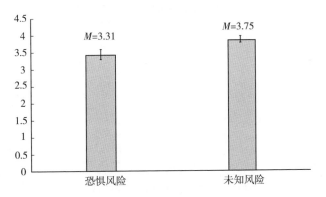

图 9-9　不同风险感知下的信息参与结果

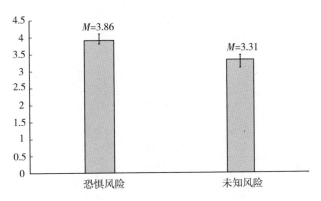

图 9-10　不同风险感知下的健康促进结果

④中介效应检验。首先，本章运用 SPSS 26.0 逐步回归法验证风险内部响应在风险感知与风险外部响应间的中介效应。结果表明，风险内部响应中，风险卷入度在风险感知与信息参与间起部分中介作用，风险责任感在风险感知与

健康促进间起部分中介作用，如表 9-5 所示。本章加入性别、年龄、收入以及风险经历作为控制变量，以控制以上变量对本章结果的干扰。基于第一步和第二步的检验成立，由第三步中前因变量（风险感知）、中介变量（风险卷入度、风险责任感）与结果变量（信息参与、健康促进）的回归分析可知，信息参与 β 值为 0.506，对应的风险卷入度 β 值为 0.141，显著性水平分别是 $p<0.01$、$p<0.1$；健康促进 β 值为 -0.463，对应的风险责任感 β 值为 0.298，显著性水平均是 $p<0.01$。因此，在风险内部响应中，风险卷入度和风险责任感分别在信息参与和健康促进间发挥部分中介效应，表明风险感知部分通过风险卷入度、风险责任感对信息参与、健康促进起作用。因此，本章假设 H_2 初步成立。

表 9-5　风险内部响应的中介效应

名称	名称	β 值
控制变量	**结果变量**	
性别	信息参与	-0.046
	健康促进	0.136
年龄	信息参与	0.044
	健康促进	0.210
收入	信息参与	-0.036
	健康促进	-0.028
风险经历	信息参与	-0.053
	健康促进	0.350
前因变量	**结果变量**	
	信息参与	0.437^{***}
	健康促进	-0.551^{***}
风险感知	**中介变量**	
	风险卷入度	-0.489^{***}
	风险责任感	-0.294^{***}
前因变量	**结果变量**	
风险感知	信息参与	0.506^{***}
	健康促进	-0.463^{***}
中介变量	**结果变量**	
风险卷入度	信息参与	0.141^{*}
风险责任感	健康促进	0.298^{***}

在逐步回归法的基础上，本章运用 Hayes（2013）条件过程分析（Conditional Process Analysis）采用 SPSS 宏的 Model 4（简单中介检验）Bootstrap，利用其中的相关系数进行 Sobel 中介检验分析（表 9 - 6）。本章分别对消费者风险内部响应中的风险卷入度和风险责任感进行 Sobel 检验。检验结果表明，在风险感知-风险卷入度-信息参与的中介路径中，风险卷入度的 z 值为 -1.583，$p < 0.01$，表明风险卷入度是风险感知促进信息参与的中介因子；在风险感知-风险责任感-健康促进的中介路径中，风险责任感的 z 值为 -1.639，$p < 0.01$，表明风险责任感是风险感知影响健康促进的中介因子。综上所述，通过 Sobel 检验得出风险卷入度在风险感知与信息参与中起中介作用，风险责任感在风险感知与健康促进中起中介作用，本章假设 H_2 再一次被证实成立。

表 9 - 6 消费者风险内部响应 Sobel 检验结果

变量	a	S_a	b	S_b	z
风险感知- 风险卷入度-信息参与	-0.488	0.134	0.141	0.080	-1.583
风险感知- 风险责任感-健康促进	-0.294	0.151	0.298	0.099	-1.639

（二）实验二：数字信息公开调节效应的情境实验研究

1. 实验目的

本部分应用情境实验的研究方法，讨论了跨境电商流通环节食品安全风险感知对风险响应的影响机制中数字信息公开发挥的作用。实验二主要为验证假设 H_3，检验不同类型的风险感知即恐惧风险和未知风险对消费者风险内部响应的影响受到数字信息公开（数字信息公开权威与数字信息公开非权威）的调节作用。

2. 正式实验

实验二检验数字信息公开的调节效应（假设 H_3）。采用多因素组间设计 2（风险感知：恐惧风险 VS 未知风险）×2（数字信息公开：数字信息公开权威 VS 数字信息公开非权威）。为保证实验数据采集可操作性、实验数据丰富性与实验结论推广性，实验二共在线招募有效样本 120 人作为被试（图 9 - 11）。

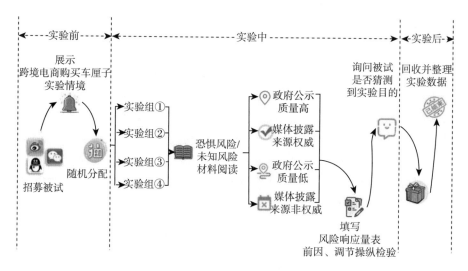

图 9-11　实验二流程

（1）实验材料。数字信息公开分组实验材料。以疫情疫病为主题，所选择的风险事件为新冠疫情，消费者将在此背景下于跨境电商平台做出车厘子购买决策。实验材料由普通视频和文字材料组成，从国内权威媒体网站如央视新闻、新华网和人民网等新闻、时评、专题报道和科研成果资料整合完成（风险感知分组材料同材料一）。

数字信息公开分组要求被试通过阅读任务操控完成实验。为保证研究的普遍性和被试不被已有经验影响，实验材料采取虚拟名字显示，不同分组将呈现以下材料。

①数字信息公开权威组（阅读政府公示质量高和媒体披露来源权威材料）。政府公示质量高材料。被试阅读一则有关 A 市农贸市场和进口冷链食品疫情防控工作调查函，函中详细指出一批进口车厘子内外包装样本核酸检测呈阳性，并说明购进市场地点、购进企业、购进数量及发配地区。具体文字材料见图 9-12。

媒体披露来源权威材料。实验模拟被试在社交媒体微博中获取一则一批进口车厘子内外包装样本核酸检测呈阳性的新闻告示，发布者是微博具有较高权威性的附有蓝 V 认证标志的@新华网，展示粉丝数、微博认证等信息（图 9-13）。

②数字信息公开非权威组（阅读政府公示质量低和媒体披露来源非权威材料）。政府公示质量低材料。被试阅读一则有关 A 市农贸市场和进口冷链食品疫情防控工作调查函，函中仅包括一批进口车厘子内外包装样本核酸检测呈阳性、购进市场地点的简报，附件仅包括产品单据（图 9-14）。

A市a区疾病预防控制中心发布情况通报

　　2022年1月21日，A市中心在对进口食品开展常态化监测中，发现一份进口车厘子（生产日期：2021.12.18）内表面核酸检测阳性。区防疫指挥部立即启动应急预案，第一时间赶赴现场处置。经查，该批次食品部分流往市内a区、b区和c区。区指挥部及时落实流行病学调查、核酸采样、密切接触者集中隔离、剩余食品封存、环境全面消杀等措施。a区、b区和c区共采集环境、物品、人员标本199份，检测结果均为阴性。接到协查函后，相关单位立即封存该批次车厘子，对直接接触的4人进行集中隔离医学观察，对环境进行全面消杀，对相关货品、车辆和人员进行核酸样本采集检测，检测结果全部为阴性。

图9-12　政府公示质量高材料

图9-13　媒体披露来源权威材料

A市a区疾病预防控制中心发布情况通报

　　2022年1月21日，A市中心在对进口食品开展常态化监测中，发现一份进口车厘子（生产日期：2021.12.18）内表面核酸检测阳性。经查，该批次食品部分流往市内a区、b区和c区。

图9-14　政府公示质量低材料

媒体披露来源非权威材料。实验模拟被试在社交媒体微博中获取一则一批进口车厘子内外包装样本核酸检测呈阳性的新闻告示，发布者是虚拟微博普通非认证用户，展示粉丝数、微博认证等信息（图9-15）。

图9-15　媒体披露来源非权威材料

（2）实验流程。各被试到达实验场地后为其安排座位，由实验员随机发放纸质版实验材料并在线上传送视频链接，说明实验要求。被试将阅读一份实验说明和实验情境介绍，要求被试独立并按个人真实感受如实作答，回答没有正误之分。第一部分，根据不同情境，向被试发放恐惧风险、未知风险、数字信息公开权威和数字信息公开非权威的材料。第二部分，在要求被试思考后，要求被试填写李克特五点量表，测试消费者风险内部响应和外部响应的选择。第三部分，请被试填写实验操纵材料风险感知量表和数字信息公开量表，测试风险感知和数字信息公开是否操纵成功，具体为：请对您阅读的"材料：风险感知"进行评定，越接近1代表风险恐惧性越强，越接近7代表风险未知性越强；请对您阅读的"材料：数字信息公开"进行评定，越接近1代表数字信息公开来源越不权威，越接近7代表数字信息公开来源越权威。第四部分，要求被试填写人口统计信息，包括性别、年龄、受教育程度、家庭月收入等信息。实验结束后，询问被试是否猜测到实验目的，并向被试答谢，最后由实验员进行实验材料回收汇总。

（3）实验结果。

①信度检验。实验二通过 SPSS 26.0 分析软件，首先进行实验数据处理并运用 Cronbach's α 系数反映风险内部响应和风险外部响应的量表可靠性。通过对 120 份样本进行分析，各潜变量的 Cronbach's α 结果显示，风险内部响应中风险卷入度为 0.826，风险责任感为 0.733；风险外部响应中信息搜寻为 0.812，健康促进为 0.797，皆大于 0.7 的可接受标准，表明各潜变量的内部一致性较好。信度检验表明，消费者风险内部响应和消费者风险外部响应变量都具有较好的信度。

②自变量的操纵检验。实验二通过单因素方差分析检验前因变量消费者风险感知分组是否操控成功，结果显示（表 9-7、图 9-16），被试对风险感知存在明显差异（其中 $M_{恐惧风险} = 2.37$，$SD = 0.802$，$M_{未知风险} = 5.37$，$SD = 0.938$，$p < 0.01$），说明本实验对风险感知的分组操控成功。同时，为进一步验证被试分组情况，本章采用独立样本 t 检验对被试的风险感知操纵进行检验，结果显示，消费者风险感知中的恐惧风险组和未知风险组具有显著差异（$p < 0.01$），其中 $t(120) = -18.829$，$p < 0.01$。经过以上数据比对可得知，通过实验二风险感知的操纵，使两组被试之间的风险感知产生了显著差异，因此实验二的消费者风险感知组合设置符合风险感知不一致要求。

表 9-7　消费者风险感知的操纵检验

风险感知组别	样本量	均值	标准差	标准误差均值
恐惧风险	60	2.37	0.802	0.104
未知风险	60	5.37	0.938	0.121

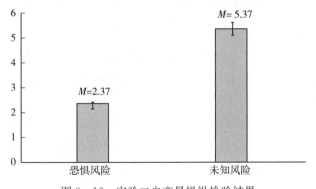

图 9-16　实验二自变量操纵检验结果

③调节变量的操纵检验。实验二通过单因素方差分析检验调节变量数字信息公开分组是否操控成功，结果显示（表9-8、图9-17），被试者对数字信息公开存在明显差异（其中 $M_{\text{数字信息公开权威}}=6.10$，$SD=0.752$，$M_{\text{数字信息公开非权威}}=2.75$，$SD=0.856$，$p<0.01$），说明本实验对数字信息公开的分组操控成功。同时，为进一步验证被试分组情况，本章采用独立样本 t 检验对被试的数字信息公开操纵进行检验，结果显示，数字信息公开中的数字信息公开权威组和数字信息公开非权威组具有显著差异（$p<0.01$），其中 t（120）=22.766，$p<0.01$。经过以上数据比对可得知，实验二中数字信息公开的操纵让被试对数字信息公开认知产生了显著差异，因此实验二的数字信息公开组合设置符合数字信息公开不一致的要求。

表9-8 数字信息公开的操纵检验

数字信息公开组别	样本量	均值	标准差	标准误差均值
权威组	60	6.10	0.752	0.097
非权威组	60	2.75	0.856	0.111

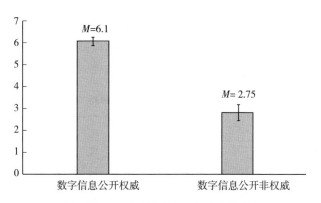

图9-17 实验二调节变量操纵检验结果

④双因素方差分析。为了验证数字信息公开在风险感知影响消费者风险内部响应中的调节作用，本章首先依据数字信息公开类型（数字信息公开权威和数字信息公开非权威）将120个有效样本数据分为数字信息公开权威组（60个样本）和数字信息公开非权威组（60个样本），其中恐惧风险-数字信息公开权威组有30个样本，恐惧风险-数字信息公开非权威组有30个样本，未知风险-数字信息公开权威组有30个样本，未知风险-数字信息公开非权威组有30个样本。

为进一步验证数字信息公开在风险感知影响消费者风险内部响应中的调节作用，采取双因素方差分析。以风险感知（恐惧风险、未知风险）和数字信息公开为自变量，风险内部响应（风险卷入度、风险责任感）为因变量，进行 2×2 双因素方差分析。数据结果表明，在以风险卷入度为因变量的条件下，风险感知（恐惧风险、未知风险）和数字信息公开的交互项显著（$F_{1,116}$ ＝5.456，$p < 0.05$）。由于风险感知（恐惧风险、未知风险）和数字信息公开交互项显著，因此进行简单效应分析。简单效应分析结果见表 9-9、图 9-18：在恐惧风险组，数字信息公开权威组比数字信息公开非权威组对风险卷入度的效果更好（$M_{数字信息公开权威}$ ＝2.84，$M_{数字信息公开非权威}$ ＝3.85，$F_{1,58}$ ＝188.009，$p <$ 0.01），更能减少消费者的风险卷入度，假设 H_{3a} 得到支持。在未知风险组，数字信息公开权威组比数字信息公开非权威组对风险卷入度的效果更好（$M_{数字信息公开权威}$ ＝3.22，$M_{数字信息公开非权威}$ ＝3.84，$F_{1,58}$ ＝17.461，$p < 0.01$），更能减少消费者的风险卷入度。因此，假设 H_{3c} 得到支持。

表 9-9　数字信息公开对风险卷入度的调节作用

变量	分组一	分组二	样本数	均值	标准偏差
风险卷入度	恐惧风险	数字信息公开权威	30	2.84	0.304
		数字信息公开非权威	30	3.85	0.262
	未知风险	数字信息公开权威	30	3.22	0.609
		数字信息公开非权威	30	3.84	0.537

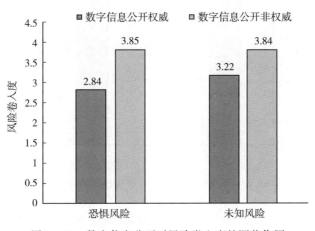

图 9-18　数字信息公开对风险卷入度的调节作用

结果表明，在以风险责任感为因变量的条件下，风险感知（恐惧风险、未知风险）和数字信息公开的交互项显著（$F_{1,116} = 25.103$，$p < 0.01$）。由于风险感知（恐惧风险、未知风险）和数字信息公开交互项显著，因此进行简单效应分析。简单效应分析结果见表9-10、图9-19：在恐惧风险组，数字信息公开权威组比数字信息公开非权威组对风险责任感的效果更好（$M_{数字信息公开权威} = 3.90$，$M_{数字信息公开非权威} = 3.11$，$F_{1.58} = 36.285$，$p < 0.01$），更能提高消费者的风险责任感，假设 H_{3b} 得到支持。在未知风险组，数字信息公开权威组比数字信息公开非权威组对风险责任感的效果更好（$M_{数字信息公开权威} = 3.80$，$M_{数字信息公开非权威} = 2.87$，$F_{1.58} = 36.211$，$p < 0.01$），更能提高消费者的风险责任感。因此，假设 H_{3d} 得到支持。

表9-10　数字信息公开对风险责任感的调节作用

变量	分组一	分组二	样本数	均值	标准偏差
风险责任感	恐惧风险	数字信息公开权威	30	3.90	0.493
		数字信息公开非权威	30	3.11	0.524
	未知风险	数字信息公开权威	30	3.80	0.523
		数字信息公开非权威	30	2.87	0.668

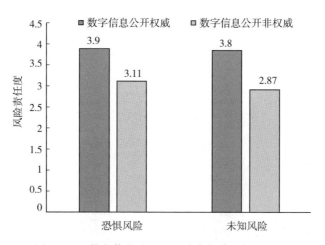

图9-19　数字信息公开对风险责任感的调节作用

综上所述，表明数字信息公开分别在风险感知与风险卷入度、风险感知与风险责任感间具有显著调节作用，假设 H_3 全部得到验证，假设检验结果详见

表 9 - 11。

表 9 - 11　研究假设验证结果

假设	假设内容	结论
H_1	风险感知对风险响应的影响具有显著差异	部分成立
H_{1a}	相较于未知风险，恐惧风险对风险卷入度的影响更显著	成立
H_{1b}	相较于未知风险，恐惧风险对风险责任感的影响更显著	成立
H_{1c}	相较于恐惧风险，未知风险对信息参与的影响更显著	不成立
H_{1d}	相较于恐惧风险，未知风险对健康促进的影响更显著	成立
H_2	风险内部响应（风险卷入度和风险责任感）分别在风险感知和风险外部响应（信息参与和健康促进）间发挥中介效应	成立
H_3	数字信息公开（政府公示质量和媒体披露来源）调节风险感知对风险内部响应的影响，进而影响风险外部响应	成立
H_{3a}	在恐惧风险的刺激下，相较于数字信息公开非权威组，数字信息公开权威组对风险卷入度的影响更显著	成立
H_{3b}	在恐惧风险的刺激下，相较于数字信息公开非权威组，数字信息公开权威组对风险责任感的影响更显著	成立
H_{3c}	在未知风险的刺激下，相较于数字信息公开非权威组，数字信息公开权威组对风险卷入度的影响更显著	成立
H_{3d}	在未知风险的刺激下，相较于数字信息公开非权威组，数字信息公开权威组对风险责任感的影响更显著	成立

五、研究结论与管理启示

（一）研究结论

本章在保护动机理论和 ABC 理论的基础上，建立了消费者跨境电商流通环节食品安全风险感知对风险响应的影响研究模型，运用情境实验方法进行定量化研究，基于消费者心理和行为科学视角，揭示了消费者风险感知和风险响应的内在关联和作用机制，并通过两个实验分别验证了风险卷入度在风险感知与信息参与之间的中介作用、风险责任感在风险感知与健康促进之间的中介作用、数字信息公开（政府公示质量和媒体披露来源）在风险感知与风险响应的调节作用。研究发现：第一，不同的消费者跨境电商流通环节食品安全风险感知对风险响应具有显著差异，其中，恐惧风险对风险内部响应中的风险卷入度、风险责任感和风险外部响应中的健康促进影响更大，而未知风险对风险外部响应中的信息参与影响更大。第二，风险卷入度、风险责任感分别在风险感知与信息参与、健康促进中发挥中介效应。风险感知部分通过风险卷入度强化了对信息参与的影响，即在风险感知的刺激下，风险卷入度越高信息参与强度越大。此外，风险感知还部分通过风险责任感强化了对健康促进的影响，即在风险感知的作用下，风险责任越高健康促进程度越大。第三，数字信息公开（政府公示质量和媒体披露来源）在风险感知对风险内部响应的影响中起调节作用，进而影响风险外部响应。对于恐惧风险组和未知风险组，一方面，数字信息公开权威组皆比数字信息公开非权威组更能减少消费者的风险卷入度；另一方面，数字信息公开权威组皆比数字信息公开非权威组更能增强消费者的风险责任感。由此，数字信息公开权威将可能缓解流通环节突发食品公共危机中消费者焦虑、不安、恐慌等情绪，降低消费者对食品事故的恐惧认知，提高消费者信任，从而面对危机也能做出积极有效的风险响应。

（二）理论贡献

本章围绕消费者跨境电商流通环节食品安全风险感知对风险响应的影响，并通过两个情境实验讨论了风险内部响应中的风险卷入度和风险责任感在其中的中介作用，揭示了数字信息公开在其中的调节作用。首先，本章验证了接受不同风险感知类型刺激的消费者将对风险内部响应和外部响应有显著不同的影响，并得到了在风险卷入度和风险责任感的不同路径中部分强化风险外部响应的启示。创新性地从心理和行为科学视角研究消费者跨境电商流通环节食品安全风险感知与风险响应，从消费者主体视角反映内部对外部的风险感知及响应，一定程度上丰富了研究视野。其次，随数字信息技术的强化、全球经济社会交流的深化以及世界范围疫情的动态变化，通过保护动机理论视角提出消费者跨境电商流通环节食品安全风险感知和风险响应的框架模型，探讨食品流通环节突发危机中消费者如何评估风险威胁和进一步做出风险响应；通过 ABC 理论模型探讨消费者对外部风险事件的感知、判断和评估后如何规范个人行为并体现在风险响应上。最后，本章关注到数字信息公开在流通环节食品安全风险感知与风险响应间的调节作用并尝试从政府公示质量和媒体披露来源角度切入，探讨了政府和媒体在消费者感知与响应决策过程中如何优化角色，帮助消费者迅速做出积极的风险响应，拓展了数字信息公开在食品安全现代化流通研究领域的应用。

（三）管理启示

在数字信息技术赋能、数字贸易新模式全球兴起和不断深化我国对外开放的环境下，消费者作为跨境电商食品选购的决策主体，如何有效甄别跨境电商流通环节食品安全风险，探讨消费者的风险处理内在机制，以及提高消费者的风险响应能力、增强消费者的风险抵御效能，使消费者获得更优的跨境电商平台消费体验，对促进食品安全现代化流通高质量发展及满足消费者跨境电商食品安全营养健康需求而言意义重大。消费者跨境电商流通环节食品安全风险感知如何影响其内部和外部的风险响应是一个迫切需要研究的问题。基于上述的理论分析和情境实验所得出的实证研究结果和研究结论，本章提出以下四点管理启示：

1. 加强跨境电商流通风险预警，优化风险感知识别应对

首先，明晰跨境电商流通环节主体权责体系。在数字信息技术高速发展背景及疫情防控现实需求下，全面梳理跨境电商食品安全相关法律法规和规范性文件并弥补监管缺失，厘清监管主体责任边界，详细制定具体的多方主体治理方式、跨境电商行业规范和跨境电商食品经营管理标准，通过海关、商务、市场监管等监管部门联合执法、消费者监督举报、企业事后追责制度等方式，逐步完善跨境电商流通环节食品安全风险预警体系，降低跨境电商食品安全事故感知风险。其次，强化科技赋能，落实跨境电商食品全链条追溯。依靠大数据、物联网、云计算、区块链等手段实施风险建模，鼓励运用防伪溯源码和射频识别技术实现信息互联互通，利用云端索引和交易信息采集，快速响应识别跨境电商食品安全风险，实现跨境电商食品安全风险的预警和监控，减轻恐惧风险和未知风险感知刺激。最后，依托数字信息公开建立风险交流机制。基于大数据分析、人工智能、5G等信息技术搭建数字信息公开平台，及时进行风险信息收集、风险应对管理和风险沟通。建立流通环节食品安全风险交流协作联席会议制度，签订跨境电商流通风险预警合作协议，形成数字化、智能化的跨境电商流通风险交流机制，缓解消费者的食品安全风险焦虑，提升流通环节食品安全风险防控及应对能力。

2. 建立跨境电商动态风险响应，提高公众健康信息素养

首先，建立跨境电商流通环节食品安全风险动态评估体系。在跨境电商的信息共享、支付信用、商品质量、物流体系等各方面，于全国分层次、分类别、分地区的自贸试验区、跨境电商综合试验区、进口贸易促进创新示范区等构建跨境电商食品安全风险预警体系及风险响应机制，加快构建食品流通风险响应系统，以"日管控、周排查、月调度"及时研判，明确分工，提高跨境电子商务中的食品安全风险情报管理的效能。其次，鼓励消费者积极参与跨境电商食品安全信息公开。跨境电商主体通过可视化图表、动态数字呈现等数字信息工具，主动公布跨境电商食品原产地信息、生产企业资质、加工企业信息、添加剂、物流运输信息、食品安全检疫检测报告等安全溯源信息。监管部门不定时对系统内安全溯源信息随机抽检，补全关键食品安全信息，将信息造假商户或平台列入失信名单。最后，倡导消费者健康积极的生活方式。以"新媒体＋医疗健康服务"方式积极联动全社会通过跨境电商食品安全提示、疫情疫病健康教育和健康科普，提高消费者防护意识，推动健康教育应用场景融合，帮助缓解公众面对食品流通环节突发安全问题的负面情绪和压力，从而全面提升消费者的身心健康素养。

3. 培育风险责任主体意识，改进食品卷入心理调适

一是加大社会支持力度，缓解风险卷入冲击。通过健全心理干预制度、社会支持等以减少公众负面情绪影响、增加群体归属感和增强食品安全危机环境应对能力，消费者应保持理性思考和明辨是非，提高流通环节跨境电商食品安全素养，从而有效降低风险参与程度。二是凝聚危机韧性精神，培育风险责任主体自觉。树立道德规范和集体精神，激发公众自觉参与意识，倡导更多食品安全和重大突发卫生危机下的责任担当、团结互助、自强不息和命运与共等品质理念，提高公众的抗疫积极性，鼓励更多公民行为和利他行为并对自身和他人的生命健康负责，以高度的风险责任感参与疫情和食品安全风险防控。在思想层面、行为规范、食品安全知识素养等方面贯彻国家、社会和个人的一体化观念，培育家国情怀，筑牢消费者对风险责任的认同和担当意识，促使其在社会实践中保持乐观积极的信念，将风险责任感外化为实践行动。

4. 规范跨境电商数字信息公开，严肃舆论信息引导担当

一是完善食品安全事件舆论监测与引导机制。建立信息共享和舆情监测机制，依托大数据追踪和分析，由权威部门精准把控跨境电商流通环节食品安全舆情变化，及时回应舆论关切，科学引导消费者风险感知。二是扩大信息公开媒介公共服务边界，加大非权威媒体资质审查力度。应用大数据、人工智能技术加强对政府权威媒体信息公开内容监管效能。进行媒体资质审查，借助网络爬虫技术动态监测主流媒体和非主流媒体在微博、微信、移动新闻端、抖音等网络平台上发布的信息数量、质量、内容。协同发挥政府多媒体矩阵引导力和传播力，增强食品流通危机情境下媒体报道、解读、表达领域的专业与可信度，共筑食品安全辟谣清朗环境。

六、本章小结

本章基于保护动机理论和 ABC 理论，探讨食品安全现代化流通视角下数字信息公开的作用。以跨境电商流通环节为例，通过两组情景实验，构建"风险感知-风险内部响应-风险外部响应"理论框架，明确在跨境电商流通环节食品安全风险情境中数字信息公开在消费者风险感知与风险响应间的调节效应，揭示风险内部响应的深层作用机制。研究结果表明：不同的消费者跨境电商流通环节食品安全风险感知对风险响应具有显著差异，其中，恐惧风险对风险响应中的健康促进影响更大，而未知风险对风险响应中的信息参与影响更大；关乎生命健康安全、危机严重威胁增加个体的健康保护等促进行为，而对危机不确定性引发的未知风险感知导致个体信息参与行为明显增加；风险卷入度、风险责任感分别在风险感知与信息参与、健康促进中发挥中介效应，在风险感知的刺激下，当消费者风险卷入度越高其信息参与强度越大，而消费者风险责任感越高其健康促进可能程度越大；数字信息公开在风险感知对风险内部响应的影响中起调节作用，进而影响风险外部响应。据此，为加强食品安全现代化流通中的数字信息公开，引导消费者形成科学的食品安全风险感知及响应，有效防范化解流通环节食品安全风险，助推数字经济赋能食品安全现代化，提出加强跨境电商流通风险预警，优化风险感知识别应对、培育风险责任主体意识，改进食品卷入心理调适、培育风险责任主体意识，改进食品卷入心理调适、规范跨境电商数字信息公开，严肃舆论信息引导担当等管理启示。

第十章　数字信息线索与食品安全现代化场景

一、文献综述与理论基础

(一) 食品安全现代化场景的内涵特征

1. 食品安全现代化内涵

食品安全现代化强调企业、政府、消费者和第三方机构等多元食品安全主体 (高奇琦,2020) 借助大数据、区块链等数字信息技术,通过优化源头供给、产业联动升级、提升食安素养等方式,畅通食安信息高质量供给渠道,打造安全食品多元化消费场景,优化顾客群体个性化消费体验,构建"多方参与、社会共治、绿色和谐"的食品安全格局。例如,应用区块链、智能标识等技术为食品数字化包装赋码 (Kalpana 等,2019;陈思源等,2023),消费者通过扫码识别便能获取食品生产过程、流通轨迹和风险状况等信息;结合 VR/AI 等技术多维立体化、可视化呈现食品安全信息 (Ware,2019;李芳和周鼎,2021),为消费者创造沉浸式消费综合体验;在 3D 打印、虚拟仿真等技术的赋能下开发未来食品 (廖小军等,2022),根据不同年龄段、不同身体需求和个人喜好为消费者定制个性化营养配方,促进膳食营养精准化及多元食品结构化发展 (Portanguen 等,2019;李鸣等,2023);借助大数据、互联网+等技术为消费者提供简单实用的食品消费维权取证工具 (史彦泽等,2022),开通多样化的投诉渠道和简易的投诉功能 (汪丽华,2022),保障消费者在面临食品安全问题时的合法权益,并及时得到有效的反馈和处理。

2. 食品安全现代化场景

食品安全现代化场景是一个融合了以大数据、人工智能、区块链为代表的先进数字信息技术与食品安全产业链条的现代化食品安全领域景象,主要包括结构优化、创新引领的生产场景;四通八达、内畅外联的流通场景;信息充沛、精准个性的消费场景;数据驱动、智联高效的监管场景这四个可观可感的食品安全现代化场景。在互联网、区块链、数字货币等数字信息技术蓬勃发展的背景下，跨境电商是食品安全现代化场景中的重要组成部分。跨境电商是一种国际贸易与信息技术发展结合的产物（张洪胜等，2023）。这种新型贸易方式在提升国内、国际两个市场资源联动（牛建国和夏飞龙，2023），拓展国际贸易交易渠道、提升国际贸易交易效率、降低国际贸易交易成本等方面展示出传统贸易模式难以企及的独特优势（Qi 等，2020），与我国双循环新发展格局的形成息息相关（赵崝含等，2022）。随着跨境电商场景的不断深化，食品领域借助互联网渠道实现产业转型升级，通过社交媒体、在线直播等方式扩大食品品牌曝光度和影响力（李思锋，2023；焦世奇，2023），带动了食品进出口的持续增长，为消费者提供更加多元的消费选择，促进消费升级（Zhu 等，2019；Tolstoy 等，2021），跨境电商食品逐渐向规模化、专业化方向发展。然而，相较于传统食品，跨境电商食品面临供应链环节长、信息不透明等监管困境，跨境电商食品安全风险错综复杂（张蓓等，2021；殷冉等，2021；史高嫣，2022），消费者产生对跨境电商食品安全质量的怀疑、不安等情绪（Gu 等，2021；吴鹏和黄斯骏，2022），不利于消费者在面临跨境电商食品时形成溢价支付意愿。但是，已有研究证实当跨境电商场景中涵盖来源国、品牌、口感、保质期等在内的食品安全信息内容质量越高（张宇东等，2019），呈现形式越流畅生动，信息追溯越权威可靠（陈钰颖等，2023），信息标识越简洁清晰（张露丹等，2023）时，消费者能够高效、充分地掌握食品情况，则有助于缓解消费者对跨境电商食品安全质量的怀疑与不安情绪，提高消费者对跨境电商食品的接受程度，越容易形成溢价支付意愿。

（二）食品安全现代化场景下的数字信息线索

1. 数字信息线索内涵

信息线索是指主体在信息搜寻过程进行判断时所处理的局部提示（Soroya 等，2021）。消费者通过对一些具有暗示性和引导作用的信息单元进行侦测和使用后形成对信息源价值的主观认识，这类对消费者有暗示和引导作用的信息内容及其表达形式就是信息线索（袁红和叶新杰，2019）。在数字经济赋能食品安全现代化的时代背景下，先进的区块链、大数据、人工智能等数字技术为传统信息线索赋能，表现为数字信息线索，以更加生动易感知的表达形式呈现既全面又具权威性的信息内容，大大提高消费者搜寻信息的效率。数字信息线索是指通过以互联网、大数据为主要代表的先进数字技术表现的一种信号提示，使消费者能够基于方便快捷的信息获取渠道，充分利用各类产品数据、信息与技术知识的无缝交互与集成分析，实现对产品来源、性能、价值、风险等的实时分析与动态评估（耿建光和李大林，2022）。在消费者进行产品消费的情境下，数字信息线索的作用体现为在正确的时间、正确的地点把正确的信息传递给消费者，以供其判断待购产品的价值品质并做出是否购买的决策。李婷婷等（2023）认为电子网站信息线索可降低消费者对产品质量的不确定性，辅助做出有效的购买决策。

2. 数字食品安全信息线索内涵

食品安全现代化场景下，跨境电商食品的数字食品安全信息线索是指在消费者搜寻食品信息过程中，借助数字技术为其提供跨境电商食品的安全质量指示，以供其判断食品价值品质与做出决策的有效信号（Yu 等，2020）。作为一种为消费者提供食品安全质量指示的信号，其通过食品数字化包装、可视化标签、溯源二维码等数字化方式提供信息线索，如食品营养组分、出厂检验情况，以及零售商实力、食品声誉和食品价值（包金龙和袁勤俭，2020）等。以浙江省为例，其采用国际通用的追溯编码技术推行"浙食链"溯源码（丁炜等，2023），打通从养殖到制作全环节数据，实现追溯系统全链条追溯乃至全球追溯，使全球消费者通过扫码便能了解商品监督抽检结果、合格证明等全面的食品安全信息，助力跨境电商食品贸易一体化，护航跨境进出口食品安全（翁润生，2021），让消费者做到"买卖明白、消费透明、吃得放心"。

3. 食品安全现代化场景下数字信息线索的作用机制

在数字经济时代背景下，跨境电商场景中运用以互联网、大数据、区块链为代表的先进数字信息技术（Zhao 等，2019；Lin 等，2019）加强各环节信息资源的共建、共享（王定科，2023），形成数字食品安全信息线索，提升食品安全信息透明度（Yiannas，2018），保障数字食品安全信息线索"供-需"流畅，促进食品跨境电商场景供给有效对接人民群众追求"吃得安全、吃得营养、吃得健康"美好生活需求，助推食品安全现代化发展进程（汪普庆等，2019）。以往研究多侧重单一研究视角或传统的食品消费情境考察食品安全信息线索与消费者态度（焦媛媛等，2020；Hellali 等，2023）或购买行为（叶笛和林伟沣，2021；Jiang and Zhang，2021）间的关系，参考以往文献，食品安全信息线索影响消费者态度或购买行为的作用机制可以划分为心理（Peng 等，2019；Trudel，2019；Kautish 等，2022）、行为（宋若琳和郭晓晖，2022；Ballco 和 Gracia，2022）、个体（Filieri 等，2018；Zha 等，2018）三个层面。

首先，在心理层面。有研究发现食品的产地、品牌、价格、认证等外部质量线索属性是契合消费偏好的重要因子（王二朋和高志峰，2020）。钟迪茜等（2023）基于采纳过程模型发现农业博览会中消费者有机食品的卷入程度越高越能促成购买意愿。张蓓等（2021）验证花卉电商平台基于展示、情感、口碑、社交与平台五方面营造良好的线上体验，有效增强消费者产品卷入度，进而激发重购意愿。陈琦等（2022）从社会技术理论视角出发，发现农产品供应链实现全过程信息溯源能够有效降低消费者风险感知并促成重购意愿。

其次，在行为层面。有调查以可追溯富士苹果为例，发现消费者更偏好苹果质量认证与原产地等信息属性，愿意为其支付更高溢价（梁飞等，2019）。绿色农产品的绿色认证、地理标志向消费者传递积极的食品安全质量信号，有利于促成溢价支付意愿（蒋玉等，2021）。电商平台通过图文解说与视频播放等不同形式展现养殖环境等动物福利产品信息，有效减少消费者搜索成本而改变消费决策（于爱芝等，2023）。有研究基于信誉标签结构视角，讨论有机认证、来源国等产品层面标签和健康成分等成分层面标签，是如何对消费者健康食品购买决策产生差异化影响（贾培培等，2020）。

最后，在个体层面。张蓓等（2021）指出具有较高营养安全意识的消费者更懂得从使用追溯码查询、掌握食品供应过程信息，也能从中感知食品本身的价值并增强认同感。郭广珍等（2023）从经济学角度探讨信任资本对产品差异化市场的影响，认为消费者更愿意消费高信任商品。余鲲鹏等（2023）立足消费者视角发现感知安全与隐私和技术信任是影响消费者对食品区块链溯源系统使用态度的重要因素。魏胜等（2023）检验得证消费者个体层面的不确定性、信任、环保意识和健康意识四个要素会影响消费者对有机食品的价格感知，进而影响购买意愿。

（三）精细加工可能性模型

1. 精细加工可能性模型内涵

精细加工可能性模型（Elaboration Likelihood Model，ELM）由 Petty 和 Cacioppo 提出，用以解释个体被信息说服并改变行为的过程（Vega - Zamora 等，2019；Chang 等，2020）。具体而言，个体根据个人主观需求，会对接收到的信息进行不同深度的加工分析，从而影响个体自身对该信息态度的变化，进而影响个体行为（莫祖英等，2023；曹雅宁和柯青，2023）。

该理论模型指出人对信息的加工过程存在两条路径：中心路径和边缘路径（李宗伟等，2021）。在中心路径中，个体倾向于基于主体信息与个体自身的相关性、主体信息的重要性或体现的价值观等内在特征因素，形成态度的转变（于灏等，2023），个体会充分调动逻辑思维能力对信息进行认真思考、分析与归纳，处理与信息质量（黄思皓等，2021）、在线展示（李宗伟等，2021）相关的论据线索。而在边缘路径中，个体则会更关注与主体信息本身无直接关联的外部因素（于灏等，2023），通常不深入思考，基于简单视觉印象等表面线索形成态度转变，做出快速反应，此类表面线索通常包括如信息来源可信度（Hu 等，2019；Kang 和 Namkung，2019；黄思皓等，2021）、信息丰富度（霍红和张晨鑫，2018；肖捷等，2022）、产品标签（Ikonen 等，2020；贾培培等，2020；张丽媛等，2021）等提示性线索。由此，参考已有研究，基于 ELM 模型，本章将跨境电商情境下食品安全信息线索处理路径分为中心路径与边缘路径，选取信息质量与信息呈现对应食品安全信息线索中心路径，信息追溯与信息标识对应食品安全信息线索边缘路径，对跨境电商场景下的数字食品安全信息线索对消费者溢价支付意愿形成的作用机制展开深入分析，为跨境电商食品产业健康发展提供理论基础。

（四）研究述评

综上所述，鲜有研究综合信息本质特征和个体特征讨论数字食品安全信息线索如何影响消费者溢价支付意愿的机制研究，在食品安全现代化背景下基于跨境电商场景拓展消费者溢价支付意愿影响的研究尚不多见。由此，本章基于精细加工可能性模型，将跨境电商场景下的数字食品安全信息线索处理路径分为中心路径与边缘路径，构建"数字食品安全信息线索-产品卷入度-溢价支付意愿"的理论框架，在跨境电商场景下开展数字食品安全信息线索与消费者溢价支付意愿研究，为促进跨境电商食品安全信息线索信息化进程，助推跨境电商食品产业健康发展提供理论支持。本章的边际贡献有：第一，拓展数字食品安全信息线索影响消费者溢价支付意愿的理论边界。将精细加工可能性模型理论引入数字食品安全信息线索影响研究，从中心路径和边缘路径分别探究信息质量、信息呈现、信息追溯与信息标识对消费者溢价支付意愿的作用机制。第二，以跨境电商为研究情境，拓展消费者溢价支付意愿研究，对于促进跨境电商食品产业发展与助推食品安全现代化进程具有现实意义。第三，引入产品卷入度作为中介变量，营养安全意识为调节变量，揭示跨境电商场景下消费者溢价支付意愿形成深层机理，弥补以往研究不足。

二、研究假设与研究模型

本章基于精细加工可能性模型对数字信息线索展开深层次探讨，明确在以跨境电商为例的食品安全现代化场景中，数字食品安全信息线索对消费者形成溢价支付意愿的作用机制。在新零售新电商背景下，跨境电商食品安全风险错综复杂，消费者产生怀疑、不安等情绪（Gu 等，2021；吴鹏和黄斯骏，2022），不利于推动跨境电商食品产业的发展。由此，可通过探究数字食品安全信息线索在消费者形成跨境电商食品溢价支付意愿过程中的影响作用，促进跨境电商食品产业健康发展，助推食品安全现代化场景构建。因此，本章将精细加工可能性模型引入数字食品安全信息线索影响研究，从中心路径和边缘路径分别探究信息质量、信息呈现、信息追溯与信息标识对消费者溢价支付意愿的作用机制。构建在跨境电商场景下的数字食品安全信息线索对消费者溢价支付意愿影响研究模型，运用问卷调查法实证分析食品数字安全信息线索对消费者溢价支付意愿的影响机制。

（一）数字食品安全信息线索对消费者溢价支付意愿的影响

食品安全现代化场景下，跨境电商食品的数字食品安全信息线索是指在消费者搜寻食品信息过程中，借助数字技术为其提供跨境电商食品的安全质量指示，以供其判断食品价值品质与做出决策的有效信号（Yu 等，2020）。参考已有研究，基于精细加工可能性模型，本章将跨境电商场景下数字食品安全信息线索处理路径分为中心路径与边缘路径，选取信息质量与信息呈现对应数字食品安全信息线索中心路径，信息追溯与信息标识对应数字食品安全信息线索边缘路径。

信息质量是信息接受者对信息的准确性、有用性、生动性和及时性等特征的感知，是对信息能否满足自身需求的判断（张蓓和马如秋，2023）。跨境电商场景中，数字食品安全信息线索的信息质量指消费者对跨境电商食品的信息内容与自身需求匹配程度的综合感知（李宗伟等，2021），在区块链、人工智能等数字技术赋能下体现跨境电商食品安全信息准确性、完整性、个性化、相关性等多角度特征。当跨境电商平台中涵盖来源国、品牌、口感、保质期等在内的食品安全信息内容越全面准确、平台更新越即时有效、推荐越精准个性化，有效降低消费者搜索成本，消费者得以高效、充分地掌握食品情况，减少不确定性感知，则消费者越容易形成溢价支付意愿。

信息呈现是通过文字、声音、画面等陈列形式展现信息（范文芳和王千，2022）。跨境电商场景中，数字食品安全信息线索的信息呈现指跨境电商平台界面设计美观、布局合理，信息内容借助 VR/AI、大数据等先进数字信息技术，通过声光电等多媒体形式多维、立体呈现的质量。消费者在浏览信息过程中会受信息展现效果的影响。跨境电商平台通过流畅动画视频，高色彩饱和度的图像、流畅超链接跳转等形式呈现食品信息，以图文缩放形式展示食品品质特征、包装设计等细节，视频动态展现食品口感与风味，予以消费者视觉、听觉与触屏等多种感官刺激，增强消费者沉浸感体验（王月辉等，2021），进而促成溢价支付意愿。由此，提出以下假设：

H_1：数字食品安全信息线索中心路径变量正向影响消费者溢价支付意愿。

H_{1a}：信息质量正向影响消费者溢价支付意愿。

H_{1b}：信息呈现正向影响消费者溢价支付意愿。

信息追溯是企业通过采集产品生产、流通、消费等环节信息，实现产品来源可查、去向可追、责任可究的一种技术性活动（周雄勇等，2023）。信息追溯具有去中心化、不可篡改、高度透明等特征，意味着企业具有全程追踪食品跨境运输时空方位的能力与技术。跨境电商场景下，数字食品安全信息线索的信息追溯指通过物联网、区块链等数字技术构建可追溯系统，追踪跨国供应链各个环节，保障食品全过程质量安全可控的一种能力。相较于传统食品，跨境电商食品面临供应链环节长、信息不透明等监管困境，跨境电商食品安全风险错综复杂（张蓓等，2021）。信息追溯基于第三方权威披露保障食品来源真实可靠，实现食品跨境流通、过关检疫等环节可视化，有效缓解消费者跨国购买情境下因信息不对称产生的焦虑心理（陈珏颖等，2023），消费者以扫描二维码或查询方式强化参与体验感，促成溢价支付意愿。

信息标识是通过标识词和标识符准确地传递、披露信息内容的形式（曹高辉等，2020）。信息标识基于可信、易理解与明显等优势，帮助主体快速准确地理解标识涵义。跨境电商场景下，数字食品安全信息线索的信息标识指食品企业利用数字信息技术，通过文字、图形、二维码等形式，对其营养成分等内容进行声明与披露的标签形式。作为食品外部属性线索，信息标识通过在食品包装正面视角提供富含钙、维生素或不含蔗糖等营养标签标示，或是附上可识别二维码提供更为丰富详细的营养价值、禁忌人群等食品介绍，一方面其具有警示性强、简洁清晰等特征，方便消费者"一目了然"食品营养价值；另一方面，信息标识具有企业信誉背书，带有高可信度的特征，通过披露食物健康价值，对主体认知与购买决策产生积极影响（贾培培等，2020），形成溢价支付意愿。由此，提出以下假设：

H_2：数字食品安全信息线索边缘路径变量正向影响消费者溢价支付意愿。

H_{2a}：信息追溯正向影响消费者溢价支付意愿。

H_{2b}：信息标识正向影响消费者溢价支付意愿。

（二）产品卷入度的中介作用

产品卷入度指消费者从个体需求、价值感知与兴趣等角度来判断自己与产品之间的关联程度（张蓓等，2021），表示消费者对产品的关注与重视程度。由于受到信息刺激、消费情境等因素影响，消费者会形成不同程度的产品卷入度，产品卷入度越高表示消费者感知自身与产品关联度越高，越有利于形成溢价支付意愿。数字食品安全信息线索反映进口食品品牌、日期、口感、原料成分等特质，契合消费者功效需要与价值诉求，一定程度增强产品与消费者间的心理关联，即产品卷入度提升。有研究证明产品卷入度对消费者购买起着正向促进作用（张蓓等，2021）。在数字食品安全信息线索中心路径中，食品信息质量高意味着平台全面准确地展示食品生产、加工工艺、营养成分等多方信息，当主体有信息依据判断食品存在食用价值与高品质时，会积极做出购买决策（张宇东等，2019）。信息呈现质量高则意味着跨境电商平台在数字技术的助力下为消费者提供便利快捷的系统导航、美观清晰的网页布局与快速流畅的页面加载，营造良好在线消费体验情境与氛围，提升消费价值感知，增强消费者产品卷入度，促成溢价支付意愿。在数字食品安全信息线索边缘路径，消费者更多依赖外部线索，凭借直觉与经验快速判断。信息追溯由第三方权威机构信用背书，具有"信任品"属性，同时二维码在线清晰、明确地公示食品溯源信息（陈珏颖等，2023），有效加强消费者对食品来源安全的价值感知；信息标识通过颜色、形状等方面提升标识显示度，提高消费者认知流畅性。当消费者认为食品标识展示的营养属性契合自身健康价值理念，有效增强产品卷入度，进而愿意购买。由此推测，食品安全信息线索通过作用于消费者产品卷入度，进一步影响溢价支付意愿。由此，提出以下假设：

H_3：产品卷入度在数字食品安全信息线索与消费者溢价支付意愿间起中介作用。

H_{3a}：产品卷入度在信息质量与消费者溢价支付意愿间起中介作用。

H_{3b}：产品卷入度在信息呈现与消费者溢价支付意愿间起中介作用。

H_{3c}：产品卷入度在信息追溯与消费者溢价支付意愿间起中介作用。

H_{3d}：产品卷入度在信息标识与消费者溢价支付意愿间起中介作用。

（三）营养安全意识的调节效应

营养安全意识是指个体对食品营养安全问题的关注程度，反映消费者对膳食营养健康的重视程度与食品营养信息的需求程度（潘娜和黄婉怡，2023）。个体信息加工过程会受到个体特征的影响（于爱芝等，2023）。消费者营养安全意识越高往往具有更强的食品安全信息认知需求与优良的食品安全消费习惯，更重视食品营养膳食需求，并更能感知到食品健康属性价值。首先，消费者营养安全意识越强，越能对跨境电商平台所示的外观、价格、产地等信息综合评估，进一步判别食品质量是否安全，加强对食品价值的感知，即对营养安全意识高的消费者而言，高水平信息质量对产品卷入度影响越显著。其次，信息呈现通过视频、图文形式能更详细、场景化展示食品价值，更增强消费者对信息多种呈现形式的感官认知，提升体验与投入水平，即对营养安全意识高的消费者而言，高水平信息呈现对产品卷入度影响越显著。再次，信息追溯提供权威有效的食安溯源途径，具有较高营养安全意识的消费者更懂得如何使用追溯码查询、掌握食品供应过程信息，也更能从中感知食品本身的价值并增强认同感（张蓓等，2021），即对营养安全意识高的消费者而言，高水平信息追溯对产品卷入度影响越显著。最后，信息标签通过简洁突出食品营养价值属性，能够契合营养安全意识较高的消费者的价值需求，提升信息获取流畅性，越能增强产品卷入度。换言之，对营养安全意识较强的消费者而言，高水平信息标识对产品卷入度的影响更显著。由此，提出以下假设：

H_4：营养安全意识在数字食品安全信息线索与产品卷入度间起调节作用。

H_{4a}：营养安全意识在信息质量与产品卷入度间起正向调节作用。

H_{4b}：营养安全意识在信息呈现与产品卷入度间起正向调节作用。

H_{4c}：营养安全意识在信息追溯与产品卷入度间起正向调节作用。

H_{4d}：营养安全意识在信息标识与产品卷入度间起正向调节作用。

综上所述，本章基于精细加工可能性模型，以信息质量与信息呈现为数字食品安全信息线索中心路径变量，信息追溯与信息标识为数字食品安全信息线索边缘路径变量，以产品卷入度为中介变量，以营养安全意识为调节变量，以消费者溢价支付意愿为结果变量，揭示跨境电商场景下数字食品安全信息线索对消费者溢价支付意愿的影响机理，构建数字食品安全信息线索对消费者溢价支付意愿影响研究模型（图 10-1）。

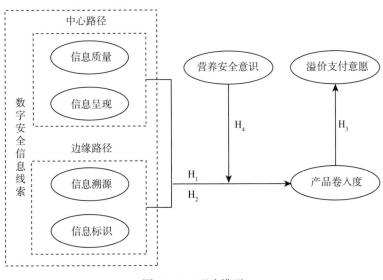

图 10-1 理论模型

三、量表设计与数据搜集

(一) 量表设计

本章的变量测度项借鉴国内外已有研究成果，结合跨境电商情境对量表测度项进行改编，首先开展预调研并回收 92 份有效问卷，据此结果完善初始量表题项与语言表述，最终确定包含 7 个变量、27 个测度项的正式调查问卷。其中，信息质量共 4 个题项，参考借鉴黄思皓等（2021）的研究，代表性测度题项包括"该跨境电商食品安全信息内容客观准确"等。信息呈现共 4 个题项，参考借鉴 Lin 等（2019）的研究，代表性测度题项包括"该跨境电商食品安全信息展示界面设计美观"等。信息追溯共 4 个题项，借鉴 Kim 和 Woo 的（2016）研究，代表性测度题项包括"该跨境电商食品安全信息追溯让我了解食品具体来源"等。信息标识共 4 个题项，参考借鉴李涵等（2022）的研究，代表性测度题项包括"该跨境电商食品安全信息标识色彩丰富"等。产品卷入度共 4 个题项，参考借鉴 Ghali - Zinoubi 和 Toukabri（2019）的研究，代表性测度题项包括"我认为该跨境电商食品对我来说很重要"等。营养安全意识共 4 个题项，参考借鉴 Fleming 等（2006）的研究，代表性测度题项包括"我关心食品质量与营养安全问题"等。溢价支付意愿共 3 个题项，参考借鉴 Anselmsson 等（2014）的研究，代表性测度题项包括"我愿意为该跨境电商食品支付较高价格"等。问卷采用李克特五级量表对变量进行衡量，1～5 分代表非常不赞同、不赞同、中立、赞同、非常赞同 5 个等级。

（二）数据来源

本章运用问卷调研法收集样本数据，案例背景以消费者通过天猫国际平台（以下简称"天猫国际"）购买跨境电商食品展开。阿里巴巴旗下平台天猫国际（Tmall Global）于 2014 年上线，经营牛奶饮料、坚果零食、水产肉类等多元进口食品品类。2017 年天猫国际启动全球溯源计划，运用区块链、二维码技术跟踪产品生产、运输、通关等信息，赋予跨境食品"追溯身份证"。2021年，天猫国际以 26.7％的市场占有率成为中国最大的跨境电商平台。中国是全球最大的乳制品进口国，据艾媒咨询《2021 年中国乳业行业运行大数据及市场趋势研究报告》数据显示，包装牛奶位列 2021 年中国乳制品进口量最大的产品前三，进口量为 99.6 万吨，其中澳大利亚占 11.9％。澳大利亚乳制品品牌澳伯顿创立于 2015 年，其源自黄金奶源地的牛奶口感醇香，富含钙、蛋白质、维生素等营养成分，实现优质奶源全程可追溯。2023 年，该品牌入选天猫国际榜单"销量榜""回购榜"与"好评榜"，排行第一。由此，本章以消费者在天猫国际跨境电商平台购买澳大利亚品牌澳伯顿牛奶为问卷研究情境，有较强代表性和说服力。

2023 年 6 月，本章借助问卷星网站制作调查问卷，并通过微信、QQ、小红书、微博等社交平台收集数据，共回收在线问卷 323 份，剔除问卷答案完全相同、填写时间过短等无效问卷后得到有效问卷 316 份，有效作答率为97.8％。其中男性占 38.3％，女性占 61.7％；年龄主要集中在 20～49 岁，占63.3％，职业主要为事业单位员工与学生，占 12.3％和 47.5％，受教育程度为大专或本科为主，占 50.9％，家庭月收入主要在 4 000～9 999 元区间内，占 45.9%。可见，调查对象统计特征表现为被访者性别与年龄合理、工作与收入稳健、学历水平较高，能够较好理解各题项内容。因此本章的数据样本具有较好代表性。

四、实证分析与结果讨论

（一）共同方法偏差检验

本章运用软件 SPSS 26.0 对样本进行共同方法偏差检验。采用主成分分析法和最大方差旋转法进行因子分析，将七个变量的所有测量题目全部并入同一个变量，结果显示 KMO 值为 0.956，大于 0.8，Bartlett's 球形检验值为 6 180.888，df 值为 351，Sig. 值为 0.000，说明本数据适合做因子分析。本章运用 SPSS 26.0 的 Harman 单因子法检测数据样本是否出现共同方法偏差，结果证明第一公因子的方差解释百分比为 49.9%，小于阈值 50%。其次，运用 AMOS 26.0 软件的验证性因子分析，对所有自评项目进行共同方法偏差检验，删除测量模型的潜变量使所有指标测度同一个新增的共同因子，构建单因子模型，单因子验证性因子分析的结果表明模型拟合较差，$x^2/df = 4.252$，$RMSEA = 0.102$，$CF1 = 0.825$，$IFI = 0.826$，$TLI = 0.811$，表明本次研究不存在严重共同方法偏差问题。

（二）信度和效度分析

本章使用 SPSS 26.0 开展可靠性分析和因子分析，以检验量表的信度和效度。结果如表 10－1 所示，信息质量、信息呈现、信息追溯、产品卷入度、营养安全意识及溢价支付意愿等各变量的 Cronbach's α 系数均高于 0.6，表明问卷信度具有可靠性。

效度分析分为内容效度和结构效度。就内容效度而言，本章总结以往研究量表并结合跨境电商消费研究情境对各变量测度项进行改编，量表各题项不是自主设计并具有逻辑性，无需开展主成分分析。结构效度方面，本章检验聚合效度和区分效度，分析 7 个变量的标准化因子负荷、临界比值（CR 值）和平均提取变异量（AVE 值）。7 个变量中标准化因子负荷均超过 0.6，t 值在 $p <$ 0.01 的水平显著，表明测量指标有较高信度。各变量 CR 值均大于 0.7、AVE 值均大于 0.5，说明各变量聚合程度较好，且 AVE 平方根值基本大于各潜变量间相关系数，说明本章数据有较好的区分效度。

表 10 - 1　变量测度项、信度和收敛效度检验（N＝316）

潜变量	测度项	平均值/标准差	标准载荷	信度	CR	AVE
信息质量（IQ）	IQ_1 该跨境电商食品安全信息内容客观准确	4.06/0.801	0.753	0.870	0.873	0.633
	IQ_2 该跨境电商食品安全信息内容详细完整	4.03/0.721	0.801			
	IQ_3 该跨境电商食品安全信息更新及时有效	3.94/0.743	0.821			
	IQ_4 该跨境电商食品安全信息满足我的购物需求	4.10/0.884	0.806			
信息呈现（IP）	IP_1 该跨境电商食品安全信息展示界面设计美观	4.26/0.782	0.822	0.900	0.903	0.699
	IP_2 该跨境电商食品安全信息以图文、视频等多形式展示	4.18/0.687	0.735			
	IP_3 该跨境电商食品安全信息展示带来多感官的视听刺激	4.21/0.784	0.822			
	IP_4 该跨境电商食品安全信息展示界面导航切换快速流畅	4.23/0.822	0.909			
信息追溯（IT）	IT_1 该跨境电商食品安全信息追溯让我了解食品具体来源	4.25/0.755	0.856	0.902	0.902	0.698
	IT_2 该跨境电商食品安全信息追溯为我提供食品质量保证	4.22/0.785	0.859			
	IT_3 该跨境电商食品安全信息追溯内容很容易获取	4.14/0.803	0.842			
	IT_4 该跨境电商食品安全信息追溯内容很方便扫描	4.15/0.756	0.784			
信息标识（SI）	SI_1 该跨境电商食品安全信息标识色彩丰富	4.03/0.595	0.710	0.850	0.853	0.593
	SI_2 该跨境电商食品安全信息标识引人注目	4.11/0.695	0.780			
	SI_3 该跨境电商食品安全信息标识容易理解	4.12/0.780	0.752			
	SI_4 该跨境电商食品安全信息标识值得信赖	4.18/0.857	0.834			
产品卷入度（PI）	PI_1 我认为该跨境电商食品对我来说很重要	4.19/0.684	0.699	0.838	0.840	0.568
	PI_2 我认为该跨境电商食品对我来说很有用	4.24/0.738	0.765			
	PI_3 我认为该跨境电商食品与我生活紧密相连	3.97/0.786	0.762			
	PI_4 我购买该跨境电商食品需要参考很多信息	3.93/0.776	0.787			

（续）

潜变量	测度项	平均值/标准差	标准载荷	信度	CR	AVE
营养安全意识（NSA）	NSA_1 我关心食品质量与营养安全问题	4.51/0.692	0.860	0.825	0.827	0.548
	NSA_2 我经常与亲朋好友讨论食品营养安全问题	4.13/0.849	0.706			
	NSA_3 我重视食品营养安全有关报道的真实准确	4.33/0.733	0.741			
	NSA_4 我常通过微博等媒体了解食品营养安全信息	4.07/0.840	0.637			
溢价支付意愿（WPP）	WPP_1 我愿意为该跨境电商食品支付较高价格	2.95/1.141	0.708	0.635	0.731	0.554
	WPP_2 我愿意为该跨境电商食品支付比同类食品更高价格	3.14/1.190	0.780			

（三）描述性统计与相关分析

本章采用各个变量测度项的均值来表示变量，中心路径中的信息质量、信息呈现变量，边缘路径中的信息追溯、信息标识变量，中介变量产品卷入度、调节变量营养安全意识、结果变量溢价支付意愿与控制变量人口特征的相关系数（Pearson 相关）如表 10-2 所示。信息质量与溢价支付意愿、产品卷入度显著正相关；信息呈现与溢价支付意愿、产品卷入度显著正相关；信息追溯与溢价支付意愿、产品卷入度显著正相关；信息标识分别与溢价支付意愿、产品卷入度显著正相关；产品卷入度与溢价支付意愿、营养安全意识显著正相关。以上与理论模型预期基本一致，为本章的模型假设合理性提供了支持。

表 10-2　均值、标准差与相关系数表

变量	1	2	3	4	5	6	7	8	9	10
1. 性别	1	—	—	—	—	—	—	—	—	—
2. 年龄	−0.064	1	—	—	—	—	—	—	—	—
3. 教育	−0.050	−0.242**	1	—	—	—	—	—	—	—
4. IQ	−0.117*	0.141*	−0.064	0.796	—	—	—	—	—	—
5. IP	−0.146**	0.118*	−0.055	0.828**	0.836	—	—	—	—	—
6. IT	−0.082	0.107	−0.042	0.752**	0.810**	0.835	—	—	—	—
7. SI	−0.086	0.097	−0.002	0.797**	0.816**	0.792**	0.770	—	—	—
8. PI	−0.111*	0.078	−0.005	0.742**	0.706**	0.722**	0.738**	0.754	—	—
9. NSA	−0.1	0.104	−0.065	0.549**	0.587**	0.607**	0.574**	0.621**	0.740	—
10. WPP	−0.071	0.038	−0.036	0.327**	0.290**	0.297**	0.331**	0.346**	0.280**	0.744

注：对角线为各潜变量的 AVE 平方根值；* 表示 $p<0.05$；** 表示 $p<0.01$（双尾检验）；N=316。

（四）假设检验

本章运用 AMOS 26.0 软件，可得整体模型的拟合指数如下：$x^2/df=2.71<3$，$RMSEA=0.074<0.08$，$IFI=0.914>0.9$，$CFI=0.914>0.9$，表明研究模型有较好的拟合度。本章运用 SmartPLS 2.0 和 SPSS 26.0 构建整体结构方程模型，探索信息质量、信息呈现、信息追溯、信息标识、产品卷入度与溢价支付意愿的直接效应机制。采用 Bootstrapping 抽样 2000 次，得到各变量间关系的路径系数及显著性结果（表 10-3）。

表 10-3　模型路径系数显著性检验

模型	研究假说	标准化系数	T 值	显著水平	检验结果
模型 1	信息质量对溢价支付意愿有正向影响	0.327	6.136	***	成立
模型 2	信息呈现对溢价支付意愿有正向影响	0.290	5.368	***	成立
模型 3	信息追溯对溢价支付意愿有正向影响	0.297	5.507	***	成立
模型 4	信息标识对溢价支付意愿有正向影响	0.331	6.225	***	成立
模型 5	信息质量对产品卷入度有正向影响	0.742	19.616	***	成立
模型 6	信息呈现对产品卷入度有正向影响	0.706	17.646	***	成立
模型 7	信息追溯对产品卷入度有正向影响	0.722	18.513	***	成立
模型 8	信息标识对产品卷入度有正向影响	0.738	19.370	***	成立
模型 9	产品卷入度对溢价支付意愿有正向影响	0.346	6.527	***	成立

注：***、**、* 分别表示在 $p<0.01$、$p<0.05$、$p<0.1$ 的水平下显著，ns 表示不显著。

（1）结构模型路径分析。信息质量、信息呈现、信息追溯、信息标识对溢价支付意愿完全发挥作用。信息质量显著正向影响溢价支付意愿（$\beta=0.327$、$p<0.01$），假说 H_{1a} 成立；信息呈现显著正向影响溢价支付意愿（$\beta=0.290$、$p<0.01$），假说 H_{1b} 成立；信息追溯显著正向影响溢价支付意愿（$\beta=0.297$、$p<0.01$），假说 H_{2a} 成立；信息标识显著正向影响溢价支付意愿（$\beta=0.331$、$p<0.01$），假说 H_{2b} 成立。

信息质量、信息呈现、信息追溯、信息标识对产品卷入度完全发挥作用。信息质量显著正向影响产品卷入度（$\beta=0.742$、$p<0.01$），信息呈现显著正向影响产品卷入度（$\beta=0.706$、$p<0.01$），信息追溯显著正向影响产品卷入度（$\beta=0.722$、$p<0.01$）；信息标识显著正向影响产品卷入度（$\beta=0.738$、$p<0.01$）；这说明信息质量、信息呈现、信息追溯、信息标识对产品卷入度

作用显著。产品卷入度与溢价支付意愿之间路径系数与显著性水平分别为 0.346、$p<0.01$，这说明产品卷入度对溢价支付意愿完全显著，说明研究假说 H_{3a}、H_{3b}、H_{3c}、H_{3d} 成立。

（2）中介效应检验。为检验产品卷入度的中介效应，采用 SPSS 宏的 Model 4 进行 Bootstrap 检验，结果如表 10-4 所示。表中 Bootstrap 95％置信区间上下限都不包括 0 表示显著。信息质量的中介效应值为 0.229，占比为 51.93％；信息呈现的中介效应值为 0.265，占比为 68.30％；信息追溯的中介效应值为 0.241，占比为 49.28％；信息标识的中介效应值为 0.262，占比为 66.67％，表明信息质量、信息呈现、信息追溯、信息标识不仅能直接影响溢价支付意愿，还能借产品卷入度中介效应影响溢价支付意愿，H_{3a}、H_{3b}、H_{3c}、H_{3d} 得到验证。

表 10-4 总效应、直接效应和中介效应分解表

解释变量	效应名称	效应值	Boot SE 标准误	Boot CI 下限	Boot CI 上限	效应占比（％）
信息质量	总效应	0.441	0.078	0.282	0.587	—
	直接效应	0.212	0.110	0.001	0.432	48.07％
	中介效应	0.229	0.795	0.743	0.385	51.93％
信息呈现	总效应	0.388	0.076	0.238	0.531	—
	直接效应	0.122	0.106	−0.089	0.331	31.44％
	中介效应	0.265	0.782	0.123	0.433	68.30％
信息追溯	总效应	0.489	0.084	0.317	0.648	—
	直接效应	0.247	0.119	0.024	0.497	50.51％
	中介效应	0.241	0.086	0.069	0.482	49.28％
信息标识	总效应	0.393	0.074	0.245	0.536	—
	直接效应	0.131	0.101	−0.068 4	0.326	33.33％
	中介效应	0.262	0.079	0.116	0.424	66.67％

注：Boot CI 为 Bootstrap95％的置信区间。

（3）调节效应检验。在中介效应的基础上，采用 SPSS Process 的 Model 7 来检验调节效应，如表 10-5 所示，发现营养安全意识分别在信息呈现、信息追溯与产品卷入度间发挥调节效应，在其他变量间无调节效应。在考虑控制变量基础上分析结果如表 10-5 所示，信息呈现和营养安全意识的交互项显著

（$coeff=0.051$，$p<0.1$），信息追溯和营养安全意识的交互项显著（$coeff=0.056$，$p<0.05$），即营养安全意识分别在信息呈现、信息追溯与产品卷入度间起正向调节效应。

表 10-5　营养安全意识的调节效应检验结果（$N=316$）

变量	产品卷入度			变量	产品卷入度		
	$coeff$	se	t		$coeff$	se	t
营养安全意识	0.276	0.041	6.719***	营养安全意识	0.315	0.045	6.956***
信息质量	0.525	0.039	13.396***	信息呈现	0.487	0.043	11.291***
信息质量×营养安全意识	−0.020	0.033	−0.607	信息呈现×营养安全意识	0.051	0.030	1.676*
R^2		0.621		R^2		0.570	
F		62.856		F		50.921	
营养安全意识	0.288	0.044	6.442***	营养安全意识	0.261	0.043	6.108***
信息追溯	0.512	0.043	11.836***	信息标识	0.567	0.045	12.658***
信息追溯×营养安全意识	0.056	0.028	1.994**	信息标识×营养安全意识	−0.010	0.034	−3.08
R^2		0.583		R^2		0.606	
F		53.634 8		F		58.967	

注：＊表示 $p<0.1$，＊＊表示 $p<0.05$，＊＊＊表示 $p<0.01$（双尾）；表中数值是非标准化回归系数。

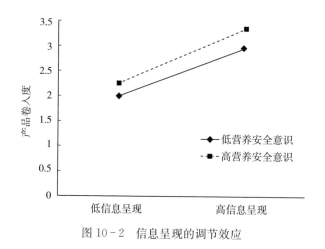

图 10-2　信息呈现的调节效应

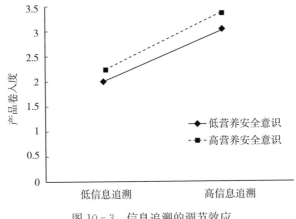

图 10 - 3　信息追溯的调节效应

进一步进行调节效应图分析（图 10 - 2、图 10 - 3），如图 10 - 2 所示，营养安全意识较高时（M＋SD），信息呈现对产品卷入度的正向作用更强，具有正向调节效应。即相比营养安全意识较低的消费者，具有较高营养安全意识的消费者面对高水平的信息呈现，会产生更高的产品卷入度。营养安全意识在信息呈现和产品卷入度之间具有正向调节作用，假说 H_{4b} 成立。同理，如图 10 - 3 所示，营养安全意识较高时（M＋SD），信息追溯对产品卷入度的正向作用更强，具有正向调节效应。即相比营养安全意识较低的消费者，具有较高营养安全意识的消费者面对高水平的信息追溯，会产生更高的产品卷入度。营养安全意识在信息追溯和产品卷入度之间具有正向调节作用，假说 H_{4c} 成立。

（五）结果讨论

首先，在我国食品安全现代化场景不断深化，新零售新电商日渐普及，跨境电商食品产业发展壮大的背景下，通过理论分析和问卷调查挖掘消费者溢价支付意愿形成的影响因素，讨论数字信息线索对溢价支付意愿的作用机制，探究产品卷入度是否为溢价支付意愿形成的必经路径，并验证营养安全意识作为调节变量在数字信息线索与溢价支付意愿关系中的调节效应。

其次，研究发现数字食品安全信息线索中心路径中信息质量、信息呈现对溢价支付意愿有显著正向影响；数字食品安全信息线索边缘路径中信息追溯、信息标识对溢价支付意愿有显著的正向影响。本章数据能够证实以往从标签、追溯属性等单一视角探索影响消费者溢价支付意愿形成的研究结论，但与既往研究不同，本章基于精细加工可能性模型识别信息质量与信息呈现作为数字食品安全信息线索中心路径变量，对消费者溢价支付意愿形成存在重要影响，是对现有成果的有益补充。同时，本章发现信息标识对溢价支付意愿的促进作用最大，这可能是随着食品安全现代化的推进，公众膳食健康意识日益提高，以"高钙、高乳蛋白、低脂"为代表的信息标识更契合消费者健康饮食的价值观念，消费者愿意为此提升溢价支付意愿；其次是信息质量，说明跨境电商场景中，食品信息的准确性、全面性、及时性等特征为消费者提供判断食品安全质量信号，借助大数据等先进数字信息技术，智能联通多方来源的权威信息，多维度、全渠道地满足消费者的信息需求；再次是信息追溯，说明在数字技术赋能下溯源技术的透明与共享属性降低消费者信息识别成本，信息追溯是消费者了解食品来源与去向信息的有力保障，并愿意为其溢价支付；最后是信息呈现，说明数字信息技术促使食品安全信息通过更生动的方式展示食品细节有利于提升购买体验，使消费者产生沉浸感与积极情绪，对形成溢价支付意愿存在正向影响。

再次，本章验证了产品卷入度在数字食品安全信息线索中心路径变量、边缘路径变量与溢价支付意愿间关系中均有中介效应。这说明，信息质量提供全面可信的食品安全信息，信息呈现生动化展示食品细节、信息追溯提供权威的可溯源保证、信息标识突出食品营养成分构成，多元的数字食品安全信息线索在新兴数字信息技术的助力下通过增强消费者在食品健康认知、营养意识、质量安全等方面的价值感知，拉近消费者与跨境电商食品的关联性感知，进而促成消费者溢价支付意愿。

最后，本章验证了营养安全意识在信息呈现、信息追溯与产品卷入度之间发挥正向调节效应，这说明，具有较高营养安全意识的消费者更在意食品质量安全与营养安全，食品安全现代化场景下以流媒体动态播放、应用声光电技术、清晰模块的信息呈现使消费者更加顺畅地了解食品品质、营养信息，拉近消费者与食品间的距离，提升产品卷入度。同时，具有较高营养安全意识的消费者对食品可追溯属性更为敏锐，信息追溯权威披露，跨境电商食品原产国、海关通关、检验检疫等来源去向信息清晰可查，使消费者获得更多价值感知，提升产品卷入度。此外，本章发现营养安全意识在信息质量与产品卷入度、信息标识与产品卷入度均无调节效应。可能的原因一是在食品安全现代化进程不断推进，新零售新电商日渐普及下，消费者使用手机、电脑设备在跨境电商平台购物或接收食品安全资讯已然成为日常习惯，对营养安全意识较强的消费者而言，跨境电商提供的数字食品安全信息是否更加全面、及时等质量变化相对不突出，产品卷入度不强；二是信息标识往往以简明图形或文字标示，对营养安全意识较强的消费者而言，其带来的价值感知不那么直接，因此削弱信息质量与信息标识对产品卷入度的促成关系。

五、研究结论与管理启示

（一）研究结论

本章从数字信息线索出发，探讨食品安全现代化消费场景下数字信息线索如何影响消费者溢价支付意愿。以跨境电商场景为例，基于精细加工可能性模型，将数字线索划分为中心路径和边缘路径，分别研究了信息质量、信息呈现和信息追溯、信息标识对溢价支付意愿的作用机制，并通过问卷调查和实证分析检验了产品卷入度的中介作用和营养安全意识的调节作用，以期探索通过数字信息线索创新食品安全现代化消费场景的有效路径，为构建多元化、数字化、智能化食品安全现代化场景建言献策。研究发现：第一，数字食品安全信息线索中心路径中信息质量、信息呈现对溢价支付意愿有显著正向影响；数字食品安全信息线索边缘路径中信息追溯、信息标识对溢价支付意愿有显著的正向影响。第二，产品卷入度在数字食品安全信息线索中心路径变量、边缘路径变量与溢价支付意愿间关系中均有中介效应，换言之，产品卷入度是数字食品安全信息线索中心路径变量、边缘路径变量促成消费者形成溢价支付意愿的必经路径。第三，营养安全意识在信息呈现、信息追溯与产品卷入度之间发挥正向调节效应，然而，营养安全意识在信息质量与产品卷入度、信息标识与产品卷入度均无调节效应。

（二）管理启示

数字经济蓬勃发展的背景下，数字信息技术的应用为构建多元化、数字化、智能化食品安全现代化场景提供了基础，有效利用数字信息线索是优化食品安全现代化场景建设的重要手段，有助于提振消费信心、共促食品安全，推进食品安全现代化进程。基于上述理论分析和实证结果，本章提出以下五点管理启示：

1. 健全政策法规标准，规范食品安全信息标识

加强食品安全信息标识的顶层设计，健全完善食安信息标识相关法规标准，加快推动规范的数字化信息标识在构建食品安全现代化场景中的普及应用。一是规范食安标识标准建设。政府应以行政法规的形式，针对不同领域的食品设置相应的特殊食品安全标识规范，以保证相关特殊食品安全标识的有效性与真实性。与此同时，食品企业与平台应在统一规范的食品标识标准规定下，在大数据等数字信息技术的赋能下，凸显食品外包装与平台界面的信息标识。基于色彩、易懂程度、吸引力等角度美化食品安全信息标识，利用食品电子标识及时精准展示食品信息，引导消费者关注信息标识，进而增强消费者溢价支付意愿。二是培育多方主体诚信意识。强化平台氛围管控，激励多方主体互相监督，树立诚信意识。政府积极推动法律延伸至跨境电商平台，建立黑名单制度、失信公示制度等惩治平台食品安全标识滥用、造假行为，倒逼跨境电商平台经营者、食品企业提升食品营养含量、标识规范程度。同时，跨境电商平台、媒体、消费者等多方主体共建食品标识认证机制，评选评定过程公开透明，第三方检测机构随机抽检，为消费者提供可信度高的食品标识认证排行榜，提高消费者对平台食品安全的信任度，促进其形成溢价支付意愿。

2. 扩大数字信息应用，创新食安消费场景模式

重点支持人工智能、元宇宙等前沿数字信息技术在食品领域的应用，释放数字潜力，创造集消费推荐、信息全面和社交体验等服务于一体的食品现代化消费场景模式。一是虚实互融推动设施革新。平台应积极将人工智能、5G等前沿技术与平台食品产业不断融合深化，充分运用先进数字技术，对平台的设施装备、传统模式进行全链条、系统化地改造升级，全面构筑数字经济与实体经济深度融合发展的新优势，更好地为消费者提供全面、准确的食品信息，激励消费者形成溢价支付意愿。二是场景搭建创新多元体验。平台可运用云计算等技术完善电商平台购物程序以及嵌入支付系统，简化消费者购物流程，改善其购物流畅感。分析消费者购买偏好和行为习惯，为其提供个性化的食品购买指南，优化内容推送服务。深入挖掘现有潮流特征，将平台食品与当下话题热度进行捆绑，提升消费者购物时尚感。在传统节庆等特殊时间点策划应节食品事件营销，增强消费者购物参与感。将虚拟现实技术、社交网络、跨境电商食品信息相结合，让消费者交流食品安全信息，创造具有社交属性的食品消费场景，强化消费者购物真实感，在流畅感、参与感、真实感等多元体验中提高产品卷入度，形成溢价支付意愿。

3. 完善数字精准推送，打造食品安全信息生态

平台应加强食品安全信息线索资源数字化建设，打造数字食安现代化场景生态，增强食安信息呈现的效果。一是数据挖掘驱动精准推送。借助自然语言分析、数据挖掘等技术管理消费者在平台上的浏览历史、购买记录、评分留言等数据信息。基于此对标推送相关食品信息，提升信息推送个性化与精准度，高效呈现与消费者的内在需求、兴趣攸关的产品信息，提升产品卷入度。如天猫平台通过收集分析消费者的搜索、浏览、购买等数据，了解消费者偏好、需求及购买行为模式等信息，并据此将消费者自动与商品匹配，精准地将相关商品推送给消费者。二是视听结合保障信息透明。平台应联合食品企业优化信息呈现效果，引进前沿信息技术发展成果搭建更美观高效的平台界面。通过优化图片色彩信息饱和度、加强链接跳转流畅度，以视听结合的方式提高信息呈现的动态感和吸引力，优化消费者多感官体验。通过为消费者提供安全、生动和透明的数字食品安全信息，增强消费者兴趣，提升产品卷入度，进而促成其形成溢价支付意愿。

4. 构筑跨界联动平台，强化食品安全信息追溯

平台商家应与食品安全相关主体跨界合作，加快构建食品安全追溯数字化联动平台，深化信息互联共享，食安追溯高效，维权渠道多元畅通的食品安全现代化场景。一是信息互联助力全面追溯。提升射频识别等溯源技术在食品企业生产与加工、电商平台流通与销售、政府监管部门抽检与排查等环节应用的广度与深度，获取全面精确的食品安全数据。构筑食安信息可视化实时共享平台，让食品在生产加工、物流运输等各个节点信息及时公开披露，助力食品安全信息全面可追溯，变透明、更高效，增强消费者对食品质量安全的信心，形成溢价支付意愿。二是信息共享促进在线维权。完善食品来源信息、流通资质、检验检疫等食品溯源效能与在线查询服务，促进溯源信息互联互通，有效降低食品安全信息不对称。与此同时，建立方便快捷的消费者维权渠道，如售后信用评价体系、投诉二维码等，消费者可在购物后对食品的品质水平、物流速度、售后服务等进行评价，并对食品安全问题进行维权。平台应公正处理，积极保持与消费者高效、全面的沟通，及时反馈事件处理进度，缓解消费者的不满情绪，从而增加平台信任。

5. 搭建媒体宣传矩阵，强化群体营养安全意识

引导传统媒体与新媒体融合发力，打造线上线下多种宣传渠道相结合的媒体宣传矩阵，倡导健康安全、营养均衡的食品安全现代化消费理念，积极建设消费群体普遍具备高食安素养的食品安全现代化场景。一是引导数字媒体科普宣传。借助以微博、抖音、B站为代表的融媒体、社交媒体等渠道，联合权威专家教授，结合在线直播、科普推文、趣味漫画等形式开展健康宣教，进行营养安全膳食理念与知识全渠道宣传推广。线上引导小红书、抖音等社交平台激发数字食安话题热度，精准科普、食安云学堂等官方平台与权威媒体定期更新食品安全知识等科普文章或讲堂视频，线下鼓励举办食安知识竞答比赛，面向社区、学校等场所发放食品安全知识宣传单等读物。强化食品安全知识全民科普，帮助广大消费者关注、理解数字食品安全信息线索。二是提高消费群体健康素养。促进消费者之间互动，提升消费群体的食品安全风险规避意识，并引导其通过权威媒介关注全面科学的食品安全风险信息。培养消费者主动查验追溯码、阅读营养标签等消费习惯，同时加强消费者维权意识，提升消费者产品卷入度与溢价支付意愿。

六、本章小结

本章基于精细加工可能性模型，在以跨境电商为例的食品安全现代化场景下探讨数字食品安全信息线索中心路径变量（信息质量、信息呈现）和边缘路径变量（信息追溯、信息标识）影响消费者溢价支付意愿的内在机理，通过结构方程模型方法实证检验消费者溢价支付意愿形成的内在机理，并探究产品卷入度的中介效应及营养安全意识的调节效应，构建"食品安全信息线索-产品卷入度-溢价支付意愿"的理论框架，在跨境电商场景下开展食品安全信息线索与消费者溢价支付意愿研究。采用结构方程模型研究方法，通过问卷调查采集316份有效样本，揭示数字食品安全信息线索对消费者溢价支付意愿的影响机制，并检验产品卷入的中介效应和营养安全意识的调节效应。研究结果表明：信息质量、信息呈现、信息追溯和信息标识对溢价支付意愿有显著正向影响；产品卷入度在信息质量、信息呈现、信息追溯与信息标识与溢价支付意愿间关系中均有中介效应；营养安全意识在信息呈现、信息追溯与产品卷入度之间发挥正向调节效应。据此，为促进跨境电商数字食品安全信息线索信息化进程，助推跨境电商食品产业健康发展，推动食品安全现代化场景构建提供理论支持与实践经验，提出健全政策法规标准、扩大数字信息应用、完善数字精准推送、构筑跨界联动平台、搭建媒体宣传矩阵等管理启示。

第十一章　数字餐饮服务与食品安全现代化监管

一、文献综述与理论基础

（一）食品安全现代化监管

1. 食品安全现代化监管的内涵特征

食品安全监管是指政府食品安全相关职能部门对食品生产、流通企业的食品安全行使监督管理的职责职能（Henson 和 Caswell，1999；蓝乐琴，2019）。传统食品安全监管大多仅通过归纳以往发生的食品安全事件，总结其存在的食品安全风险特点特征、发生规律与规避方式等。随着数字技术的不断演变和更迭，食品安全监管的内涵不断延伸。不仅包括通过分析总结以往食品安全监管中的成功经验，而且包括通过分析食品安全风险事件的相关数据研判与预警未来可能发生的食品安全事件（Garcia Martinez 等，2013；Chen 等，2015），这极大地提升了食品安全监管的效率和效果。

可见，食品安全监管的内涵及界定会随着时代环境的发展演变而不断革新。在数字经济蓬勃发展以及中国式现代化提出的背景下，食品安全监管现代化是指综合运用大数据、物联网、云计算、人机交互及人工智能等前沿数字技术，将食品供应链各个环节的相关数据转变为可供识别的数字图形、动态符号、智能图像或云端视频等多种形式，从而能够帮助食品安全监管人员更加清晰、直观地理解食品安全监督管理过程，并便于政府监管部门等权威主体明确、分析并研判食品安全现实情况，进一步实现对食品安全问题的预警、评估与溯源（Pei 等，2011；Armstrong 等，2023）。

在食品安全现代化监管的特征方面，我国基层数字餐饮服务食品安全监管过程可能存在监管对象难认定、监管信息不透明、监管技术较滞后等风险隐患（Jeremy，2021；Zhou 等，2022）。如部分数字餐饮商户无实体店铺、无工商营业执照、无餐饮服务许可证，其生产的"幽灵外卖"等食品在市场上大量生产并广泛流通；冰冻多年的"僵尸肉"利用化学药剂加工调味品制成菜品并通过数字渠道销向市场；"地沟油"变身"食用油"重返消费者餐桌，这些威胁不但加大数字餐饮服务食品安全监管难度，更严重损害了消费者的合法权益、身心健康和生命安全，进而制约数字餐饮服务食品产业可持续发展（King 等，2017）。因此，在数字餐饮服务食品安全监管窘境凸显、消费者信任程度日趋下降的背景下，关注数字餐饮服务食品安全监管问题至关重要。

2. 食品安全现代化监管的理论基础

数字经济蓬勃发展、新零售新电商方兴未艾的时代背景下，在食品安全治理过程中，传统的政府食品安全监管模式难以有效应对复杂多变的现实情境，由此，数字治理理论应运而生，其是指政府借助云计算、虚拟现实及混合现实等前沿数字技术进行社会治理，即利用数字技术对信息数据展开全面收集、精准存储及可视化关联分析，从而全方位地感知社会事件发生背景、过程及结果，以及在此过程中的公众需求情况和特征，有效提升政府综合管理的效率和效果（黄建伟和陈玲玲，2019；黄建伟和刘军，2019）。数字治理强调数字信息技术和智能信息系统等对社会中公共管理整体结果的影响（苏岚岚，2023）。近年来，数字治理理论的相关研究已从电子治理领域逐步扩展至初探食品安全智慧管理（张蓓和马如秋，2023）、公民在线互动参与（保海旭等，2022）、基层数字精准治理（李沫霏，2023）等多维研究领域，并与人工智能等数字信息科学技术深度结合，从而开发出更为精准的社会治理工具。

3. 食品安全现代化监管的现实难题

随着"互联网＋"、人机交互、虚实互联等数字技术快速发展和多维应用，运用美团、饿了么等数字餐饮服务渠道销售的食品以其快速性、便捷性等特征日益受到消费者青睐。随着数字餐饮服务食品产业逐渐发展壮大，相关食品安全问题也不断涌现，备受社会和消费者广泛关注，食品安全现代化监管已在多个维度进行应用，但仍存在着诸多现实难题（Prause 等，2021）。一是智慧审查难推进。现阶段，众多数字餐饮服务平台为了谋取高额利益，在审核在线餐饮服务商家的个体资质时缺乏严谨、统一及科学的标准，如未能严格遵循《食品安全法》等权威法律法规的相关标准规定，导致数字餐饮服务市场中存在着大量无证经营企业、个体餐饮服务提供商，并存在滥用食品添加剂、加工标准不合格等多重问题，食品安全现代化智慧审查难以广泛推进，我国针对数字餐饮服务的食品安全现代化监管仍然任务艰巨（Rijke 等，2017）。二是线上监管难度较大。我国食品安全监管系统中，聚焦数字餐饮服务开展监管执法的基层人员极为缺乏，且各地区监管执法方式不一，可能存在食品安全现代化监管模式单一等问题，这为数字餐饮服务食品安全现代化监管带来一定挑战（Chai等，2022）。三是消费者安全意识不足。我国数字餐饮服务发展时间较短，消费者对"外卖食品""冷冻食品"等数字餐饮服务食品缺乏足够的膳食营养意识和质量安全意识，且专门聚焦数字餐饮服务展开监管的法律法规较少，部分法规较为滞后，导致食品安全现代化监管工作的有效推进、运行效果等均有限（Bahn等，2021）。

（二）数字餐饮服务

1. 数字餐饮服务的内涵

数字餐饮服务的概念源于网络餐饮服务。网络餐饮服务来源已久，20世纪90年代送餐服务雏形初现，随着生活节奏加快，以下单方便快捷、食品种类丰富等为特色的网络餐饮服务应运而生。具体来说，网络餐饮是指餐饮企业根据在线订单信息准备好的，消费者无需进一步处理，通过网络餐饮服务平台的电话、公众号及小程序等多元途径购买，并能够在规定时间内配送至指定地点，以供消费者食用的食品或餐食（Song等，2022）。随着数字经济不断发展、数字技术广泛应用以及消费需求转型升级，"互联网＋餐饮""电商＋餐饮"等餐饮新模式、食品产业新业态等开始萌芽，网络餐饮服务成为数字餐饮服务的重要载体（Jung等，2023），以美团、饿了么等为代表的新型数字餐饮服务平台陆续涌现，数字餐饮服务产业以其精准及时的服务、智能共享的订单方式及特色丰富的食品而日益受到消费者追捧。例如，商务部数据显示，2023年上半年全国网上零售额已达7.16万亿元，同比增长13.1％，为数字餐饮服务市场蓬勃发展奠定了良好基础。中研网数据表明，我国数字餐饮服务市场扩张迅速，如截至2021年12月，我国外卖用户规模达5.44亿人，相较2020年增加1.25亿人。

具体来说，数字餐饮服务是指以"互联网"等新型数字渠道为媒介，通过同时联结多位消费者和多个餐饮企业，在数字环境中运用大数据、物联网及人工智能等数字技术，为消费者提供餐饮企业数字信息及在线预订、在线支付、口碑评价、精准配送及在线维权等综合服务，同时为一定规模的餐饮企业提供产品信息可视化展示和后厨后台云监控等食品安全治理保障服务的O2O模式网络订餐平台（Boyce等，2008；Jaworowska等，2013；Smigic等，2016）。在食品安全情境下，数字餐饮服务食品安全是指数字餐饮服务过程中所销售的食品，符合食品质量标准及营养成分要求，同时，其外包装、所配餐具等对人体健康和生命安全等不会构成现实或潜在的侵害（Kramer 和 Scott，2004；Seaman 和 Eves，2006；Sanlie 和 Konaklioglu，2012）。

2. 数字餐饮服务的特征

数字餐饮服务关乎全体人民群众的身体健康及生命安全。作为一种新型食品消费模式，数字餐饮服务具有网络虚拟性、跨地域性、动态开放性等特征（朱哲毅等，2023），其在为社会公众和消费者提供用餐便利性、多样性等服务的同时，也对我国食品安全监管提出新挑战。具体来说，数字餐饮服务食品安全具有质量标准参差性、影响程度动态性、食安风险突发性等特点（Peng 等，2022；Collis 等，2023）。在质量标准参差性方面，我国各地数字餐饮服务产业发展模式不尽相同，其食品安全监管方式、监管标准和监管能力等难以统一，同一类别的数字餐饮服务食品的治理标准可能在不同地域监管主体之间存在差异，导致食品质量标准参差。在影响程度动态性方面，不同数字餐饮服务食品供应链环节主体、供应链长短等均不尽相同，一旦发生质量安全事件，其波及的区域范围和对象数量差异显著，存在动态性特征。在食安风险突发性方面，数字餐饮服务食品种类丰富，涉及智能化生产、精细化加工、可视化流通、多元化配送和平台化交易等多个环节，各个环节对于食品冷链温控方式、主体质量安全控制行为规范等要求不一，极易诱发食品安全风险事件。

（三）数字餐饮服务视角下的食品安全现代化监管

1. 社会共治理论

社会共治理论是指在政府部门与企业机构等多方主体共同参与之下，聚焦某一特有的政策或目标展开监控和管理，着重发挥政府监管部门、市场经营主体、第三方机构、权威媒体、社会公众以及消费者等多元主体的共同作用，最终推动监管目标实现、监管政策落实，从而实现协同共治和精准治理（Fritsche，2018；邓衡山和孔丽萍，2022），也是一种将法律法规等行政主体与经营主体、社会公众等市场主体的自我规制方式有机结合、相互衔接的监督管理方式（胡颖廉，2019）。目前，社会共治理论的理念和倡导思路已经在《食品安全法》等权威法律法规和政策文件中得到有效应用，其能够代替原来仅仅依靠政府单一监管部门或职能机构等主体推进食品安全监管或治理的传统模式（赵德余和唐博，2020；Xi 等，2021）。

2. 食品安全社会共治

在食品安全情境下，食品安全社会共治指的是在政府介入的背景下，社会中食品安全监督管理组织自发构建与运行的整体过程（谢康等，2017）。进一步说，食品安全社会共治是一种具有法律支撑的、社会多元主体参与的治理新方式，其在多元主体相互协同的背景下，是一种在全社会范围内共同搭建协作网络，推进食品安全治理水平和治理效能不断提升的动态过程（赵谦和索逸凡，2022）。在数字经济不断发展的背景下，食品安全治理过程中可能存在信息不对称导致的政府失灵和市场失灵等多重窘境（Anissa 等，2021），而食品安全社会共治能够整合政府监管部门所具有的多种行政权力和多重行政方式，并将其与社会范围内各个食品安全利益联结主体所具有的私有权利相互结合，从而促进食品安全治理模式数字化、科技化转型，规避信息不对称等现象。即在数字经济情境下，食品安全社会共治能够将食品安全治理模式由原来的单一型政府监管模式进一步转变为食品科技企业、冷链物流企业、电商销售企业及消费者等多元主体共同治理的新模式，减少或消除食品供应链中可能存在的食品安全风险，有效保障人民群众身体健康和生命安全（高凛，2019）。

3. 数字经济情境下的食品安全社会共治

"互联网＋"和数字经济迅猛普及的背景下，新零售新电商方兴未艾，网络食品消费作为一种新型的食品消费方式和数字餐饮服务的重要载体，正潜移默化地改变着传统食品生产经营的组织结构、形态特征及管理方式，也改变着消费者的消费理念、消费渠道等（胡春华等，2020），其对于我国传统食品产业的流通方式革新、销售渠道扩展及交易过程优化等供应链各环节特征改变已经产生了重要影响，然而，网络食品消费作为典型的数字餐饮服务形式，在满足消费者食品消费过程便利性、消费种类多样性等需求的同时，也在一定程度上增加了食品安全监管过程、治理过程的难度（韦彬和林丽玲，2020）。数字餐饮服务过程存在着明显的"柠檬市场"困境，但是，在政府监管部门、电商平台和权威媒体等多方主体的共同监督和作用之下，该问题能够得到一定程度的缓解（朱哲毅等，2023）。可见，社会共治理论能够为数字餐饮服务视角下食品安全现代化监管不断推进提供良好的研究基础和科学依据。由此可以推断，数字餐饮服务视角下食品安全现代化监管是以社会共治为核心理念，通过在平衡食品安全治理过程中所涉及的政府监管部门、社会多元利益相关主体的所得利益和肩负责任的基础之上，食品安全治理多方主体按照现有政策文件和法律法规要求，以及根据自身职能职责对于食品安全治理责任展开科学分工及相互协作，并协同运用政府智慧监管、市场多元激励、技术生态治理、信息精准披露等多种方式，以相对较低的食品安全治理成本保障数字餐饮服务的食品安全水平，最终实现提高人民群众幸福感和获得感的目标（吴林海，2023）。

4. 社会共治理论视角下的食品安全现代化监管

作为一种新型、科学和相对有效的监管方式，社会共治理论能够突破原有传统的食品安全监管过程中所存在的局限，在有效弥补传统食品安全政府监管不足的基础之上，进一步完善对于数字餐饮服务展开监管的方式方法，并提高相应食品安全监管能力。社会共治理论能够帮助开展数字餐饮服务食品安全现代化监管，强调监管过程涉及政府监管部门、数字餐饮服务平台及相关食品企业、数字餐饮服务食品第三方机构、食品安全数字信息媒体、数字餐饮服务食品配送人员、数字餐饮服务食品消费者等多方主体。其中，政府监管部门负责落实数字餐饮服务食品基层监管人员的工作及义务，强化对数字餐饮服务食品安全高风险监管区域的精准化管控，进一步提高数字餐饮服务过程中的食品安全水平；数字餐饮服务平台及相关食品企业负责推行数字餐饮服务食品安全标准，同时规范自身食品安全经营方式和经营行为；数字餐饮服务食品第三方机构负责开展并推进数字餐饮服务食品安全检验检测，并对数字餐饮服务相关食品生产经营主体的行为进行合理监督和高效引导，提升数字餐饮服务食品安全社会监督能力；食品安全数字信息媒体则主要负责及时在线披露和餐饮服务食品安全相关数字信息，引导居民消费者、社会公众等主体主动树立食品安全风险意识，并重视和餐饮服务食品安全监管相关的数字舆情舆论；数字餐饮服务食品配送人员负责降低在食品配送过程中可能产生或形成的食品安全风险，减少潜在的数字餐饮服务食品安全纠纷（Doinea 等，2015）；数字餐饮服务食品消费者负责识别和防范数字餐饮服务过程中可能存在的食品安全监管风险，强化数字餐饮服务食品安全监管相关政策、法律法规的认知并主动在线维护自身权益和权利，科学培育食品安全健康素养，为构建良好的数字餐饮服务食品安全现代化监管的环境提供有力的支持和保障（Zhang 等，2019）。由此可得，基于社会共治理论，在数字餐饮服务视角下，我国食品安全现代化监管需要多方主体联动互促，共同形成监管合力（Donaghy，2021），从而进一步提升数字餐饮服务视角下食品安全现代化监管效能。

为此，本章基于数字治理理论及社会共治理论，在厘清我国数字餐饮服务与食品安全现代化监管的文献综述和理论基础之上，对数字餐饮服务食品安全现代化监管的研究思路和数据基础展开分析，厘清数字餐饮服务食品安全现代化监管模型的实践目标与具体应用，从而明确数字餐饮服务食品安全现代化监管的实践特征与重要抓手，为推动数字餐饮服务食品产业高质量发展，促进食品安全现代化监管推广普及，助力我国食品安全现代化进程提供发展方向。

二、研究思路与数据来源

本部分辨明数字餐饮服务食品安全现代化监管的研究思路与数据来源。一方面，通过将数字餐饮服务食品安全现代化监管的演进过程划分为产生阶段（2012—2013 年）、发展阶段（2013—2014 年）和成熟阶段（2015 年至今）三个阶段，并分析数字餐饮服务食品安全现代化监管的发展主要呈现数字餐饮采购源头可溯、数字餐饮配送全程可视及数字餐饮交易云端共治等三大趋势，厘清数字餐饮服务食品安全现代化监管的研究思路。另一方面，通过明确监管数据时空分析、监管对象层次分析、监管效果多维分析及监管方式关联分析等数字餐饮服务食品安全现代化监管四个具体类型，并在明确数字餐饮服务食品安全现代化监管的核心要素和数据特征的基础上，进一步辨明数字餐饮服务食品安全现代化监管的数据来源，从而为厘清数字餐饮服务食品安全现代化监管实践目标和具体应用提供研究基础。

（一）研究思路

1. 数字餐饮服务食品安全现代化监管的演进过程

随着 5G 通信技术、物联网、仿真模拟、AI 大模型等数字技术深入发展和推广普及，数字餐饮服务视角下食品安全现代化监管经历了从概念的提出、兴起及接受，到广泛应用、拓展延伸的渐次演变过程，并呈现出具有不同特征、不同表现形式的三个阶段（Niu 等，2020）。

具体来说，首先，2012—2013 年为第一阶段，该阶段是数字餐饮服务视角下食品安全现代化监管的产生阶段，大数据、物联网、虚拟现实等前沿数字技术的不断兴起为食品安全数据汇集、可视化呈现等提供良好发展情境，助力食品安全监管自动化。其次，2013—2014 年为第二阶段，该阶段是数字餐饮服务视角下食品安全现代化监管的发展阶段，此阶段大数据等前沿技术发展、迭代速度加快，助力食品安全监管智慧化发展；2015 年至今为第三阶段，该阶段是数字餐饮服务视角下食品安全现代化监管的成熟阶段，食品安全现代化监管逐步应用至餐饮外卖快速检测抽样、食品配送风险事件精准溯源与云端可视化监控、数字餐饮食品安全风险影响程度智能评估与智慧化预警等多重领域，可见，数字餐饮服务视角下食品安全现代化监管会随着数字信息技术的迭代革新而持续发展。

（1）数字餐饮服务食品安全现代化监管的产生阶段（2012—2013 年）。学界对于数字技术多维应用的相关研究日趋成熟，其涵盖图像处理、计算机可视化、自动化设计系统和人机交互等领域（Hajirahimova 和 Ismayilova，2018）。随着大数据等数字技术持续革新，监管部门能够利用计算机等数字工具自动化分析能力发现隐藏在数据中的重要信息，同时挖掘个体对于数字信息、数字技术等的认知能力及生物优势，借助人机交互等前沿方法和数据挖掘等技术辅助政府监管部门等主体更为直观和高效地洞悉大数据背后的信息（Dai 和 Wu，2023）。在此阶段，食品安全现代化监管相关的数据也表现出大数据特征（Parreira 和 Farber，2022），食品安全监管部门等主体开始采用云计算等分析技术研究食品安全问题的根源和内在诱因，对食品安全快速检测、消费者动态调查等相关食品安全数据进行综合性分析，如 Petran 等（2012）采用一般统计方法对线下餐厅卫生情况、食源信息各方面检验数据进行了数字化分析，为探究数字餐饮服务视角下食品安全现代化监管奠定了基础。Gasaluck 等（2012）采用 SPSS 统计软件对不同季节的餐饮服务商所销售的食物及饮料等进行微生物含量和重金属污染特征分析，帮助食品安全监管主体明晰餐饮服务过程中可能存在的风险来源，更开拓了数字技术应用于数字餐饮服务视角下食品安全现代化监管的相关研究领域（Unnevehr 和 Jensen，1996）。

（2）数字餐饮服务食品安全现代化监管的发展阶段（2013—2014 年）。可视化技术、食品智慧检测技术、大数据风险预警等前沿技术是开展食品安全现代化监管的重要技术支撑。2013 年物联网、可视化分析、云计算、大数据等前沿数字技术迅猛普及；2014 年餐饮企业食品采购源头数据智能采集、加工厨房透明化管理、电商销售平台可视化追溯等为数字餐饮服务视角下食品安全现代化监管奠定了重要基础。在此阶段，数字餐饮服务视角下食品安全现代化监管的应用范围更加广泛、应用类型更为丰富、应用过程也日趋成熟。食品安全监管主体能够通过文本分析采集食品供应商数据，运用网络分析爬取消费者数字餐饮服务平台口碑评论，基于时空分析追溯数字餐饮服务食品供应链各环节信息，开展多维分析综合评估数字餐饮服务主体经营情况和特征，研判可能存在的食品安全关键控制点。从而提升数字餐饮服务视角下食品安全现代化监管的效率（Otsuki 等，2001；Martin 等，2003；Wengle 等，2016）。

（3）数字餐饮服务食品安全现代化监管的成熟阶段（2015 年至今）。数字餐饮服务食品安全现代化监管的应用更为广泛，其在食品安全风险事件数字化采集、风险控制图谱等领域深度应用，在此阶段中，研究人员和政府监管人员更为注重大数据等数字技术在食品安全监管中全方位的渗透，并推动食品安全监管向智能化、智慧化等方向发展。在此阶段，"互联网＋食品"监管蓬勃发展，数字餐饮服务过程中，食品安全现代化监管研究领域在食品智能分级检测、质量快速抽检、食品安全风险事件溯源与云端监控、食品安全风险智慧评估与预测预警等领域持续拓宽（Panghal 等，2018），数字餐饮服务视角下食品安全现代化监管的思维方式和工作范式实现数字化转型和全方位变革，食品安全现代化监管的对象和具体内容更加细化，其范围逐渐拓展为平台中食品个体卖家等主体，智慧化监管数据获取技术更加便捷，大批量数字餐饮服务企业的相关信息处理和识别技术更加智能、消费者对于数字餐饮服务食品的维权信息和跟踪结果更加精准。

2. 数字餐饮服务食品安全现代化监管的发展趋势

随着数字经济蓬勃发展、"大食物观"食品安全战略不断推进、健康中国战略深入实施，政府监管部门、食品科技企业等多方主体能够运用前沿数字技术提升食品安全现代化管理效率，优化食品安全现代化监督管理决策。具体来说，数字餐饮服务食品安全现代化监管的发展趋势主要呈现数字餐饮采购源头可溯、数字餐饮配送全程可视及数字餐饮交易云端共治等三大特征。

（1）监管边界拓展延伸，促进数字餐饮采购源头可溯。数字餐饮服务视角下食品安全现代化监管需要基于数据采集分析能力强、危机响应敏捷度高的食品安全智慧监管平台展开。随着食品产业智能化、科技化程度不断提升，政府监管部门能够对数字餐饮服务企业的食品产地特征、采购源头、准入商家、平台资质等数据和信息展开汇集和处理，并拓展已有食品安全监管维度、延伸食品安全现代化监管边界。此外，食品安全智慧监管平台等食品安全现代化监管方式能够倒逼数字餐饮服务企业等相关主体完善食品营养成分呈现、来源精准追溯等相关数字设施，并采用 3D 可视化图形等技术更加清晰、明确地呈现食品追溯数据的形态，保证数据展示多样性；并根据食品安全监管主体等数据使用者的需求特征，不断优化食品安全数据呈现方式，便于监管主体更好地理解食品安全追溯信息，提升食品安全现代化监管效能。

（2）监管视图交互联动，促进数字餐饮配送全程可视。数字餐饮服务视角下食品安全现代化监管过程，需要对于数字餐饮服务过程展开全面、及时的可视化监管。由此，虚拟现实等数字技术能够将数字餐饮配送过程转化为生动有趣、多维可视的图文图表，增强食品安全现代化监管的精准性和响应性，并提升监管效率。具体来说，可在数字餐饮服务平台中采用饼图、柱形图、折线图、热图和地理信息图等食品安全监管数据显示方法，呈现食品营养属性、途径区域、骑手位置等多元信息。并通过调节地理位置图像颜色、平台亮度、食品呈现大小、食品三维形状和配送人员运动状态等优化信息呈现视觉效果，促进数字餐饮配送全程可视。帮助政府监管部门等主体通过数据交互挖掘、监控数字餐饮服务企业经营管理特征，研判食品安全风险发展趋势，进而提升食品安全现代化治理效能，推动食品安全现代化管理决策。

（3）监管主体跨界协同，促进数字餐饮交易云端共治。数字餐饮服务视角下食品安全现代化监管的有效推进需要政府监管部门、食品企业等多元主体协调参与、跨界联动。大数据、物联网等先进技术在数字餐饮服务中迅速推广，能够帮助食品安全监管主体对数字餐饮服务交易过程中平台商家资质、外卖促销规范、食品企业后厨信息、食品加工个体户营业执照等多元信息展开深入挖掘和监控，促进数字餐饮服务的交易过程云端监控，保障交易规范合理。此外，数字技术能够助力各监管主体之间的联动合作和信息共享，其通过打造食品安全监管信息共享平台，开设食品安全在线联席会议，促进各区域、各省市政府监管部门交流沟通。保障各监管主体对数字餐饮服务现状和食品安全风险特征等进行精准把控，提升食品安全现代化监管效率。

综上所述，随着经济高质量发展及数字科技水平不断提升，物联网等数字技术的蓬勃发展，数字餐饮服务视角下食品安全现代化监管有着无限发展空间。由此，厘清数字餐饮服务食品安全现代化监管的研究思路，为后续明确数字餐饮服务食品安全现代化监管的数据来源提供参考，并为辨明数字餐饮服务食品安全现代化监管的实践目标与具体应用奠定研究基础。

（二）数据来源

1. 数字餐饮服务食品安全现代化监管具体类型

一是数字餐饮服务食品安全现代化监管数据时空分析。食品安全现代化监管大数据具有较强的时变性和地域性特征，即食品安全现代化监管数据在时间序列和地理空间中仍然存在潜在的演变规律，例如农产品在连续多年检测中发现农药残留检出频次具有周期性特征（Gizaw，2019）。明确数字餐饮服务视角下食品安全现代化监管时空分析类型，依靠食品安全现代化监管数据的时间序列和地域分布情况，能够快速、精准地预判数字餐饮服务相关食品企业、生鲜电商平台等经营主体食品安全风险发生时间和定位信息，更加有助于食品安全监管部门的主体明确数字餐饮服务食品的来源地特征、骑手时空位置、平台商家地理位置等信息，从而有效控制数字餐饮服务食品的质量安全风险，并对食品安全问题进行研判和预警（Wengle 等，2016）。时空数据分析方法主要包括折线图（Line Chart）、曲线图（Graph）、主题河流（Theme River）、环行像素图（Origin Destination - Wheel）及热力图（Heat Map），能直观地反映出数据随时间变化的规律和趋势（Luo 等，2019）。因此，基于时间序列和地理空间开展的数字餐饮服务食品安全现代化监管，能够挖掘食品安全数据内在规律、明确食品安全监管数据演变周期和风险特征，为数字餐饮服务食品精准溯源和风险控制提供数据支撑和理论依据。

二是数字餐饮服务食品安全现代化监管对象层次分析。数字餐饮服务视角下食品安全现代化监管对应的食品种类、经营主体等均具有典型的层次性特征，即数据层次有食品种类及其细分类层、质检项目及其分项检测层、质量指标及其多种指标分项层等。数字餐饮服务视角下食品安全现代化监管的对象具有明显层次性（Contreras 等，2020），例如，部分生鲜电商平台销售的食品涵盖肉禽蛋品、海鲜水产、乳品烘焙、预制菜面点、餐饮熟食、酒水饮料、休闲零食及粮油调味等多种食品品类，部分外卖电商平台销售的食品涵盖粤菜、川菜、鲁菜等多种品类，市场监督管理局对数字餐饮服务企业展开常态化抽检时，必须对各种食品展开层次性分类检查，同时以微生物污染、食品添加剂、质量指标不合格、配送人员健康监测不达标、平台商家资质不达标等标准对数字餐饮服务过程中可能存在的食品安全风险特征展开分级评估，以保障食品安全监管的全面性和有效性。因此，亟需对数字餐饮服务视角下食品安全现代化监管对象展开层次分析，对不同层次的食品安全监管对象信息进行及时汇总，并总结相关规律，为预测和监控数字餐饮服务食品质量安全风险等提供理论支持。数字餐饮服务视角下食品安全现代化监管对象层次分析可以采用树图（Tree Map）展开分析，树图主要类型有双曲树图（Hyperbolic Tree）、锥形树图（Cone Tree）、结构树图（Structure Tree Diagram）。

三是数字餐饮服务食品安全现代化监管效果多维分析。数字餐饮服务视角下食品安全现代化监管效果具有典型的多维度特征（Wengle 等，2016），其维度主要表现为现制菜或预制菜等食品品类管理维度、地理行政区域划分方式维度、本土或跨境电商食品质量标准维度等，政府监管部门等主体能够通过大数据等数字技术对不同食品品类、加工方式、来源区域等属性特征展开监管，并进一步评估各个品类或者维度的监管效果。具体来说，数字餐饮服务视角下食品安全现代化监管效果呈现"监管时间及时性维度＋监管空间全面性维度＋通报主体响应性维度＋食品类别精准性维度＋质量标准可靠性维度＋检测主体权威性维度"等多维监管效果评估模式。针对具有多维度特征的数字餐饮服务食品安全现代化监管复杂数据，其监管效果分析和表达方法主要有平行坐标图（Parallel Coordinates）、散点图（Scatter Diagram）、散点图矩阵（Scatter Diagram Matrix）等。

四是数字餐饮服务食品安全现代化监管方式关联分析。数字餐饮服务视角下食品安全现代化监管方式具有明显的关联性特征，即各食品安全监管主体的监管渠道、监管手段和监管过程交叉关联（Fortin，2022），具体来说，数字餐饮服务视角下食品安全现代化监管方式在时间维度、空间维度、通报主体维度、食品类别维度、质量标准维度及检测主体维度等方面存在交叉关联，即呈现出"监管时间及时性维度×监管空间全面性维度×通报主体响应性维度×食品类别精准性维度×质量标准可靠性维度×检测主体权威性维度"等监管方式交叉关联。对此，需借助前沿数字技术和多元数据分析方式，清晰地展现数字餐饮服务食品供应链全程信息、企业经营情况、平台运行特征，进一步挖掘、辨明检验检测外卖食品、预制食品、净菜等数字餐饮服务食品质量安全数据的内在关联，总结食品不合格原因、配送骑手健康风险产生来源等，对评价我国食品安全现代化监管形势、辨明数字餐饮服务过程食品安全风险因素具有重要作用，并能够引导食品安全现代化监管方向。为显示数字餐饮服务视角下食品安全现代化监管方式的内在关联，可以通过先进数据可视化方式研判监管方式交叉关系和未来趋向，其表达方法主要有圆环图（Radiation Figure）、映射图（Torus Map）、关系挖掘图（Relationship Mining Diagram）和关系任务分析图（Relational Task Analysis Diagram）等。

2. 数字餐饮服务食品安全现代化监管数据搜集

本部分在明确数字餐饮服务食品安全现代化监管核心要素的基础上，进一步分析数字餐饮服务食品安全现代化监管数据特征，从而辨明数字餐饮服务食品安全现代化监管的数据搜集方式和路径。

数字餐饮服务食品安全现代化监管的核心要素主要包含监管主体、监管客体、监管方式3个方面。其中，监管主体主要包括食品安全相关政府监管部门、食品生产经营主体、第三方质量检测机构、权威媒体、社会公众和消费者等，是数字餐饮服务视角下食品安全现代化监管的数据产生源头。监管客体主要包括数字餐饮服务过程中外卖食品违规添加、跨境食品假冒伪劣、食品安全智慧检测设备、食品安全智能监管条件、食品安全监督管理经费等，是数字餐饮服务视角下食品安全现代化监管的数据产生基础。监管过程主要包括数字餐饮服务相关食品安全法律法规制定、食品安全风险产生机制、食品安全风险控制、食品安全风险预警等，是数字餐饮服务视角下食品安全现代化监管的数据产生方式。在数字餐饮服务视角下食品安全现代化监管过程中，通过监管主体协调监管客体和监管过程之间的关系，达到搭建并推广数字餐饮服务食品安全现代化监管共享平台的目标，推进我国食品安全现代化监管目标实现。

随着人工智能大模型等前沿数字技术蓬勃发展和广泛应用，可借助其在食品安全信息精准挖掘、汇集整合和智能分析等方面的显著优势，明确数字餐饮服务食品安全现代化监管的数据搜集特征，运用数字餐饮服务食品来源、配送骑手等大数据、经营企业大样本等辨析食品安全风险特征（熊先兰和罗广源，2020）。数字餐饮服务食品安全现代化监管数据涵盖范围较广，主要包括：一是来自各类数字餐饮服务企业或平台的食品安全数据。主要包括美团、饿了么等平台关于食品采购源头、营养成分、骑手信息、交易规模等数字餐饮服务数据。二是设置餐饮服务食品的相关质量安全标准和法律法规标准数据，例如《食品安全法》《网络餐饮服务食品安全监督管理办法》等。三是食品安全监管部门的报送结果，如各区级市级市场监督管理局网站、卫生健康委员会等对于数字餐饮服务食品等报送的抽检结果。三是互联网数据，如新华网、人民日报、环球网、中国食品安全网等，以及微博、微信等社交媒体中关于数字餐饮服务食品安全事件的相关报道。

三、实践目标与具体应用

（一）实践目标

1. 数字餐饮服务食品安全现代化监管目标

（1）数字餐饮服务食品供应过程精准规制。数字餐饮服务所销售的食品品类源自全球，供应来源相对广泛，涉及农产品种植养殖、生产加工、食品跨境运输、本地仓库冷链仓储等环节。推动数字餐饮服务视角下食品安全现代化监管，需要在数字餐饮服务标准法规制订依据、食品源头信息动态披露、食品供应商资质智慧核查、食品安全风险事件精准预警等方面展开数据采集，并对其进行大数据分析与整理，在克服传统餐饮服务中食品安全监管存在供应电子台账不明晰、规制范围局限性强、规制方法相对单一等困难的基础上，以食品供应过程精准规制为目标，促进数字餐饮服务相关主体对食品供应来源、供应方式、供应过程等进行透明化呈现，进而帮助政府监管部门等规制主体对数字餐饮服务供应链条各环节可能存在的风险进行自动识别，并对数字餐饮服务食品供应过程可能存在的食品安全风险等级进行精准判定及归因分析，以提升食品安全现代化监管的有效性和全面性。

（2）数字餐饮服务食品配送风险智能预警。数字餐饮服务食品安全风险多发生于食品配送阶段，亟需借助物联网及人工智能等先进数字技术，对数字餐饮服务所制作或者销售的食品流通配送过程展开风险预警和全面分析。具体来说，一是抓取并汇集数字餐饮服务食品包装材料、外卖封签、骑手健康状况、冷链仓储容量、冷库温度监控等方面的数据或信息，并通过大数据分析对数字餐饮服务食品配送风险开展智能分级和动态预警，让政府部门等监管人员及时知晓数字餐饮服务食品的食品安全风险趋势，做到食品安全风险精准甄别、科学研判、智能预警、严格处置，避免重大数字餐饮服务食品安全事件暴发，切实保障消费者"舌尖上的安全"。二是着力加强政府数字餐饮服务食品安全风险管理意识。因地制宜建立食品安全风险智慧化管理评价指标体系、数字餐饮服务食品安全信息云端披露行为规范，促进数字餐饮服务食品配送风险管理数据库信息可视化共享，提升数字餐饮服务食品安全现代化监管能力。

（3）数字餐饮服务食品安全绿色低碳治理。聚焦数字餐饮服务开展食品安全现代化监管能够驱动数字餐饮服务食品从生产加工到平台消费各环节绿色化、生态化、低碳化转型。具体来说，一方面，促进数字餐饮服务食品品类绿色化转型。政府监管部门通过出台一系列法律法规，推动数字餐饮服务经营主体增加绿色食品、有机食品、功能性食品等食品品类，并对其营养成分等进行信息化公示，帮助消费者合理选择绿色食品，在丰富外卖食品、净菜等食品供给原料的同时，在源头提高数字餐饮服务食品质量，降低可能发生的食源性数字餐饮服务食品安全风险。另一方面，推动数字餐饮服务食品销售低碳化发展。政府监管部门通过提高对数字餐饮服务主体碳排放量等方面的规制强度，倒逼经营主体销售低碳净菜、低碳人造肉等，并通过应用绿色冷链、生物降解食品包装材料、餐饮废料生态循环技术等促进数字餐饮服务食品供应链低碳化转型，通过推动数字餐饮服务食品安全现代化监管机制创新，优化数字监管手段，提升数字餐饮服务食品安全绿色低碳治理能力。

（4）数字餐饮服务食品安全社会多元交流。针对数字餐饮服务开展食品安全现代化监管需要推动数字餐饮服务食品安全社会多元交流。即运用人机交互、虚拟现实等数字技术，帮助社会公众、消费者等主体对数字餐饮服务食品购买注意事项、风险规避方式、智能维权渠道等信息形成科学认知，在促进数字餐饮服务食品相关法规政策有效施行的同时，助推数字餐饮服务产业高质量发展。具体来说，一方面，拓展社会交流数字渠道。市场监督管理局等政府监管部门通过微信、微博及小红书等在线媒体向公众提供数字餐饮服务食品安全相关政策法规及风险防范措施，并向数字餐饮服务主体普及政府监督管理措施、管理程序等，提升数字餐饮服务经营主体食品安全素养、规范食品安全行为。另一方面，保障信息披露及时有效。政府监管部门通过云计算等数字技术，在外卖电商平台、跨境电商平台、生鲜电商平台等数字餐饮服务主体口碑评论中抓取食品安全风险事件信息，对数字餐饮服务食品检测机构、检测单位等提供的食品安全风险事件展开智能汇总和分析，并将分析结果在政府官网、公众号等平台在线披露和信息公示，有效解决数字餐饮服务食品安全信息分散性与碎片化明显的问题，并有助于精准识别数字餐饮服务食品安全风险隐患点、及时处置违法数字餐饮服务食品企业，提升食品安全现代化监管能力。

2. 数字餐饮服务食品安全现代化监管效果

（1）监管全链条覆盖，实现数字餐饮服务供应信息化。推动构建严密高效的数字餐饮服务食品安全现代化监管数据全链条联动机制，打造由各省市市场监督管理局统筹，农业部门、卫生部门、工商部门、质检部门等多方数字餐饮服务食品安全监管主体协同的数字餐饮服务食品安全现代化监管平台，针对各类食品科技企业、外卖电商平台、生鲜电商平台和跨境电商平台等市场主体开展突击抽检，倒逼其推动农兽药残留记录、微生物污染情况、食品采购商供应资质等供应链食品安全数据公开化和信息化，加快健全各级政府内部数字餐饮服务食品质量标准信息共享，构筑数字餐饮服务食品安全监管信息网络，建立数字餐饮服务食品安全供应链风险识别、预警系统。此外，构建权责明确的数字餐饮服务食品安全风险数据管理责任机制，明确各级监管部门的职责职能，避免部门间出现推诿扯皮、权责不明的乱象，提升食品安全监管部门风险治理效率，实现数字餐饮服务供应信息化。

（2）监管全方位识别，实现数字餐饮服务配送智慧化。加快物联网、大数据等数字技术与数字餐饮服务食品安全监管智慧平台的融合建设，实现数字技术在数字餐饮服务食品生产加工、流通配送及平台销售等各环节全方位的应用推广，积极推动基层食品安全监管人员数字餐饮服务执法设备智慧化、智能化发展，促进数字餐饮服务食品安全质检部门高精密检测仪器迭代更新。推进数字餐饮服务食品安全监管智慧平台建设，基于混合现实、AI大模型等数字技术实现对家庭农场、食品科技企业、外卖平台等数字餐饮服务食品安全监管对象数据监控的全方位可视化识别，完善冷链温控自动记录、配送位置自动识别及食安风险自动报警流程，进一步提升数字餐饮服务食品安全监管智慧平台与市场监督管理局等政府监管部门在食品安全信息追溯平台间的协同度，实现数字餐饮服务食品安全现代化监管系统智慧化、可视化转型。

（3）监管全过程追溯，实现数字餐饮服务销售低碳化。云计算、人机交互等数字技术能够促进"互联网＋"食品安全现代化监管能力充分提升，亟需通过实现数字餐饮服务销售低碳化，推进我国数字餐饮服务食品安全动态监管体系建设，并使监管范围逐步覆盖食品跨境绿色生产、智慧分类分级、智能环保加工、冷链循环流通、骑手节能配送、平台低碳销售等全过程，实现数字餐饮服务全环节食品安全信息可追踪可追溯，促进食品安全现代化监管系统发展。其中，以跨境食品智能检验检疫、智慧分级技术赋能，在农产品生产环节逐步推进食品添加剂使用减量、跨境产地环境质量检测等数据标准细化；以智能图像识别、温度监控技术赋能，在食品加工环节进一步健全数字餐饮服务食品质量抽样检测分析机制；在流通环节建立高效的涵盖绿色冷链数据、平台电子台账信息、配送主体健康状况监测等数据在内的数字餐饮服务食品安全可追溯体系；在消费环节构建全面的外卖平台、生鲜电商平台等数字餐饮服务主体信誉动态记录制度，建立数字餐饮服务食品安全风险预警平台，实现数字餐饮服务食品消费过程的远程视频监管与信息公示，同时以消费者口碑智能监控技术赋能，在数字餐饮服务食品销售过程中逐步推进食品安全信息透明化、可视化，营销模式低碳化、绿色化，从而增强数字餐饮服务食品安全现代化监管的针对性、及时性和高效性。

（4）监管全社会参与，实现数字餐饮服务跨域惠民化。激励家庭农场、新型农户、食品科技企业、冷链物流商、餐饮平台及入驻商户、第三方机构、权威媒体、社会公众及消费者等多元市场主体广泛参与食品安全监管信息全面采集、动态汇集、迭代储存、智能分析及可视化呈现等过程，解决食品安全现代化监管过程中"政府失灵"、数据资源分散等问题，实现食品安全现代化监管全社会跨域参与，促进食品安全信息高效流通与共享，实现数字餐饮服务跨域惠民化。其中，建成国内外统一认证的数字餐饮服务食品生产经营资质认证系统，建设数字餐饮服务食品安全智能追溯体系，保障家庭农场、食品科技企业等各数字餐饮服务生产主体食品安全数据采集可视化、数字化与智能化；第三方机构、权威媒体引导消费者科学认知数字餐饮服务食品安全监管过程，鼓励将所遇预制食品过期、外卖食品腐败等食品安全事件在数字餐饮服务食品安全智慧监管平台上予以上报，帮助监管平台对风险事件进行实时监控、跟踪和响应，并对消费者展开科学引导，推动其在线维权，提升多元主体数字餐饮服务食品安全风险的精准甄别和智慧防控能力，通过倡导社会共治实现数字餐饮服务跨域惠民化，促进食品安全现代化监管能力提升。

（二）具体应用

1. 数字餐饮服务食品安全现代化监管多方主体

明确数字餐饮服务食品安全现代化监管多方主体，需以"政府主导、数字餐饮服务企业参与、第三方机构联动、媒体协同和消费者支持"激励多方主体共同参与，着力提升数字餐饮服务食品安全现代化监管整体效率。

（1）政府主导，搭建数字餐饮服务食品安全现代化监管共享平台。由具备极高权威性和强大公信力的政府监管部门等主体主导，通过搭建数字餐饮服务食品安全现代化监管共享平台，发挥政府部门在数字餐饮服务食品安全现代化监管中的主导作用。一方面，数字餐饮服务食品安全现代化监管共享平台面向所有数字餐饮市场的多元主体和市场监督管理局、农业农村部等政府部门开放，其以提供数字餐饮企业监督管理服务为宗旨，各政府部门根据数字餐饮服务食品安全监管工作需要对平台进行科学化使用，实现对数字餐饮服务市场主体的全面共治。另一方面，推动政府监管部门对食品生产经营者开展分段监管，提升数字餐饮服务食品供应全过程智慧监管能力，并依据数字餐饮服务相关法规对政府监管部门职责职能等进行划分，建立数字餐饮服务食品安全现代化监管合作机制，保证对数字餐饮服务食品全产业链无缝监管和精准监控。

（2）食品企业参与，促进数字餐饮服务食品安全现代化监管推广应用。以保障数字餐饮服务食品质量安全为主线，鼓励数字餐饮服务相关食品企业参与食品安全现代化监管，并将数字餐饮服务食品安全现代化监管成功经验在全国范围内推广应用。一是打造"数字餐饮服务企业＋"的新型食品安全监管模式。规范数字餐饮服务企业在食品源头精准采购、冷链可视化流通、平台智能化销售等各环节食品安全行为，确保数字餐饮服务食品安全整体水平。二是打造数字餐饮服务企业食品安全监管可视化模型。将数字餐饮服务企业食品采购数据、经营者资质数据、食品库存容量、食品配送时长等全部纳入数字餐饮服务企业食品安全监管可视化模型。由政府监管部门进行统一、及时、可追溯管理，实现数字餐饮服务食品安全监管智能化。三是及时公布数字餐饮服务市场信息。通过数字餐饮服务企业食品安全监管可视化模型，实时显示数字餐饮服务食品市场交易量、外卖折扣波动、质量抽检结果、跨境食品产销地等信息，实现供应商信息、经营户信息、交易信息、食品质量信息等数据及时公开和智慧披露，帮助外卖平台、生鲜电商平台等数字餐饮服务企业及时调整市场营销策略，严防由于经营不善食品囤积等导致的食品安全风险。四是完善数字餐饮服务企业食品追溯管理机制，通过细化数字餐饮服务食品安全信息平台公示内容，利用餐饮食品电子标签技术、外卖实时定位技术等对数字餐饮服务食品进行精细化编码，将食品智能供应全程信息纳入编码中并可视化分析，在提升数字餐饮服务企业自律意识的同时提高食品安全现代化监管水平。

（3）第三方机构联动，完善数字餐饮服务食品安全现代化监管标准体系。在数字餐饮服务食品安全现代化监管领域推进第三方机构联动是指数字餐饮服务食品安全监管部门将食品质量检验检疫、食品安全监管人员云端培训、食品安全质量水平智慧评价、食品安全标准精准监督等工作或者任务委托给具有一定数字餐饮服务食品安全监督管理能力，能够提供食品安全相关管理服务的，并具有一定专业性和权威性的组织或机构。这些专业组织主要包括食品质量检测协会、食品安全检验检测公司和食品安全咨询公司等。在数字餐饮服务食品安全监管工作中，监管部门将部分工作委托至第三方监督机构，这有效转变了以往政府单一监管的治理方式，为推荐社会共治模式奠定基础，有利于提升数字餐饮服务食品安全现代化监管效率。一方面，联合第三方食品安全质量检测专业机构，使其公平、公正地开展各种与数字餐饮服务食品安全管理评估，从而进一步完善数字餐饮服务食品安全现代化监管标准体系，根据各地发展情况、食品安全基础设施等现实情境，因地制宜为数字餐饮服务食品供应商、冷链物流经销商，以及数字餐饮服务平台中的入驻商家和配送骑手等主体明确符合其现实情况的食品安全行业标准体系，协同完善数字餐饮服务食品安全风险等级评估、数字餐饮服务平台食品安全抽查信息公示等内容。另一方面，发挥第三方机构主动性特征，使其为数字餐饮服务食品安全现代化监管有效推进提供可行性强的管理标准和先进的数字技术支撑。第三方机构切实发挥监督管理职责的同时，加强其与数字餐饮服务主体、政府监管部门、社会公众及消费者交流互动频率，确保数字餐饮服务食品安全监管信息数字化共享，协同建立统一高效、资源共享的数字餐饮服务食品安全信息共享平台，为监管部门决策提供数据支撑，并有效引导消费者行为，确保外卖平台、生鲜电商平台及跨境电商平台等数字餐饮服务企业第一时间明确食品安全管理问题，及时排除各类食品安全风险，全面提升食品安全现代化监管效率。

（4）媒体协同，推动数字餐饮服务食品安全现代化监管信息公示。媒体协同参与能够提升数字餐饮服务食品安全现代化监管信息透明度与公开水平，从而保障数字餐饮服务食品安全信息对称，推动数字餐饮服务食品安全现代化监管信息公示。首先，提升数字餐饮服务食品安全在线信息真实性管控力度，媒体亟需严格把关数字餐饮服务主体食品广告宣传方式，依托智慧识别等数字技术进行虚假广告、虚假言论等实时挖掘和广泛抓取，对其展开精准打击，并严格保障数字餐饮服务食品质量抽检信息的及时公示与完整披露，健全媒体精准监督方式。其次，合理使用数字新闻媒体曝光数字餐饮服务食品生产经营者非法行为，政府监管部门受客观因素影响，往往难以全面检查和审核，媒体应及时公开数字餐饮服务食品安全抽检报告，并对过期预制菜、腐臭外卖等数字餐饮服务问题食品进行曝光，并且向政府监管部门及时举报非法数字餐饮服务食品生产经营者，这在一定程度上既是对政府监管部门数字餐饮服务食品安全监管执法的补充，也是对消费者知情权的保护。最后，实现媒体对数字餐饮服务食品安全现代化监管舆情的有效管理，新华网等权威媒体及小红书、微博等社交媒体应运用人工智能等技术对数字餐饮服务食品市场和消费者反馈的数字餐饮服务相关不法行为信息进行精准识别，并展开客观公正的报道，通过强化舆情管控正确引导数字餐饮服务社会食品安全氛围和风气。由此倒逼食品行业协会等第三方机构密切关注数字餐饮服务食品安全。

（5）消费者支持，拓展数字餐饮服务食品安全现代化监管运行方式。畅通消费者数字餐饮服务食品安全监督渠道，拓展数字餐饮服务食品安全现代化监管运行方式。首先，开设数字餐饮服务食品安全现代化监管专栏，政府部门在政府官网、小红书、微信公众号等渠道及时推送消费者数字餐饮服务食品投诉典型案例，有效震慑违规食品供应商、审核资质不够的骑手、不法平台商家等数字餐饮服务食品生产经营者违规行为。并且通过推进数字餐饮服务食品安全数据可视化，帮助消费者随时查看数字餐饮服务食品企业相关资质信息、国内外历史投诉信息等，帮其厘清数字餐饮服务食品安全现代化监管方式、现状和未来趋势提供方便、快捷的数字化途径。其次，对数字餐饮服务食品安全监管数据进行智慧分类和精细化统计，将数字餐饮服务食品供应链各环节数据进行可视化展示，实现数字餐饮服务食品安全风险"精准感知、实时监控、智能预警"，进一步通过拓宽消费者监督渠道拓展数字餐饮服务食品安全现代化监管运行方式，提升消费者对数字餐饮服务食品安全监管参与感与信任感。最后，数字餐饮服务食品安全现代化监管，可以根据消费者反映的热点数字餐饮服务食品安全事件开展外卖食品、净菜食品、预制菜食品等食品品质抽查监测，发布数字餐饮服务食品安全风险预警和口碑排名，为消费者选择优质数字餐饮服务提供指引，并促进数字餐饮服务食品生产经营者改善经营管理方式、提高食品安全质量。有利于推进数字餐饮服务营商环境可持续发展，积极构建消费者权益保护社会共治新格局。

2. 数字餐饮服务食品安全现代化监管技术支撑

数字餐饮服务食品安全现代化监管可基于物联网、大数据、区块链、云计算、机器学习、数据融合及人工智能等数字技术，将数字餐饮服务中食品源头生产、智能加工、可视化流通及平台销售等供应链各环节采集的食品安全现代化监管信息进行数据动态存储、智能研判、精准分析和联合决策等，以推动食品安全现代化监管，为助推我国食品安全现代化进程提供技术支撑。

（1）物联网技术：促进数字餐饮服务食品安全现代化监管数据采集。物联网技术是指借助于全球定位系统（GPS）、射频识别技术（RFID）以及红外感应器等信息传感装置，并且运用互联网技术对产品质量安全、属性特征等信息进行精准采集和全面保存，以便对其进行及时查询和智能监管的技术。丰富、精准的食品安全数据是开展数字餐饮服务食品安全现代化监管的基础。物联网技术具有快速整合海量数据的能力，能够破除数字餐饮服务食品安全监管数据分散化和碎片化的问题，通过构建数字餐饮服务食品安全监管基础数据库，打破消费者与政府监管部门之间的信息沟壑和壁垒，推动数字餐饮服务食品安全现代化监管信息集成。具体来说，在种植环节，可运用物联网技术基于数字餐饮服务农产品种苗质量、种植环境、农业投入品使用、采收时间等食品安全相关信息进行远程数据集成，为作物自动浇水、精准施肥、智能控温等提供实时环境信息，以促进数字餐饮服务食品安全现代化监管数据采集，为提升数字餐饮服务食品安全现代化监管综合水平提供保障。

（2）大数据技术：驱动数字餐饮服务食品安全现代化监管多方联动。大数据技术是指通过在虚拟网络世界中促进人、机、物等数据交互汇集，形成可在互联网中搜寻获取的庞大数据，其用于促进食品安全数据精准分析。大数据技术能够加快食品安全信息传播效率，在数字餐饮服务食品安全监管中，推动政府监管部门与其他数字餐饮服务多元主体间开展食品信息共享，实现对外卖食品、预制菜食品等食品供应全程与多元主体数据采集，形成结构复杂、类型多样的食品安全数据集合。大数据技术对于提高数字餐饮服务食品安全监管信息透明度，破除数字餐饮服务过程中食品安全监管信息不对称困境，实现数字餐饮服务食品安全现代化监管多方联动有重要作用。具体来说，在开展食品安全监管时，由数字餐饮服务食品生产加工过程传感器、摄像头所产生的瞬时数据可通过蓝牙、WiFi等途径，运用大数据技术高效传输，政府部门能够对数字餐饮服务食品原料采购电子凭证、仓储智慧防潮、农残快速检测、食材临期自动提醒、餐具洗消智能控温、加工过程智能留样、后厨人员资质云端认定等方面对食品安全信息进行可视化分析，提高其数字餐饮服务食品安全监管能力，并引导食品科技企业、外卖平台等数字餐饮服务主体，第三方机构、权威媒体和消费者等多方主体积极响应政府数字餐饮服务食品安全监管。

（3）区块链技术：提升数字餐饮服务食品安全现代化监管追溯效果。区块链技术是将数据以模块展开划分，并将其按照时间顺序进行连接，最终形成以设定密码保障私密性和可靠性的分布式数据库，其主要涉及加密技术、分布式算法和数据存储等技术。区块链技术具有去中心化、不可篡改性和匿名性等特性，能够提升数字餐饮服务食品供应链整体透明度，应用于数字餐饮服务食品安全现代化监管信息追溯。具体来说，区块链技术有助于开展数字餐饮服务食品安全质量追溯系统，聚焦数字餐饮服务食品产地生产、智能加工、冷链物流、分布式配送和平台销售等供应链各环节食品安全信息，对食品源头采购商、科技加工商、智慧农批分销商、绿色冷链服务商、数字餐饮服务监管部门、电商平台销售商等数字餐饮服务产业链相关主体展开食品安全信息动态分析，并保障记录数据的可靠性，协同为外卖食品、预制菜等建立"一物一码"智能认证系统，着力提升数字餐饮服务食品安全现代化监管追溯效果。

（4）云计算技术：优化数字餐饮服务食品安全现代化监管整体结构。云计算技术是指仅运用少量资源，或只与其他主体展开少量交互，便可进入传感器、存储系统、智能软件等互联网资源共享池的一种技术，具有应用范围广、联结主体多、便捷性强、精准度高等特征。在数字餐饮服务食品安全监管领域中，云计算技术多用于将海量数据进行智能存储和定期迭代，有助于优化数字餐饮服务食品安全现代化监管整体结构。具体来说，云计算技术搭建涵盖数字餐饮服务全产业链主体的智能网络，通过完善数字餐饮服务主体食品原料采购智能调度、完善供应商合法经营信息管理、食品安全风险舆情精准报送、餐饮服务价格动态监测、配送人员健康素养动态检验、第三方机构检验情况即时通信、消费者数字餐饮服务维权事件归集分析，实现云计算技术与数字餐饮服务食品安全监管深度融合，推动食品安全现代化监管水平提高。

（5）机器学习技术：实现数字餐饮服务食品安全现代化监管趋势预测。机器学习技术是指通过智能算法与智慧模型设定程序，不断提升自身性能的前沿技术。在数字餐饮服务食品安全监管领域，机器学习技术主要应用于食品智能标签设计、外卖智慧包装、食品精准溯源、网络在线订餐、食品安全风险预测及监管人员云端联合执法等场景。常见的机器学习技术主要包括以下3种。一是贝叶斯网络（Bayesian Network）。贝叶斯网络是指能将某一问题设计的复杂变量关系在一个网络结构呈现，并能够明确变量间的相互依赖关系的模型。在数字餐饮服务中，其通过将目标食品与权威信息精准匹配，有效开展食品在线欺诈预警，规制数字餐饮服务主体不法行为。二是决策树（Decision Tree）。决策树是指在开展数据精准分类时采用树形结构，其通过智能模拟明确目标对象属性特征，能够对数字餐饮服务食品可能存在的违法添加成分展开实时监测和可视化分类，多用于数字餐饮服务食品安全风险智慧监测。三是人工神经网络（Artificial Neural Networks）。人工神经网络是一种学习精度较高的数据挖掘方式，目前已被成功应用于模拟对奶酪等特定食品的感官评定等领域，可用于对数字餐饮服务食品感官特性等进行智能化监控。具体来说，数字餐饮服务食品安全监管能够采用机器学习技术对数字餐饮服务食品生产过程和配送过程进行科学监测，如在食品生产端开展生产数量精准预测、环境灾害提前预警，并协同运用低空影像、物联网技术对预制菜现代化生产基地等数字餐饮服务食品供给源头开展云端监控，或在销售前对数字餐饮服务食品安全风险进行提前预警和研判，在外卖食品等送达消费者之前提前告知数字餐饮服务相关主体风险发生可能性和发生地，通过实现数字餐饮服务食品安全现代化监管趋势预测，有效规避食品安全风险。

（6）数据融合技术：开展数字餐饮服务食品安全现代化监管智慧研判。数据融合技术是指对按照时间顺序获取的信息开展智能融合及自动分析，以完成既定评估、决策任务目标而进行的信息处理技术。在数字餐饮服务食品安全监管领域中，数据融合技术包括数据融合、数据集约、数据清理等内容，其主要用于开展数字餐饮服务食品安全数据预先处理，从而研判食品安全现实情境和特征，其预处理效果将对食品安全数据分析产生直接影响。例如，政府监管部门通过数据融合技术，能够对数字餐饮服务龙头企业数量、产业发展环境、配送人员人群特征、冷链物流智慧设施、消费者食安意识等相关数据展开智能融合，并结合图像识别技术，开展数字餐饮服务食品安全现代化监管智慧研判，厘清可能发生的食品安全风险危害控制点，并开展快速甄别和精准防控，有效提升数字餐饮服务食品安全现代化监管效率。

（7）人工智能技术：推动数字餐饮服务食品安全现代化监管精准决策。人工智能技术是指将人类智慧作为研究基础和底层模型，以提升数字设备智能化操作效率节省人体劳动，并高效执行某种特定任务的前沿技术。在数字餐饮服务食品安全监管领域中，通过应用人工智能技术智能分析与自主学习的能力，在模拟人类思维过程的基础上对所收集的数字餐饮服务食品安全数据展开精准分析，其应用范围主要包括对食品生产企业新品研发、数字餐饮服务人员精准配餐、第三方机构食品安全智慧检测、食品安全监管人员云端执法等展开可视化呈现和高效监控，帮助提升数字餐饮服务食品安全现代化监管决策精准度和可靠性。具体来说，人工智能技术能够通过"远程云端监控＋数据可视化传输＋大数据智能化分析"，以食品营养信息透明化呈现、食品质检系统开放式交互、入驻商家后厨视频展示帮助数字餐饮服务食品安全监管部门明晰食品供应全程信息，并协助其明确对餐饮作坊卫生条件、配送骑手行为规范的食品安全监管效果，从而优化食品安全监管决策和方式。

3. 数字餐饮服务食品安全现代化监管多维应用

（1）监管数据汇集，强化数字餐饮服务源头治理。一方面，建设数字餐饮服务食品生产过程可视化平台。在食品源头产地资源环境、农业投入品管理、食品智慧收储等方面建设可视化平台，对气候环境、水源特征、土壤重金属含量等开展产地智能化监测，推动数字餐饮服务企业严格规制供应商关于种苗肥料多样性来源、农兽药智能化投入、饲料成分特征及添加剂含量等农业用品使用情况，并对自动装卸设备、恒温仓储设备、智慧计量设备等展开全面数据搜集和可视化分析，为数字餐饮服务源头治理提供数据支撑。另一方面，建设数字餐饮服务食品生产主体可视化平台。数字餐饮服务食品生产主体的食品安全自律意识和法律意识仍然有待提升，亟需借力数字餐饮服务食品生产主体可视化平台对农户、食品科技企业研发人员等健康状况、生产操作规范及食安知识等开展信息搜集与云端抽检，并将抽检结果以区域为单位进行公开，形成常态化食品安全监督抽查机制，从而落实数字餐饮服务源头环节生产主体责任。

（2）监管数据分析，完善数字餐饮服务加工标准。一是大力推进"互联网＋明厨亮灶"工程。积极运用物联网、AI大模型等前沿数据分析技术，对在线订餐平台入驻标准、平台商家后厨、食品科技企业智能生产车间等数字餐饮服务食品加工场所地面环境整洁度、智能加工设备清洁度、操作人员食安规范等展开可视化监测和展示，帮助食品安全监管人员对数字餐饮服务食品可能存在的质量安全问题进行精准甄别、及时反馈和预警防控。二是出台数字餐饮服务食品加工标准。因地制宜出台符合区域特色的食品加工政策法规和标准体系。合理运用数据融合、大数据分析等技术精准分析数字餐饮服务食品加工过程可能存在的食品安全风险隐患点，如对外卖加工过程中生食存放、半成品冷冻控温、熟食品切割工具等加工标准进行及时公开，严防数字餐饮服务食品加工过程中产生食品交叉污染等风险事件。同时运用大数据等技术明晰数字餐饮服务平台食品质检人员、商家食品加工人员等主体职责职能，并进行加工标准智慧考核，提升数字餐饮服务食品安全现代化监管能力。

（3）监管信息共享，严控数字餐饮服务配送风险。配送环节是连接数字餐饮服务食品智能生产和平台销售的关键纽带，食品配送环节抗风险能力直接影响着人民群众的生命安全。一是聚焦重点配送人群和场景，实行分级智慧管理。加大对于食品配送小哥、配送恒温箱等重点场景的食品安全监管数据搜集和信息共享，将配送人员培训基地、配送设备分发基地、预制食品智能批发基地等数字餐饮服务食品配送环节核心主体列为重点监管对象，并对其行为规范展开常态化智慧督查和分级分类管理，协同设立食品配送主体失信名单并进行在线共享，以提升配送环节食品安全监督管理效率。二是着力重点食品品类，提升食品安全监管水平。聚焦预制菜、小作坊外卖、加工半成品熟食等流动性强、监管难度大的重点食品品类，将其生产源头、流通商户、仓储场景、配送主体等数据展开信息汇总和分析，并及时向消费者、政府监管部门精准共享，保障信息对称，提升食品安全现代化监管效率。三是共享智慧冷链物流信息，降低配送环节风险。运用人工智能、物联网、机器学习等技术，对智慧冷链设备信息、智能温控能力等进行实时呈现，帮助数字餐饮服务食品企业、政府监管部门等主体强化食品安全风险控制，降低配送环节质量安全风险。

（4）监管舆情监控，提升数字餐饮服务主体素养。一方面，强化食品安全智能辟谣能力，提升主体健康素养。随着未来食品、预制食品、功能性食品、跨境电商食品等数字餐饮服务食品品类不断创新，我国食品安全监管压力不断增多，引发社会公众、消费者等担忧和恐慌情绪。由此，需展开食品安全监管舆情监控，运用机器学习等数字技术辨明各类数字餐饮服务相关食品安全风险谣言文本内容、发生情境及生成周期，并将分析结果精准传输至政府监管部门，帮助其对谣言发布主体、恶意传播扩散主体等进行及时惩戒。同时，推动市场监督管理局等政府部门向公众定期展示外卖谣言、预制菜谣言等具体内容，传递数字餐饮服务食品营养成分、食用方式等健康信息，提升公众谣言甄别能力和健康素养。另一方面，拓宽消费在线维权渠道，提升智能监管效能。运用人机交互等数字技术，拓宽政府公众号、数字餐饮服务平台客服等消费者投诉举报在线渠道，并在各数字餐饮服务站点设立食品安全电子督察员，便于消费者在线举报及维权，推动政府监管部门对数字餐饮服务食品安全风险进行精准规制，有效提升食品安全现代化监管效率。

四、实践特征与重要抓手

(一) 实践特征

1. 数字餐饮服务食品安全现代化监管关注重点

(1) 数字餐饮生产原料不合格，供应电子票证不完善。

一是数字餐饮生产原料不合格。数字餐饮服务食品原料透明度相对较低，政府监管部门难以知晓其供应商选定、异域采购标准、进货渠道要求等多种信息，容易引发原料质量标准不合格、可视化检测不够、智慧贮藏应用不足、原料摆放生熟不分等而导致食品交叉污染、过期变质等数字餐饮服务食品安全隐患。进一步说，食品生产原料是影响数字餐饮服务食品质量的重要因素，然而，我国数字餐饮服务食品质量安全程度和智能仓储情况堪忧。部分数字餐饮服务平台入驻商户逐利动机非常严重，多使用病死猪肉等劣质原料进行加工，或因智能贮藏设施有限而导致数字餐饮服务食品中细菌、霉菌等大量繁殖，容易引发食源性疾病等质量安全风险事件。同时，政府监管部门多仅从数字餐饮服务平台入驻商户所公示的信息获取其经营资质、食品安全保障能力等信息，无法及时明确数字餐饮服务食品原料色泽外观、微生物指标等质量安全信息及智能冷藏温度设定、冷藏周期等贮存信息，降低数字餐饮服务食品安全监管能力。

二是供应电子票证不齐全。消费者在订购数字餐饮服务食品时，大部分数字餐饮服务平台入驻商户缺乏主动提供正规电子发票的意识和行为，且不会主动告知或者公示数字餐饮食品质量安全追溯信息。可见，数字餐饮服务食品原料信息透明度十分不足。平台入驻商户原料供应电子票证信息不全，政府监管部门难以及时获取数字餐饮服务食品原料跨域产地来源、智能加工车间卫生、质量安全快检报告、产业园基地资质等数字信息，政府部门数字餐饮服务食品安全现代化监管响应慢。

(2) 数字餐饮加工流程不规范，"云"端规制难落实。

一是数字餐饮服务加工流程不规范。主要表现为加工环境恶劣、加工人员素养不足。由于数字餐饮服务食品安全监管多依赖经营主体主动拍照并上传其食品加工环境状况，其真实程度往往不足，且常缺乏智能控温、智能清洁等现代化设备，加之数字餐饮服务经营主体数量庞大，监管部门难以对其逐个展开线下核验，数字餐饮服务商户容易存在后厨加工环境不卫生等问题。此外，数字餐饮服务食品加工人员规范性有待提升。在食品加工过程中，大多数加工人员对数字餐饮服务食品加工原则、智慧控温设施运用和食品安全操作规范等熟悉度低，且手部卫生清洁不足、加工食材交叉摆放、智能防虫设备简陋等是造成数字餐饮服务食品安全监管效率降低的重要原因。

二是"云"端规制难落实。数字餐饮服务食品往往需要先经过预制或加工后才能送到消费者手中，为了保证其口感口味能被消费者所接受，其往往需要添加过量的食品添加剂，容易引发消化不良、肥胖、高血压等疾病，进而对消费者健康水平产生影响。具体来说，加工过程中，数字餐饮服务平台或商户往往为延长食品保质期、为食品保鲜增色，而超出规定品种、范围及剂量违规使用一种或多种食品添加剂，监管部门往往难以对每个数字餐饮服务食品展开精准检测和智慧"云"监管，即使对其展开规制，也难以改变经营主体违法"惯性"，消费者在食用数字餐饮服务食品后易因细菌感染、食用过多油盐糖等诱发健康疾病，提升食品安全现代化监管难度。

(3) 数字餐饮配送包装不标准，流通信息可视化不足。

一是数字餐饮配送包装不标准。数字餐饮服务食品配送过程涉及数字餐饮服务平台原料基地、食品分级包装人员、智慧冷链车辆、平台配送人员等多元主体，各主体对于数字餐饮服务食品质量安全标准不一，其在跨环节流通过程中存在配送标准不合格、不统一等问题，容易因食品包装简陋、冷藏温度差异、餐具发霉污染等而产生食品安全风险隐患，降低食品现代化监管效率。

二是流通信息可视化不足。数字餐饮服务食品配送人员、智慧冷藏车设备情况、智能冷库温控能力等是影响食品安全风险的重要因素。而数字餐饮服务食品流通过程信息可视化程度有待提升。具体来说，数字餐饮服务食品从配送人员取餐到送至消费者手中，涉及食品智能加工人员、流通配送人员、消费者等多主体，面临配送箱存放挤压、露天存放污染等食品安全风险隐患，配送人员电子健康证、电子工作证等信息尚未上传至数字餐饮服务食品安全现代化监管系统，监管部门对其知晓程度严重不足，且配送箱内卫生环境、配送人员卫生情况等流通环境信息可视化程度不够，降低食品安全现代化监管敏捷性。

（4）数字餐饮配送人员不专业，智能服务响应度不高。

一是数字餐饮配送人员不专业。数字餐饮服务食品配送人员高效精准的服务及良好的食品安全行为规范是保障数字餐饮服务食品安全的关键因素。然而，数字餐饮服务食品配送人员健康素养参差不齐、食安知识接受能力有限，导致其岗前云端培训落实难、考察难，面对突发性食品安全风险事件，其运用数字设备开展应急处理的能力及专业性仍然不足。政府监管部门难以对数量庞大、能力参差的数字餐饮配送人员资质情况、个人健康展开精细化监管。

二是智能服务响应度不高。部分数字餐饮服务食品配送人员数字设施使用技能不足，其对于平台即时通信、定位导航等智能服务设备的响应度和熟练度不高，影响数字餐饮服务食品及时、精准送达的要求。此外，配送人员入职门槛较低，食品安全意识、个体素质参差不齐、衣着规范程度不一，一旦被消费者投诉举报，很可能通过离职等方式退出平台，导致食品安全风险事件责任人缺失，影响食品安全现代化监管效果。

（5）数字餐饮健康意识不牢固，在线举证投诉实施难。

一是数字餐饮健康意识不牢固。数字餐饮服务平台、入驻商户及下单消费者等主体食品安全素养和健康意识不牢固，其对于膳食营养搭配方式、健康烹饪手段等关注度较低。且部分数字餐饮服务平台入驻商户在加工数字餐饮服务食品时，往往仅注重于原料成本缩减、制作过程方便快捷，导致食品品类、营养价值单一化，并存在碳水含量过多、维生素和膳食纤维含量过低等问题，不利于食品安全现代化监管有效推进。

二是在线举证投诉实施难。消费者在线订购数字餐饮服务食品时，常面临食品安全封签缺失等问题，容易诱发食品安全风险隐患。此外，数字餐饮服务过程中，平台官网、维权客服等在线维权渠道尚未健全，对于消费者在线维权信息，数字餐饮服务平台等经营主体存在回复缓慢、响应低、态度恶劣等问题，且政府监管部门对数字餐饮服务食品安全问题的责任认定过程，也需要花费大量时间和金钱成本展开调查，消费者举证维权结果难以有效落实，加大了数字餐饮服务食品安全现代化监管难度。

2. 数字餐饮服务食品安全现代化监管实践重点

（1）数字餐饮服务政策法规不完善，食安监管效果不理想。

一是政策法规不完善。数字餐饮服务食品安全监管相关政策制度、法律法规的建设尚未完善，对于人造肉、植物基奶等未来食品，自热火锅、即食墨鱼面等网红食品，佛跳墙、酸菜鱼等预制菜，现行数字餐饮服务相关法律法规仍然存在一定空白，或部分法律法规仅仅列出对于食品外在色泽、包装形态等方面基础性、原则性的规定，而对于标签标识、冷链标准等方面的规定和制度尚未明晰，更未对数字餐饮服务多元食品品类的水平安全相关法规进行深入探索和全面优化，与数字餐饮服务产业联系不紧密是关键问题。

二是法规行动实施效果不理想。数字餐饮服务食品安全相关政策文件、制度标准和法律法规，以及一系列监管行动、专项行动等在落地实施的过程中存在执法人员智能设备运用能力有限、监管人员精准整治力度不足、监管对象线上线下覆盖范围不广等多重原因，这些是降低数字餐饮服务食品安全现代化监管成效的关键原因。此外，数字餐饮服务食品安全监管政府相关部门、权威政府媒体、权威社会媒体等主体对食品安全法律法规的精准实施过程、监管行动进展过程等方面的在线报道的力度相对不足，且存在在线公开渠道单一、社会范围影响力有限等问题，这是法律法规实施效果不佳的主要归因。

（2）数字餐饮服务监管机制不健全，食安主体责任落实难。

一是监管机制不健全。我国各地数字餐饮服务产业发展环境和发展现状不一，各省市对于数字餐饮服务监管方案在智慧监管流程、动态执法依据等方面存在标准参差、方式不一等问题，数字餐饮服务平台、入驻商户、配送骑手等对于食品卫生标准的理解程度和执行程度不一，难以制定精准有效的数字餐饮服务食品安全监管机制，且存在食品智能供应流程、平台商户入驻资历、配送人员个体特征等信息不对称明显问题，数字餐饮服务食品安全面临智慧监管盲区多、监管机制完善难等困难。

二是监管对象责任落实难。现阶段饿了么、美团、盒马鲜生等数字餐饮服务平台发展规模、企业大小、食品安全保障能力不一，且由于平台入驻商户点多面广、经营地点分散、所售食品品类复杂，从业人员素质参差等多重原因，监管对象食品安全责任难以高效落实。且线上违法行为隐蔽性强，各主体职能职责不清晰、责任推诿扯皮等现象严重，严重降低了数字餐饮服务食品安全政策法规的监管效果。

（3）数字餐饮服务质检技术乏支撑，食安监管能力较薄弱。

一是质检技术支撑不足。数字餐饮服务食品种类丰富多元，涵盖 3D 打印食品、植物肉等新型品类，其相关的食品质量安全检测技术针对性强、研发创新缓慢。且食品安全事件突发性强、传播性高、危害性大，一旦造成食源性疾病、食品交叉污染或食品有害物质泄露等风险事件，政府监管部门难以对特定食品的质量安全状况展开精准收集与快速分析，数字餐饮服务食品安全风险监测体系不完善。此外，数字餐饮服务食品质检经费投入不足，测验设备智能程度不足、检测速度缓慢，难以应对数字餐饮服务食品安全事件的发生频率，严重制约数字餐饮服务食品安全监管行动落实。

二是监管能力较为薄弱。受制于数字餐饮服务监管人员老龄化现象严重、基层人员数量较少、数字技术应用不畅、智慧监管专业性有限、数字治理理念不足等原因，政府监管人员在对数字餐饮服务监督执法的过程中执行力不足，且难以适应与运用智能快检仪等新兴监管设备，加之数字餐饮服务食品的质检结果判定主要依赖执法人员数字设备使用能力和个体专业水平，可能存在响应度低、片面性强等问题，限制了数字餐饮服务监管政策的有效实施。

（4）数字餐饮服务供应管制不严格，政府惩处力度待加强。

一是供应管制不严格。现有食品安全监管体系对数字餐饮服务食品供应管制仍然不足，主要表现为对数字餐饮服务食品供应链全过程、各环节的监督管理和风险控制程度不严格。例如，部分麦乐送、饿了么等数字餐饮服务平台缺乏统一、完备的准入商户认定机制与智能审查规范，平台对于准入商户的食品安全信息特征、食品安全保障能力的审查也仅限于规定其展示商户经营资质证书、食品加工后厨环节、食品安全操作规范等信息，极少采用食品来源动态审核、餐饮后厨 AI 抓拍等现代化食品安全供应管制方式，这极大提升了加工过程玻璃石子混入、大肠杆菌污染等数字餐饮服务食品安全风险隐患的发生概率。

二是惩处力度待加强。数字餐饮服务食品安全监管部门惩处力度仍然有待提升。数字餐饮服务电商平台、入驻商户等作为影响食品安全程度的核心主体，其在线经营规模大，而违法成本低，且电子罚单额度与在线赔偿额度相较于经营收入而言并不高，数字餐饮服务食品安全监督在线管制威慑力十分有限。此外，对数字餐饮食品源头采购商、加工包装人员和配送骑手等主体来说，可能发生的食品安全风险事件与自身健康水平关联度低，即时其知晓平台或商户可能存在食品安全违法行为，也少有动机举报或替消费者维权。

（5）数字餐饮服务食安科普不充分，宣传教育力度需加大。

一是食安信息数字来源渠道不广。消费者多依赖于与数字餐饮服务食品安全风险事件有关的电视报道、在线评论等传统方式获取外卖食用方式、预制菜政策法规等知识，运用数字技术依据消费者在线浏览习惯对其展开食安信息精准推送的方式较为匮乏。同时，消费者常常缺乏动机主动搜寻外卖膳食营养搭配、预制菜制作流程等信息，消费者数字餐饮服务食品安全信息来源渠道仍然有限。

二是食安信息在线宣传科普不足。消费者、数字餐饮服务相关经营主体等对于数字餐饮服务食品安全相关的"云"讲座、在线培训小视频等高效科普形式兴趣不高，同时，政府监管部门在预制菜产业园管理、外卖质量安全风险鉴别、食品膳食营养搭配方式、问题食品智能维权渠道等数字餐饮服务食品安全知识方面宣传力度极为有限，数字餐饮服务入驻商家、配送骑手等数字餐饮服务食品安全相关主体食品安全意识、膳食健康素养等需加强。

（二）重要抓手

1. 数字餐饮服务食品安全现代化监管对策建议

（1）完善数字餐饮服务食品安全监管法律法规。深入推进监管体制改革创新，完善数字餐饮服务食品安全监管法律法规。政府监管部门应广泛听取外卖平台、跨境电商平台、数字餐饮服务入驻商家、配送骑手等数字餐饮服务食品安全相关主体的想法和意见，着力完善数字餐饮服务食品安全法规建设，运用数字技术实施严格质量抽检监管制度，防止法律法规滞后造成的数字餐饮服务食品安全监管乱象。一是加强政策法规制定顶层设计。以《食品安全法》《网络餐饮服务监督管理办法》《关于加强餐饮外卖平台反垄断监管协调降低佣金的提案》等相关法律为依托，完善区域性数字餐饮服务食品安全政府法规，并明晰数字餐饮服务平台等主体在线经营、食安智能监测等方面的内容，使政府监管人员有法可依。二是实施数字餐饮服务食品质量抽检制度。强化数字餐饮服务食品安全智能抽检流程，增加数字餐饮服务食品检验品类、数量等，突出人造肉等新型食品品类、数字餐饮服务食品菌落数量及非法添加物等方面的抽查检验。健全数字餐饮服务食品安全智能监测数据库，完善智能监测信息在线通报和公示机制并依法云端共享相关信息。推动数字餐饮服务平台实施食品安全定期抽检和云端上报，促进数字餐饮服务平台发展应用云端快检方式。三是严惩数字餐饮服务食品违法行为。完善数字餐饮服务食品安全法规建设，落实"处罚到人"要求，对违法数字餐饮服务平台、入驻商户及食品安全操作人员等进行智能记录和严厉惩处。加大经济处罚力度，开展违法犯罪人员"数字黑名单"公示，并依法从严追究犯罪人员刑事责任，实行数字餐饮服务食品行业从业禁止、终身禁业等制度。实行数字餐饮服务食品安全监管云端协作机制，加强行政执法与刑事司法创新联动协同机制，强化数字餐饮服务食品安全风险信息融合汇集、在线共享和精准分析，鼓励各地政府部门联合开展专项整治行动，保障数字餐饮服务食品安全监管治理有效。

（2）建立数字餐饮服务第三方食品安全监督规范。数字餐饮服务第三方机构应统一标准体系，构建完善的数字餐饮服务食品安全监管协同机制，着力提升数字餐饮服务从智能化生产、可视化流通到平台化销售全过程食品安全质量。一是严控数字餐饮服务平台商户准入标准。落实数字餐饮服务相关第三方机构在线审核责任，推动平台提高入驻商户资质审查标准，构建入驻商户资质备案信息共享平台及失信智能档案库，明确建立入驻商户在线登记制度，促进第三方机构与政府部门对数字餐饮服务食品安全相关信息展开云端信息共享与联合分析。提高数字餐饮服务食品平台商户准入门槛，严格落实平台商户实名登记、食品生产经营电子许可证批准、线下店营业执照办理或在线备案凭证等入驻流程。运用大数据、智慧识别等数字技术严格审查入驻材料真实性和可靠性，并通过 AI 抓拍分析从业人员卫生资格及经营场所卫生标准，健全平台商户准入机制。二是明确数字餐饮服务食品原料供应行业标准。第三方机构应确立数字餐饮服务经营主体原料供应渠道和追溯记录相关标准，保证食品原料符合食安标准。对入驻商户上下游供应商情况、生产智能设备、智慧加工环境和电子检疫设施等方面进行严格审查，促使数字餐饮服务食品原料符合标准。三是严厉电子"食安封签"落实机制。第三方机构应强化数字餐饮服务食品电子"食安封签"宣传普及，促进数字餐饮服务平台入驻商户、消费者明晰电子封签和实体封签的保护作用与使用方法，并将使用食安封签的数字餐饮服务平台入驻商户纳入监管电子白名单，为消费者提供在线订餐参考。此外，督促平台入驻商户在数字餐饮服务食品智能包装环节做到"一餐一封签"，降低配送过程可能产生的食品安全二次污染风险，明确平台商户和配送人员责任划分。

（3）研发数字餐饮服务食品安全监管智能技术。持续推广数字餐饮服务食品安全智慧监管，驱动食品安全监管数字技术研发创新，提升数字餐饮服务食品安全现代化监管水平。一方面，开展数字餐饮服务食品安全监管技术研发。运用人工智能、物联网、大数据等技术，开展电子供应台账管理，建全数字餐饮服务食品追溯体系，实现"互联网＋明厨亮灶"，全力推动数字餐饮服务食品安全智慧监管落实。基于数字餐饮服务平台入驻商户的数据信息，建立数字餐饮服务食品安全智慧监管平台，并以"智慧监管平台"为总抓手，从商户在线自律、第三方机构智能监督、社会主体联动共治三个方面形成主体信息汇总、主体责任认定、监管信息分析、社会服务共享、阳光厨房共建五项电子指标，并聚焦各个指标开展对应智慧监管技术研发，为推进监管数据智能分析奠定基础。另一方面，完善数字餐饮服务食品安全监管数据分析。政府监管部门对"智慧监管平台"的监管数据进行联合分析和智慧研判，根据"智慧监管平台"预警开展针对性的食材监督抽检和风险监测开展专项云检查，提升数字餐饮服务食品安全现代化监管针对性和靶向性。此外，将"智慧监管平台"精准对接食品经营许可信息共享系统，对数字餐饮服务平台商户进行实体店地理信息全球定位，并将僵尸数字餐饮服务企业标记为"关转并停"状态，实时掌握平台在营商户信息，提升数字餐饮服务食品安全智慧监管效能。

（4）创新数字餐饮服务配送人员激励约束机制。基于国内数字餐饮服务食品智能配送过程存在问题，借鉴国外食品安全监管的成功经验，建立数字餐饮服务配送人员激励约束机制。一是建立数字餐饮服务配送人员举报奖励制度。通过创新"荣誉骑手证"等方式，加强对数字餐饮服务配送人员的行政指导，规范数字餐饮服务配送人员行业自律。基于微信小程序等在线渠道打造"数字餐饮服务食品社会共治"平台，由政府监管部门、数字餐饮服务平台、配送人员、第三方机构和社会监督力量多方共同参与。激励配送人员等主体通过登录小程序，快速在线举报数字餐饮服务食品安全违法行为，并对举报人实施物质奖励。二是搭建新型激励机制体系，采用配送人员积分制度。当配送人员被评差评或有超时等情况发生时，系统通过智能分析相关信息，在查明原因后将对其实施扣分处理。针对在线服务质量记录优异的数字餐饮服务配送人员，第三方行业机构及数字餐饮服务平台会为其提供物质激励；对于送餐时间较短的配送人员赠予免扣分的使用机会。同时，规定配送人员每个月的在线服务星级，将根据个人月累计总积分在本站点的排名确定，在线服务星级越高所获奖励越多，提升激励约束机制人性化程度，以此促进数字餐饮服务食品安全现代化监管更加合理高效。

（5）优化数字餐饮服务食品安全信息公示制度。通过完善平台食品安全追溯机制，优化数字餐饮服务食品安全信息公示制度。拓展智能化信息公示渠道，实现数字餐饮服务食品全程信息公示公开。一是完善平台食品安全追溯机制。通过逐步实现数字餐饮服务平台信息化追溯体系与政府监管部门智能管理平台有机衔接，推动数字餐饮服务平台及商户主动向政府监管部门和社会公众发布数字餐饮服务食品供应信息，做到产地来源在线公开、采购标准精准可视、加工流程清晰透明、流通配送智能追踪、验收票据在线可查。针对数字餐饮服务平台商户优化食品智能流通许可证、食品经营电子许可证、税务登记证等日常云端监督，开展商户名称、地址及经营范围飞行检查，确保数字餐饮服务食品信息来源可查、去向可追。二是拓展智能化信息公示渠道。通过政府权威官网、微信公众号、微博账号等信息公示渠道，将数字餐饮服务平台问题经营者生产加工信息、在线违规信息等在线公示于政府部门公告栏、数字餐饮服务平台、主流权威媒体账号、流量主播视频号并保障信息推送的及时性、精准性与可靠性，实现数字餐饮服务食品安全信息智能化公开，解决食品安全信息不对称导致的数字餐饮服务食品安全现代化监管难题。运用大数据、云计算等数字技术对失信商家、数字餐饮服务平台等主体失信等级展开精准认定，并存入政府监管部门、数字餐饮服务平台及入驻商家食品安全智能诚信档案，档案涵盖失信主体数字信息、失信等级、问题食品类别、存档时间、处罚措施等动态信息，进而完善数字餐饮服务食品安全信息公示制度。

（6）构建数字餐饮服务消费在线维权投诉机制。积极完善数字餐饮服务食品安全消费维权投诉机制，拓展食品消费维权在线投诉渠道、运用重点领域消费在线维权投诉智能响应机制、统筹消费维权投诉技术资源等方式，推动消费者积极在线参与社会监督、数字餐饮服务食品可视化投诉，确保消费者自身合法权益的同时提升消费者数字餐饮服务满意度。一是拓展食品消费维权投诉在线渠道。督促各地工商部门、市场监督管理部门等主体重视消费维权在线投诉。通过12315在线投诉平台、放心消费创建单位等渠道公布数字餐饮服务在线投诉信息，形成分行业、分区域的消费者满意度指数、市场消费环境等级、消费者信心指数等有助于评价数字餐饮服务在线消费环境的宏观数据分析报告，保障数字餐饮服务公开信息向公众反馈的能力。二是强化重点领域消费维权投诉智能响应机制。推进建立全国数字餐饮服务消费在线维权投诉监管相关部门间联席会议制度，建立跨部门、跨区域的数字餐饮服务消费维权投诉统筹协调机制。强化反垄断执法，加强对数字餐饮服务平台、入驻商户的关注度。以数字参与服务食品以次充好、制假售假、电商刷单等非法竞争手段等为重点，深入开展数字餐饮服务消费维权投诉云端执法、在线办案。三是统筹消费维权投诉技术资源。协同加强大数据监管，推进数字餐饮服务消费维权投诉信息平台建设，按照各地"数字政府"建设规范，完善工商部门、农业农村部门和市场监督管理部门等多主体关于数字餐饮服务食品安全现代化监管数据的高效整合，提高数字餐饮服务消费维权投诉数据分析能力，综合运用大数据加强消费维权投诉重点事件、趋势研判等方面的分析。

2. 数字餐饮服务食品安全现代化监管优化路径

（1）强化顶层设计，整合数字餐饮服务基层监管资源。完善数字餐饮服务食品安全监管法律法规建设、整合基层监管资源是助推我国食品安全现代化监管进程的关键和重要着力点。一是健全数字餐饮服务基层食安智慧监管制度。着力推动数字餐饮服务食品安全智慧监管相关文件办法、法律法规、制度规范等方面的政策制定，如建立数字餐饮服务食品非法添加物质"电子黑名单"制度。对监测的非法添加物质等制定智慧档案名录，并予以可视化公布。通过辨明政府监管部门、智慧执法人员、食品安全智能监测单位等数字餐饮服务食品安全基层监管资源，强化各省市、各区域数字餐饮服务食品安全监管数据精准搜集、智慧分析和可视化管理机制，为进一步开展数字餐饮服务食品安全智慧监管提供数据支撑，提升食品安全现代化监管权威性和高效性。二是建立智慧协调的食品安全现代化监管机制。大力推进数字餐饮服务食品安全监管机制数字化转型，一方面，依据各地资源特征、产业发展背景、食品安全风俗相关等细化地方性、区域性数字餐饮服务食品安全监管规则和联合监督机制，构建精准度高、协调性强的数字餐饮服务食品安全基层监管体制。另一方面，运用情境交互、虚拟现实等数字技术着力推进数字餐饮服务食品安全监管在线联席会议、智慧执法等监管资源整合，并通过先进技术分析其不足与优化方式，进而开展制度创新。推动市场监督管理部门、工商部门和质监部门等政府监管主体展开部门智慧联动，驱动各部门数字餐饮服务食品安全基层监管资源互联互通，从而在食品安全风险可视化预警、标准精准化制定、生产经营者智能化准入判定等方面形成监管合力，提升我国食品安全现代化监管效率。

（2）着力技术驱动，实现数字餐饮服务食安精准追溯。加大食品安全监管技术研发创新是实现数字餐饮服务食品安全精准追溯，推动食品安全现代化监管的实现基础和重要支持。一是推进数字餐饮服务食品安全监管技术研发创新。依托"互联网＋物联网＋云平台＋大数据"架构，推动区块链、虚拟现实及人机交互等新型数字技术在数字餐饮服务食品安全监管中的高效研发、智能应用和不断创新。实现立体式的数字餐饮服务食品安全可视化记录及信息化数据管理，重点突破食品营养成分精细化组合、冷链物流过程可视化呈现、供应链食品安全精准化追溯等数据智能化汇集与智慧化分析，提升3D打印技术风险预测、冷链物流过程温控预警等食品安全监管技术应用过程的有效性，从而提升数字餐饮服务食品安全监管效率。二是开展食品安全智能追溯体系建设。着力开展数字餐饮服务食品安全智能追溯体系建设，并聚焦数字餐饮服务食品中未来食品、预制食品、跨境食品、外卖食品等典型品类，运用无人机、智能遥感系统、全球定位系统、虚拟场景模拟等数字技术，对其异域产地环境、跨境供给过程、智能研发方式、冷链流通渠道等方面重点展开数据智慧搜集、融合分析和可视化追溯工作，并将食品检验检疫相关追溯数据定期反馈给政府监管人员、食品科技企业研发人员、数字餐饮商户监督人员等主体，帮助其及时优化智慧追溯系统可能存在的问题，提升数字餐饮服务食品安全精准追溯精准度，提高数字餐饮服务食品安全监管整体能力和水平。

（3）加大资金投入，完善数字餐饮服务智慧设施建设。通过加大监管资金投入力度，进一步完善智慧监管设施建设，提升食品安全监管效率，为实现数字餐饮服务食品安全现代化监管提供驱动力。一方面，组织设立食品安全智慧监管设施经费长效机制。着力完善数字餐饮服务食品安全风险动态预警站、食品安全智慧监管检测站、食品安全监管信息共享平台等智慧监管基础设施建设，推进数字餐饮服务食品安全监管智慧化、数字化建设。协同依据各地数字餐饮服务产业发展能力和智慧监管水平规划财政经费支出结构和用途范围，切实保障预制菜现代化发展产业园、外卖加工中央厨房等数字餐饮服务产业发展基础设施建设项目所需资金可持续投入。另一方面，完善数字餐饮服务食品安全监管经费管理机制。在设立数字餐饮服务食品安全监管经费年度预算的基础上，合理规划监管设备投入经费、使用经费和维护经费所占比重，进一步明确资金使用成效智慧档案和动态考核办法，确保智慧设施建设资金专款专用、来源可溯、去向可追，并要求各级基层监管部门和政府单位对资金使用情况进行可视化披露和定期上报，保障数字餐饮服务食品安全监管经费落实到位，不断提升食品安全监管能力和保障水平。

（4）推进人才培育，提升数字餐饮服务云端治理水平。着力通过规划新型培育方式、优化智慧培育机制、建设多元培育基地等，持续扩大数字餐饮服务食品安全监管人才总量水平，进而提高数字餐饮服务云端治理能力。一是搭建监管人才培育智慧基地。整合数字餐饮服务食品安全监管资源，推动监管人才培育智慧基地建设，保障监管人才培育相关工作顺利运行。一方面应鼓励各地食品安全政府监管部门与盒马鲜生等大型数字餐饮服务龙头企业，以及有数字餐饮服务、食品安全管理、食品安全监测等方面对口专业的高等院校、科研单位等组团结对，建立数字餐饮服务食品安全监管人才联合培育机制，重点培育数字餐饮服务食品安全监管智慧治理人才，夯实人才培育基础。另一方面，组织数字餐饮服务食品安全监管部门开展资源整合，搭建监管人才创新基地、数字技能培训基地等平台，在政府监管部门内部组织食品安全"云"治理大赛、食品快检比武等竞争性比赛，组织监管部门运用智慧化方式建立食品安全治理e学堂、监管能力提升在线课堂等，通过线上教育资源与线下基地培训精准融合，提升数字餐饮服务食品安全监管人员组合素养。二是创新监管人才激励工作机制。着力完善数字餐饮服务食品安全监管人才薪资发放机制，全面建立学历认定、职位职称、数字监管技能等级津贴制度，按人才梯度精准兑现相应薪酬。通过增大数字监管技术应用范围，政府监管部门指导相应数字餐饮服务经营主体树立"数字监管人才实训基地"，设立监管人才异地对监管企业开展实地食品安全监管，并将监管成果形成数字报告并在线共享，激发监管人才自我提升的主动性。畅通监管人才晋升渠道，监督监管部门分岗位、分智能建立监管人才晋升通道，在云端治理经验共享奖励机制、职称晋升可视化途径、国际交流深造方式等方面做出明确规划并及时公示，推动数字餐饮服务食品安全监管人才工作效率提升。

（5）开展风险交流，推动数字餐饮服务食安智慧科普。加强数字餐饮服务食品安全风险交流，促进数字餐饮服务食品安全知识科普智慧化普及，是实现食品安全现代化监管的重要推动力。一是促进多元主体食安风险在线交流。政府监管部门聚焦数字餐饮服务食品安全智慧审查、价格动态监督、广告精准监测和质检结果可视化呈现等数据分析结果形成数字餐饮赋权食品安全监管报告，并将结果向数字餐饮服务经营主体、社会公众等进行汇报交流，提升食品安全风险应对能力。同时，政府监管部门借力小红书、微博、抖音等社交媒体，鼓励数字餐饮服务企业、入驻商家、冷链物流商户、外卖骑手、社会公众及消费者等多元主体以"食品安全监管革新"为主题向监管部门献计献策、提出意见，从而提升数字餐饮服务食品安全监管社会关注度。此外，政府开设食品安全风险在线举报投诉热线，有效提高多元主体食品安全风险在线交流程度，以推动食品安全现代化监管进程。二是推动数字餐饮服务食安智慧科普。一方面，以大数据、虚拟现实、场景模拟及可视化等数字技术向消费者科普数字餐饮服务食品安全知识，并针对不同食品品类开展个性化、精准化、智能化的数字餐饮服务食品营养评价，协同设立数字餐饮服务食品精准推荐系统，在消费者数字订餐过程中为其推荐更健康、更营养的食品。另一方面，着力提升消费者食品安全素养。由政府监管部门主导，数字餐饮服务经营主体参与，共同设立数字餐饮服务食品在线科普平台，向公众及消费者讲解数字餐饮服务食品食用注意事项、追溯信息查询方式、检验检疫报告查看方式、配送人员资质智能核验方式等食品安全风险信息，提升消费者食品安全健康素养。

五、本章小结

本章明确数字餐饮服务与食品安全现代化监管。首先，对数字治理理论及社会共治理论展开分析，厘清我国数字餐饮服务与食品安全现代化监管的文献综述和理论基础。其次，一方面通过分析数字餐饮服务食品安全现代化监管的演进过程和发展趋势，明确其研究思路。另一方面通过分析数字餐饮服务食品安全现代化监管的具体类型和数据搜集，明确其数据来源。再次，在分析监管目标和监管效果的基础上，明确数字餐饮服务食品安全现代化监管的实践目标，在明确多方主体、技术支撑和多维应用的基础上，明确数字餐饮服务食品安全现代化监管的具体应用。最后，通过分析数字餐饮服务食品安全现代化监管的关注重点和实践重点，明确其实践特征，通过分析数字餐饮服务食品安全现代化监管的对策建议和优化路径，明确其重要抓手，为推动数字餐饮服务食品产业高质量发展，促进食品安全现代化监管推广普及，进而助力我国食品安全现代化进程提供发展方向。

第四篇

未来愿景与
支撑保障

第十二章　数字信息生态系统与食品安全现代化治理

一、信息不对称与食品安全现代化治理

(一) 信息不对称理论

信息不对称理论强调在市场交易过程中，各主体所了解的信息存在差异，一方比另一方拥有更多或更好的信息，信息优势方产生信息不完全披露或提供虚假信息等行为，并对信息劣势方造成不利影响 (Bergh 等，2019)。已有研究在食品供需对接机制 (杜建国和张雨奇，2023)、质量安全追溯困境 (彭长华和吴可欣，2023)、供应链数字化转型方式 (谭砚文等，2022) 等领域对信息不对称理论展开深入探索。现有研究指出，信息不对称是食品安全领域的突出问题，其易导致消费者逆向选择等问题，并增加消费者食品安全信息高效搜寻、精准验证的成本，进而降低消费者对食品的信任程度和决策效率。减少信息不对称成为抑制食品经营主体机会主义行为、提高食品产业链整体效能、保障食品供应链整体韧性和可持续性的关键 (付豪等，2019)。现有研究进一步表明，食品所具有的经验品和信任品特性是产生食品安全信息不对称的重要原因 (董银果和钱薇雯，2022)。且我国食品生产源头分散、标签标识匮乏、销售种类繁多，食品安全监管机构难以及时明确市售产品相关信息，更加剧了信息不对称的窘境 (黄亚南和李旭，2019)。而数字技术通过助力媒体及时报道 (刘亦文等，2023)、促进信息可视化展示 (谭砚文等，2022) 等方式，能够减少食品安全信息不对称现象。

(二) 数字治理理论与食品安全现代化治理

数字治理理论是 20 世纪后期信息技术蓬勃发展下的产物，其主张将治理理论与信息技术相融合，运用大数据、区块链及云计算等数字信息技术，搭建涵盖政府、公众和市场等多方主体广泛参与的合作网络，并从组织方式、管理

制度、操作流程及技术应用等方面对数据获取、运用等进行全面梳理和改进（文丰安，2022）。随着数字技术迅速普及，数字化治理已在探究风险防范策略（丁强和王华华，2021）、国家治理机制（冯锋，2022）等方面得到积极应用。在食品安全领域，我国食品安全治理既面临风险识别标准差异、食安信息繁杂多样、社会交流程度不足、举证维权相对困难和健康素养水平较低等困境，又存在数字治理基础设施相对匮乏、食品经营主体激励不足等问题（于晓华等，2022）。而数字化治理在风险智慧识别、信息实时监测和数据精准共享等方面具备优势，能有效破除食品安全信息隐匿性、动态性和叠加性，提升治理精准性和科学性。具体来说，数字化治理能够助力精准溯源、推进联合执法、开展信息公示，能够有效破除食品安全治理信息壁垒和资源壁垒（高腾飞等，2022），同时，其以创新政府治理方式、开展社会智慧服务、引导公众积极参与，提升风险预警、识别和动态评估能力，破解风险突发性、复杂性，数据多样化、信息碎片化等食品安全治理困境，成为分析食品安全现代化治理的重要视角。

基于数字治理理论，食品安全现代化治理是指通过供求数据精准预测、营养指标智慧分析等促进食品信息溯源和优质供应。现有研究从治理主体和治理方式两个方面对其进行探索。在治理主体方面，食品安全各主体应通过构建利益联结机制，形成社会共治理念，促进现有食品安全现代化治理相关制度、市场和技术环境等进一步优化（张蓓等，2022）。在治理方式方面，亟需发挥政府食品安全现代化治理的主体职能，拓展数字资源共享路径、强化风险智能监测、引导社会力量有序参与，又需实施食品安全信息追溯、提升多方主体信息素养、优化数字信息服务体验，从而全面提升食品安全现代化治理能力（徐国冲，2021）。食品安全现代化治理也是促进食品产业高质量发展、夯实"大食物观"食品安全战略、提升食品安全治理效能、实现国家治理体系现代化的关键。

（三）信息不对称视角下的食品安全现代化治理

基于信息不对称视角进一步开展食品安全现代化治理分析。现有研究指出，信息不对称会加剧食品行业"生产-流通-消费"中的信息鸿沟，使消费者处于信息劣势状态（Bergh 等，2019），其会导致食品安全供应链各环节间信息失真、各主体间盲目逐利，进而造成由政府治理能力有限引发的政府失灵、市场主体利益驱动引发的市场失灵和消费者参与意识不强引发的社会失灵等食品安全治理三重窘境。具体来说，由于政府等食品安全治理主体数字化治理理念落后，易因食品安全现代化治理资源运用不畅、信息交流不足而陷入"监管困境"；食品市场供应主体的行为往往具有隐蔽性，并存在严重的机会主义倾向，导致其缺乏动力进行自我规制并为其他主体提供可靠的食品安全现代化治理资源，同时可能产生假冒伪劣、以次充好等不当行为，由此诱发的"资源融合困境"更提升食品安全现代化治理难度；消费者在食品市场是信息劣势方，且由于其食品安全素养不一，消费者在面对媒体、第三方机构等主体发布的风险事件、质量认证和标签标识等时，易因信息甄别能力有限、共治意识薄弱等而难以对食品质量产生准确评估和判断，更难以主动参与到食品安全现代化治理中，引发食品市场"劣币驱逐良币"等窘境（刘鸿超等，2022）。

由此，我国食品安全现代化治理存在智治思维匮乏、制度标准缺失、数字基础薄弱及权责认定模糊等问题，政府监管部门间、供应链各环节间、政府监管部门与供应链各环节间和消费者与多方主体间的食品安全信息不对称具体表现为信息标准不一、信息质量不高、信息追溯不畅和信息披露不够等问题（图 12-1）。进一步归纳可得，当前食品安全现代化治理面临理念相对落后、要素整合不强、智能应用不够和多方参与不足等重点问题，进而制约了食品安全现代化治理效能提升，束缚了食品安全现代化治理模式创新，降低了食品安全现代化治理响应速度，阻碍了食品安全现代化治理共治共享。

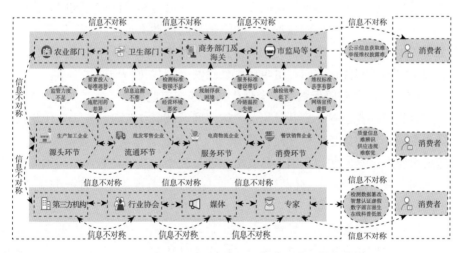

图 12-1 信息不对称视角下的食品安全现代化治理

1. 理念相对落后制约食品安全现代化治理效能提升

多方主体间信息不对称易降低信息传递效率，影响食品安全相关政策、法规和标准等顺利运行，制约了食品安全现代化治理整体效能提升（刘鸿超等，2022）。食品安全现代化治理链条涵盖政府监管部门多方主体，如农业农村部、卫健委、商务部及海关、国家市场监督管理总局等。一方面，在食品安全风险事件发生时，部分监管部门仍然秉持"家丑不外扬"的理念，各主体间常常利用"数字信息孤岛"并试图遮掩食品安全风险事件，严重降低食品安全现代化治理有效性。另一方面，由于政府监管部门类型多样、治理职责尚未明晰，政府监管部门易因数字治理观念薄弱和协同不足，而产生责任推诿、管理滞后、治理低效等问题，并导致前沿的食品安全现代化治理难以推广，进而诱发治理内容迥异、标准衔接不足和信息共享有限等多重困境，严重降低食品安全现代化治理效能。可见，理念相对落后制约食品安全现代化治理效能提升。

2. 要素整合不强束缚食品安全现代化治理模式创新

信息是决定数字化治理效果的关键因素，信息资源优势方能够充分运用现有信息做出合理判断和选择，而信息资源劣势方由于信息不对称往往处于被动地位，难以产生科学决策，这一点在食品供应链中尤为明显（李锋和周舟，2021）。食品供应链涵盖源头、流通、服务和消费等多个环节，各环节主体所处地域分散性强、信息碎片化明显，供应链各主体往往仅汇集食品安全数字化信息，而未能对数字化信息进行精确分析、内容研判和深度共享，供应链下游主体难以知晓供应链上游主体食品安全行为，并进行精准回应。同时，供应链主体之间存在技术资源协调性不够、数字信息联动性不足等问题，影响了食品安全现代化治理要素深度汇集和全面整合，导致相关主体难以明确现行食品安全现代化治理机制优化方向，更阻碍了食品安全现代化治理模式创新。

3. 智能应用不够降低食品安全现代化治理响应速度

信息不对称普遍存在于利益相关主体之间，政府作为食品安全现代化治理的核心主体，易因信息不对称而在监管过程中面临监管资源配置低效等窘境，并造成政府失灵等问题。我国食品安全治理过程中，政府监管部门与供应链各个主体间存在智能应用不够的窘境，降低了食品安全现代化治理的响应速度。在供应链源头环节，食品经营主体点多面广，但可能存在数字基础设施不足、数字健康素养有限等问题，导致食品安全治理数字化设备难以推广普及，降低政府监管靶向性；在供应链流通环节，由于受到地理环境、气候条件、资金预算等因素限制，政府开展"云监管"时可能面临数字设备运行不畅、智能设施建设不足、运行费用无法承担等问题，导致数字化智能设备应用不够，降低了政府的监管效率；在供应链服务环节，因其具有服务场景线上线下融合等特征，食品安全监管可能出现监管主体与规制对象形成利益联结共同体，并联合产生"捂盖子"行为，而现行数字化技术应用程度有限，难以对食品安全风险进行精准甄别和及时治理，从而诱发规制俘获困境；在销售环节，较高的智慧监管成本使政府监管人员普遍采用"扫码检验"等简单的监管方式开展食品安全治理，智慧化监管设备运用有限，餐饮销售企业可能采取"适应性"投机行为，进而降低食品安全现代化治理效率。

4. 多方参与不足阻碍食品安全现代化治理共治共享

社会共治理论强调消费者在食品安全治理中的主体性和能动性，信息不对称会导致有效信息不足与无效信息过剩并存的信息错配问题，消费者难以判断食品真实质量并做出合理消费选择，进而提升其食品交易成本、规划成本和维权成本（阚为和钱伟，2021）。首先，消费者难以迅速获取、知晓监管部门食品安全抽检信息，监管部门也难以及时分析消费者维权信息，监管部门与消费者间易存在的信息屏障会降低双方参与食品安全治理的主动性和行为意愿。其次，食品生产加工可视化程度不高会导致食品供应链主体社会责任感有限，供应主体易产生制假售假等利益短视行为，而消费者难以直接获知食品质量信息，只能凭借食品外观、价格和购买经验等做出消费决策，更难以主动参与食品安全现代化治理。再次，第三方机构、行业协会、媒体和专家等多方主体在食品安全现代化治理过程中，发挥食安风险智慧研判和科普教育等职能，但仍存在数字谣言等问题，消费者易因恐慌心理传播虚假食品安全信息，降低食品安全信息交流效率和多方主体参与积极性。综上，多方主体参与不足在一定程度上制约了食品安全现代化治理共治共享。

二、数字信息生态系统与食品安全现代化治理基础

（一）信息生态系统理论与数字信息生态系统

信息生态系统理论基于信息科学、生态学及系统学综合视角，厘清信息资源如何调节信息人、信息环境等要素及其相互关系所形成的信息生态系统，明确信息产生、传递过程及其内在机制，强调以用户信息需求为导向，保障"信息人、信息、信息技术和信息环境"等生态要素和谐共生（窦悦，2020）。其中，信息人是指信息用户或组织；信息是指系统交流内容；信息技术是指信息传播载体；信息环境是指信息活动所处场所。信息生态系统理论强调信息系统具有开放性、协同性等特征，在剖析智慧城市信息安全风险要素间的关联关

系、探究互联网算法治理推进方式等领域得到广泛应用（毛子骏等，2019；李龙飞和张国良，2022）。基于信息生态系统理论，数字信息生态系统是指在数字信息资源传递、反馈过程中，运用云计算等数字信息技术调节数字信息人、数字信息环境等要素及其相互关系，并形成的数字信息生态系统。

（二）数字信息生态系统视角下的食品安全现代化治理

1. 数字信息生态系统视角下的食品安全现代化治理基础

在数字技术蓬勃发展的背景下，食品安全现代化治理亟需基于新的理论逻辑视角进行优化革新。数字信息系统在一定程度上与食品安全现代化治理相契合，其以系统整体性思想和开放动态性视角为食品安全现代化治理提供很好的分析思路，有利于从多元治理主体和复杂系统情境出发探究食品安全现代化治理的思路。进一步说，数字信息生态系统可以从数字信息人、数字信息、数字信息技术和数字信息环境等四个方面为食品安全现代化治理提供分析思路，而数字化治理能够基于微观视角，进一步探究数字化技术如何与食品安全治理有效结合，二者为明确食品安全现代化治理机制提供了扎实的理论基础。综合考虑治理主体、治理内容、治理技术和治理环境等因素，从数字信息生态视角探究食品安全现代化治理的思路（图 12 - 2）。

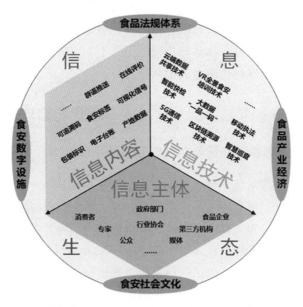

图 12 - 2 数字信息生态系统视角下的食品安全现代化治理基础

系统论认为系统内部存在一定结构特征和关联方式，以保障系统自下而上层级排布（姜英华，2020）。系统具有自组织性，系统要素通过各尽其责、协调适配形成有序结构，推动系统向高级层次不断发展（Keating等，2014）。食品安全现代化治理涵盖数字信息主体、数字信息内容、数字信息技术和数字信息环境四个要素，其中，数字信息主体是核心要素，其是数字信息内容和数字信息技术的使用者，也是食品安全现代化治理的执行者；数字信息内容是客体要素，其源于数字信息主体，又借助数字信息技术推进系统内部数字信息动态流动，是食品安全现代化治理的前提；数字信息技术是关键要素，其是数字信息环境作用于数字信息主体和数字信息内容的数字媒介，也是提升食品安全现代化治理效率的重要途径；数字信息环境是外部要素，其为数字信息主体、数字信息内容和数字信息技术的协同运行提供良好数字环境，保障食品安全现代化治理效益最优。因此，食品安全现代化治理应统筹兼顾数字信息主体、数字信息内容、数字信息技术和数字信息环境四要素。

2. 数字信息生态系统视角下的食品安全现代化治理要素

食品安全治理应整合系统要素资源，推动治理效能整体提升（Laszlo和Krippner，1998）。数字信息是实现食品安全现代化治理的核心要素，更是促进食品安全现代化治理系统迭代革新、不断演进的重要驱动要素。从数字信息生态系统出发，分析食品安全现代化治理数字信息主体、数字信息内容、数字信息技术及数字信息环境等系统要素，为明确食品安全现代化治理原则提供分析线索。

数字信息主体指促进信息流动的数字信息供给者和信息需求者。传统食品安全治理过程中，信息主体组织松散、分散性强、沟通成本高，且各信息主体间职责职能相对模糊，食品安全治理效率效果、影响范围等有限。食品安全现代化治理情境下，数字信息主体指参与食品安全现代化治理、促进信息流动的数字信息生产者、信息整合者和信息需求者，具有多样性和跨层次性等特征。其中，数字信息生产者指食品企业、第三方机构和行业协会，他们负责提供食品生产供应、动态监测和在线认证等数字信息，促进数字信息自下而上供给。数字信息整合者指媒体和专家，他们通过在线搜集、分析和披露食品安全现代化治理信息，与其他层级主体展开数字化风险交流，保障数字信息传递的真实性和可靠性。此外，政府部门、消费者和公众是数字信息需求者。其中，政府部门负责保障食品安全现代化治理政策制定、践行的内在机制相互配套、运行顺畅（张树华和王阳亮，2022），并需及时公示智慧抽检结果等食品安全现代化治理信息，促进数字信息资源在系统内高效流转，降低信息摩擦成本。消费者和公众通过在线搜寻、分享食品安全风险信息拓宽数字交流渠道、优化食品消费决策。由此，食品安全现代化治理应发挥多方信息主体资源优势，推动其各尽其责、协同参与，实现食品安全现代化治理共建共治共享。

数字信息内容是指各数字信息主体沟通交流时以数字图文、动态视频等方式对数字信息的高效展示。传统食品安全治理情境下，信息内容主要依靠食品生产经营者等主动报告，或政府等监管部门巡查记录等所得，存在滞后性、碎片化等问题。食品安全现代化治理情境下，数字信息内容指政府部门、食品企业、消费者等数字信息主体在食品安全信息数字化交流时运用图文和视频等方式进行信息展示。数字技术提升食品供应链信息丰富性、及时性和精准度。如源头生产环节食品产地水质、土壤和气候等数据可实时搜集；流通加工环节中食品进货电子台账、包装箱的包装标识及冷链过程的可视化信号促进数字信息精确展示；市场消费环节中帮助消费者、公众等了解食品安全数字信息的食安标签、可追溯码，及食品网购平台、社交媒体中食品在线评价，权威媒体对食品安全风险信息的辟谣推送等得到推广，有效避免质量违规、虚假宣传、数字谣言等带来的信息风险，保障数字信息内容真实权威。可见，食品安全现代化治理保障食品供应链全程数字信息内容互联互通、多维耦合和深度共享，促进数字信息主体间灵活对接、数字信息技术高效运用和数字信息环境演化革新，并通过资源集成推动系统由无序性向有序性迈进（毛子骏等，2019）。

数字信息技术是用于生成并传播信息的载体。传统食品安全治理情境下，信息技术常受到资金、人才等资源禀赋约束，而面临研发创新不足、应用推广有限等窘境。食品安全现代化治理情境下，数字信息技术是用于生成并传播食品安全现代化治理信息的载体，能精准匹配供需特征并在多元场景内应用。食品安全现代化治理系统具有递推性，能沿着一定目标阶段性发展。随着5G、人工智能等数字技术发展，食品安全现代化治理数字信息技术类型也逐渐多样，在促进数字信息交互方面，衍生出5G通信技术、云端数据共享技术、区块链溯源技术及大数据"一品一码"等数字信息技术。在优化信息质量方面，食品安全现代化治理数字信息技术在食品安全质量检测、信息共享、人员培训和巡查执法等方面也发挥巨大作用，智能快检技术、VR全景食安培训技术、智慧巡查技术和移动执法技术渐次涌现，有效提升食品安全现代化治理效率。可见，食品安全现代化治理强调数字信息技术互补性和合作性，通过将数字技术在全方位、全链条多维应用，突破食品安全现代化治理时间限制和空间局限，实现数字信息精准溯源与动态交互，推动系统自我组织和自我调节，提升食品安全现代化治理效能。

数字信息环境是指数字信息传递时所处的智能场域。传统食品安全治理过程中，信息环境闭塞，面临信息流动性不足、传递效率不高等问题。食品安全现代化治理情境下，数字信息环境指信息在政府、行业协会、公众等信息主体运用大数据等信息技术，传递食品安全现代化治理数字信息内容时所处宏观场域，具有开放性、动态性特征。宏观环境分析模型（又称 PEST 模型）能够从政治、经济、社会和技术的复合视角审视数字信息环境。就政治环境而言，食品安全现代化治理受到数字法律法规、制度标准等外部环境约束，主要包括食品法规体系等；就经济环境而言，食品安全现代化治理受到膳食均衡等消费理念普及、数字营销创新实践等国内外食品产业经济环境影响，主要包括食品产业经济等；就社会环境而言，食品安全现代化治理处于食品安全战略、健康中国战略等社会文化氛围中，主要包括食安社会文化等；在技术环境方面，食品安全现代化治理契合数字化治理时代背景，借助 5G 通信基站、数字化平台等数字基础设施展开实践，主要包括食安数字设施等。

综上，食品安全现代化治理须关注数字信息主体、数字信息内容和数字信息技术等系统要素与外在数字信息环境间联结机制，以优化数字信息环境资源配置，促进数字信息主体互联、数字信息内容共享、数字信息技术互补，实现数字信息主体、数字信息内容、数字信息技术和数字信息环境深度融合，促进系统均衡协同（余东华和李云汉，2021）。

三、数字信息生态系统视角下食品安全现代化治理原则

系统理论强调运用系统思维认知事物，主要通过明确协同性、最优性、涌现性和调适性四个系统基本特征，对系统展开深入分析，其中协同性强调系统要素间相互合作，最优性强调实现系统价值最大化，涌现性强调随着系统动态演进而产生的属性，调适性强调根据系统目标需要形成有针对性特征的功能（Keating 等，2014）。由此，遵从系统协同性、最优性、涌现性和调适性等系统特征，基于信息生态系统理论和系统理论复合视角，围绕数字信息生态系统四要素，食品安全现代化治理应引导数字信息主体的系统协同性，提升数字信息内容的系统最优性，激发数字信息技术的系统涌现性，促进数字信息环境的系统调适性。

引导数字信息主体的系统协同性。系统协同性指系统内部各要素依据系统环境而调整其行为，推动系统发展（Keating 等，2014）。数字信息主体的系统协同性是指食品安全现代化治理数字信息主体为适应外在环境变化，积极发挥能动性，调整数字化信息行为以提升食品安全现代化治理效率。"动机-机会-能力"理论（简称"MOA 理论"）可为个体信息行为驱动提供解释框架，其中，动机是指促进个体形成某种行为的内在驱动力，机会是指个体执行信息行为所面临的情境因素，能力是指个体理解信息的熟练程度。对于食品安全现代化治理数字信息主体而言，可提升数字信息生产者数字化治理技术可得性、培育数字信息整合者数字化治理意识、强化数字信息需求者数字化治理信息应用能力，促进数字信息主体形成食品安全现代化治理意愿和行为，推动多元信息主体形成交流合作和利益联结机制，提升数字信息主体的系统协同性。

提升数字信息内容的系统最优性。系统最优性强调以整体视角驱动系统良性发展，以实现系统最大收益和特定目标。数字信息内容系统最优性指食品安全现代化治理数字信息内容覆盖面、精准度及衔接性等方面的综合提升，以保障食品安全现代化治理信息高效传递。信息质量理论是指信息接受者对感知信息满足其需求程度的判断，其强调信息可信度、有用性、生动性和及时性等（Chen 和 Tseng，2011）。由此，应注重优化食品安全现代化治理数字信息内容的信息质量，保障检验检疫证明、物流可视化信息、食安追溯码及在线消费评价等食品安全数字信息真实清晰、可靠全面，促进数字信息主体信息披露、交流和追溯，数字信息技术合理应用和数字信息环境持续优化，提升食品安全现代化治理效率，保障信息生态系统中数字信息内容最优性。

激发数字信息技术的系统涌现性。涌现性是系统在迭代过程中应对复杂多变的外在环境而衍生出新事物以驱动系统向高层次演进的规律（Laszlo 和 Krippner，1998）。信息技术系统涌现性是指在食品安全现代化治理情境中，数字信息技术与其他要素相结合并开展数字化创新应用，进而提升食品安全现代化治理效能。赋能理论强调运用外部要素使特定对象获取资源和能力，并进一步朝有利方向发展，可从资源赋能和结构赋能两个角度进行探究。其中，资源赋能强调提升资源获取、管控能力，结构赋能强调通过组织变革推动技术应用。由此，可通过拓宽食品安全信息数据搜集、分析和共享方式，创新种植数据、冷链数据和消费数据等信息资源获取机制和聚合渠道，实现数字信息技术资源赋能；以"云监管""VR 培训"应用场景需求为导向，推动食品安全数字信息技术研发创新、深度融合，激发数字信息技术的系统涌现性，推动食品安全现代化治理应用普及。

促进数字信息环境的系统调适性。系统调适性提出推动系统环境中的能量或信息交流，实现系统要素动态耦合和均衡发展（姜英华，2020）。数字信息环境系统调适性指食品安全现代化治理数字信息环境应在研判宏观环境基础上，推动数字信息资源流动，最终促进各系统要素与外部环境协调发展。势差理论指出物体所处的空间位置或所具有的能量差异会形成势能，物体间不同的势能会促进资源流动。由此，在食品安全现代化治理数字信息环境中，食品企业、第三方机构等主体掌握的食品安全数字信息较多，他们与政府部门、消费者等主体间会存在数字信息势差，可通过强化政策法规、行业标准等制定，优化食品产业数字发展环境，营造良好食品安全社会文化环境，着力食品安全现代化追溯体系建设等，推动数字信息资源由信息优势方向信息劣势方流动，促进食品生产供应情况、经营主体资质、数字标签认证和食品安全知识等数字信息高效交流，从而化解食品安全现代化治理信息不对称。

四、数字信息生态系统视角下食品安全现代化治理思路

食品安全现代化治理必须促进系统要素均衡协调，最终实现系统运作整体最优（张树华和王阳亮，2022）。从信息主体数字理念创新、信息内容数字要素聚集、信息技术数字智能驱动和信息环境数字组织互联等层面推进食品安全治理整体化、精准化、敏捷化和协同化。通过食品安全现代化治理的系统运作，推动食品安全现代化治理创新，为促进我国食品产业高质量发展，助力国家治理体系和治理能力现代化提供实践思路。

（一）理念创新助力食品安全现代化治理整体化

一是培育数字民本理念，提升食品安全现代化治理效能。积极践行"以人民为中心"的食品安全现代化治理理念，构建省市镇乡镇五级食品安全现代化治理体系，深入落实食品安全风险专项整治和日常监管，推动政府部门之间、区域之间搭建食品安全数字信息共享平台，激励供应链各主体及时共享食品订单式采购、可视化流通及平台化销售等数字信息。此外，各地政府积极整合、公示食品因产地信息不全、质量标签缺失等造成的举报维权事件和后续治理信息，推动食品安全现代化治理关口前移，提升食品安全现代化治理效能。

二是倡导数字民议理念，通畅食品安全现代化治理渠道。以食品安全智慧

化服务平台充分吸纳民愿民议，并利用微博及抖音等数字媒体设立食品安全现代化治理"参与热线""实时热点"等数字信息交流板块，推动食品安全现代化治理信息及时发布与搜寻分享，引导公众投身食品安全现代化治理在线评价和实时监督，实现政府部门、食品企业、第三方机构、权威媒体和公众之间良性互动，做到食品安全风险信息精准识别、数字评估、动态预警和应急处置，通畅食品安全现代化治理信息交流渠道，增强食品安全现代化治理能力。

三是树立数字民需理念，革新食品安全现代化治理方式。运用大数据及物联网等数字技术深入调研我国居民在食品选购标准、营养搭配、烹饪方式等方面的关注重点和需求特征，通过倒逼第三方机构、行业协会公开食品安全智慧抽查、快速检验等数字信息，媒体倡导膳食营养均衡等食品安全健康消费理念，专家回应冷链食品跨境传播疫病、代餐食品卖家虚假宣传等食品安全问题，完善食品安全数字信息，满足人民群众食品安全多样化、健康化需求，增强人民群众数字信任和健康素养，革新食品安全现代化治理方式。

（二）要素聚集促进食品安全现代化治理精准化

一是完善数字信息采集，整合食品安全现代化治理要素。我国食品市场广阔，食品安全数字信息繁多、要素整合难度大。应运用智能扫描、自动定位等智能技术，激励多方主体采集、共享食品安全数字信息，构建食品安全现代化治理立体式数字信息网络。如生产经营主体记录并上传食品生产流程等可溯信息，机构协会上报食品检测、质量认证等监测数据；专家媒体聚焦食安舆情、网络舆论等展开分析研判；监管主体聚焦食品污染原因、食源性疾病传播和食品市场消费等数据展开信息采集，提升食品安全现代化治理靶向性和精准性。

二是加强数字系统分析，健全食品安全现代化治理标准。在新型食品类别、新型食安技术等方面健全食品安全数字标准，选取典型食品企业开展"食品安全数字化标准"试点工作，生成风险隐患明细和数据监测报告，推进食品安全风险信息智慧排查，提升食品安全数字信息利用效率。此外，搭建国际食品安全标准信息共享平台，精准对比、分析和借鉴各国在食品安全产地信息、加工规范、环境卫生、冷链建设、快检流程和标签认证等方面的数字标准内容，并根据研究结果促进标准互接互认，健全食品安全现代化治理标准。

（三）智能驱动实现食品安全现代化治理敏捷化

一是开展数字技术研发，扩大食品安全现代化治理应用范围。政府设立食品安全治理数字技术研发专项资金，并联合高校、科研机构、龙头企业等权威主体聚焦风险治理薄弱环节展开食品安全现代化治理技术科研攻关，并依据食品供应、流通和消费等环节的场景特征科学确定数字技术赋能方式，进而研发适用能力强、匹配程度高及推广效果好的食品安全现代化治理技术，实现源头云端监控、市场智慧快检、冷链车智能测温、后厨 AI 抓拍和需求实时分析等，扩大食品安全现代化治理应用范围。

二是着力数字平台搭建，提升食品安全现代化治理预警能力。运用物联网、大数据和虚拟现实等数字技术搭建食品安全现代化治理数字预警平台，聚焦食品土质水源环境、农兽药残留、市场供需情况和营养指标含量等风险信息展开精准监控，并运用 ERP、MES 等智慧系统开展经营主体信息管理、产品品质核验等，推进食品安全责任链、质量链和消费链数据融合，按照地域资源禀赋特征、风险防控水平等设立食品安全风险预警等级和响应措施，提升食品安全现代化治理敏捷性。

三是推动数字场景应用，提高食品安全现代化治理溯源水平。依托图像识别、区块链和人工智能等数字技术，大力拓展"阳光工厂""冷链可视化""智慧厨房"等数字应用场景，并对食品从业人员生产加工行为、现场经营环境等进行在线监控和实时监督，以物料追踪、精准仓储和市场分销等打造食品安全智能化追溯生态圈，运用二维码、RFID 射频识别等技术推进食品"一物一码"、食品经营主体"一业一证一码"，推动食品全品类"赋码"、经营主体全范围"上链"，实现多时空、全流程食品安全现代化治理，帮助政府部门、第三方机构和消费者等多方主体明晰食品安全治理数字信息，保障食品安全风险来源可查、去向可溯、管理可控。

（四）组织互联推动食品安全现代化治理协同化

一是筑牢数字制度基础，落实食品安全现代化治理主体职责。以属地管理、条块结合为原则，设立食品安全现代化治理基础性法律法规，构建"线上线下融合、权责明晰可究"的食品安全现代化协同治理机制，打造食品安全现代化综合管理平台，坚持立法与数字改革相统一，厘清食品生产企业、电商平台、监管部门和检测机构等多方主体职责职能，推行"食品安全现代化监管主体责任制""食品安全现代化市场主体责任制"，以多方联动、信息互通破除食品安全现代化治理难点堵点，提升食品安全现代化监管效能。

二是建设数字诚信档案，推动食品安全现代化治理信息互联。构建食品安全经营主体数字诚信档案管理机制，按照单位食堂、网络餐饮服务企业、农村食品经营主体等多方主体生产经营方式和特征，针对风险食品数量、经营违规次数、危机影响范围等开展市场经营主体诚信智慧分级和数字评价，协同创立食品企业"诚信码"，精准展示企业食品安全巡检记录、行政处罚记录、投诉举报记录等信息，并据此建立食品安全数字诚信档案，并将在政府部门、权威媒体等进行及时公示，保障数字信息互联互通。此外，建立守信激励机制和失信惩戒机制，及时更新守信企业红榜和失信企业黑名单，提升食品安全数字诚信档案权威性和可靠性。

三是促进数字食安科普，激发食品安全现代化治理多方参与。探索食品安全现代化治理"多方共治"新模式，通过监管人员在线技能竞赛、商户智慧食安培训、专家 VR 专题讲座和科研单位云端健康教育等积极推进数字食品安全科普，以食品生产加工过程、经营违法案例、膳食营养知识等为主题，运用混合现实、云计算及元宇宙等前沿技术赋能数字创意食品安全主题科普馆、数字食品安全科普教育基地等，打造沉浸式食品安全现代化科普环境。此外，运用短视频、公众号及小程序推送等新型科普方式促进科普动漫、科普画册推广普及，激发食品安全现代化治理多方主体积极响应，提升全民食品安全素养。

五、本章小结

本章对数字信息系统与食品安全现代化治理展开深入分析。首先，基于信息不对称理论和数字治理理论，分析信息不对称视角下的食品安全现代化治理，明确我国食品安全现代化治理存在理念相对落后、要素整合不强、智能应用不够和多方参与不足等现实情境。其次，基于信息生态系统理论提出数字信息生态系统概念，通过明确食品安全现代化治理基础，辨析数字信息主体、数字信息内容、数字信息技术和数字信息环境等食品安全现代化治理要素。再次，从系统理论出发，遵从协同性、最优性、涌现性和调适性等系统特征，归纳食品安全现代化治理原则。最后，通过信息主体数字理念创新、信息内容数字要素聚集、信息技术数字智能驱动和信息环境数字组织互联等均衡协调，提出食品安全现代化治理思路，实现食品安全现代化治理整体化、精准化、敏捷化和协同化，为后续数字经济赋能食品安全现代化的支撑保障和未来愿景提供分析模型和实践依据。

第十三章　数字经济赋能食品安全现代化的未来愿景

发挥数字经济在融合性、精准性、创新性等方面的优势，将其纳入中国食品安全现代化进程。通过数字资源要素精准应用、数字产业链条智慧融合、数字食安素养多维培育、数字食安技术研发创新和数字文化价值挖掘传承，实现"市场高质量供给"、践行"惠民富民目标"、开创"营养健康文明"、助力"绿色生态治理"和推动"和平互鉴进程"，从而厘清数字经济赋能中国食品安全现代化的探索路径，为我国助力食品产业高质量发展、推进食品安全战略提供实践依据（图13-1）。

图13-1　数字经济赋能食品安全现代化的未来愿景

一、数字资源要素精准应用，实现食品安全现代化"市场高质量供给"

通过推动数字资源开发、数字要素配置及数字设备迭代，促进数字资源要素精准应用，进而丰富未来食品类型、优化食物多元结构并提升持续供给能力，为实现食品安全现代化"市场高质量供给"提供资源支撑。

第一，数字资源开发，丰富未来食品类型。一是拓展食品供给资源。以"向整个国土空间要食物"为目标导向，重点攻关江河湖海林草丰富食物资源开采，立足我国西部地区、沿海地区等地理环境、资源禀赋、气候特征及生产结构，因地制宜研发树粮林菌、油料药材等森林食品，肉干肉条、奶酥奶酪等草原食品，鱼类虾类、藻类贝类等海洋食品，协同推动林下竹荪、灵芝和赤松茸等森林康养基地、深远海智能化养殖渔场等建设，推进食用菌精准培育、高产饲草智慧种植、冷水鱼无人养殖等，提升优质蛋白、微量维生素等供给能力。二是丰富未来食品种类。运用区块链、人工智能等前沿数字技术分析我国甘薯、食用海藻等食品资源原料特性、营养含量等方面的信息，并通过基因编辑、代谢工程、生物合成、质构重组及3D打印等高端智能技术研发藻基食品、植物基食品、3D打印食品等未来食品品类，在提升食品供给效率的同时，助推食品供给种类更加丰富多元。

第二，数字要素配置，优化食物多元结构。一是优化食物供给体系。大力发展现代农业智慧园、智能植物工厂等食品数字化生产基地，提升五谷杂粮、绿色瓜果蔬菜、安全肉蛋奶等食品供给比例和数量，重点优化我国玉米、水稻等主粮生产布局，夯实食品现代化供给基础；运用产地环境云端动态监控、病虫灾害数字精准诊断等智能系统打造水产品、森林食品等食品现代化生产基地，拓宽海鲜类、坚果类等食品生产规模和供给品类。二是提升食物供给质量。大力推进高标准农田建设、种质资源优化等行动。一方面着力提升农田灌溉排水能力、土质养分质量、减少耕地障碍层，另一方面培育具有抗病抗害、抗旱抗寒等优良性状的新型种质资源，并研发原创性种质资源，并通过集约化种植养殖等提升食品综合品质。此外，运用数字标签等对农产品种植、养殖等环节进行实时监测，实现生长环境实时感知、农业投入品精准控制、畜禽疫病动态防控，在源头降低食品安全风险，提升食品供给质量。

第三，数字设备迭代，提升持续供应能力。一是革新数字生产设施。运用空间GIS、物联网等数字技术设立食品供给云平台、3D智能仓储站、冷链物流基地等，驱动生物雷达、卫星遥感、农业无人机等数字生产设施全面革新，引导食品生产主体安装生产数据智能采集系统和食品安全风险AI识别设备，实现对食品生产过程的实时精准监测和风险可视化预警，并在云端认养、订单生产、智慧物流等领域全方位应用。二是保障生产持续稳定。对数字生产环节进行智能化转型升级，提高食品生产过程的自动化、标准化程度，提高食品供给稳定性，并大力推广数字生产设备，通过建设数字牧场、无人渔场、智慧林场，完善精准防虫、源头预冷、智能分级、控温保鲜等生产流程，协同发展设施农业，推进立体种植、光伏养殖等，优化食品生长环境，提升食品持续供给的综合效益。

二、数字产业链条智慧融合，践行食品安全现代化"惠民富民目标"

通过数字主体协同、数字精深加工及数字业态创新，构筑智慧流通网络、打造县域特色集群和壮大三产融合链条，推动数字产业链条信息化、融合化发展，践行食品安全现代化"惠民富民目标"。

首先，数字主体协同，构筑智慧流通网络。一是助力多方主体联动。依托大数据、5G 基站、混合现实等数字技术打造食品安全数据共享平台，实现源头生产、加工批发、冷链运输、电商零售等食品产业链各环节主体高效联结、信息集成，提升产业链整体韧性和敏捷性。同时，充分发挥生鲜电商平台等食品经营主体践行企业社会责任的意识和主动性，以"政府协调、企企联动"模式建设食品应急保供流通网络，构建应急物流全渠道一体化配送体系，保障消费者对米面粮油、瓜果蔬菜等食品的稳定性需求。二是打造智慧流通网络。打造食品智慧流通冷链系统，加快冷库数字仓储基地、智慧分拨中心及末端智能配送网点建设，开展移动冷链仓库、智慧集散中心、可视化配送车辆等设施建设，依托 GPS、智能温控等冷链物流技术，最大化减少食品在预冷处理、冷链储存运输等环节损耗与"断链"问题。此外，协同发挥东部、中部地区等智慧流通发达地区空间辐射作用，带动欠发达地区智慧流通网络建设，促进全域范围内食品高效流通。

其次，数字精深加工，打造县域特色集群。一是推进数字精深加工。设立食品精深加工智慧园区，因地制宜建设预制菜等食品精深加工自动化生产线，并通过运用微量元素、动植物蛋白、坚果油脂等资源促进食品品类研发创新，以高蛋白、高膳食纤维、低糖、低热量等消费需求为导向，延长优质食品深加工产业链条，依托区域特色和食品原料，发展富钾、富硒等功能性食品，荞麦、茯苓等健康食品，益生菌奶片、低脂乳酪等新型乳制品产业发展，通过食品精深加工过程数字化转型推动食品产业价值链倍增。二是发展县域特色集群。以"一村一品、一县一集群"为目标挖掘县域优势食品产业，通过招引龙头企业投资进驻，着力培育一批资源整合能力强、本土化特色明显的"链主"县域食品龙头企业，打造一批创新能力强、综合效益高的县域特色食品产业集群，重点培育县域特色食品龙头企业，完善土特产等特色食品产地加工链条，提升县域特色食品知名度。

再次，数字业态创新，壮大三产融合链条。一是培育食品数字新业态。推动人机交互、拓展现实等数字技术与食品产业链各环节融合，着力发展跨境购买、体验农业、电商助农、消费帮扶及无人配送等多种食品产业新业态，提升网红食品、跨境食品及净菜食品等新型食品产业竞争力，并通过发挥其带动效应和示范效应创新联农带农方式。如鼓励优质跨境电商平台实施"海外仓储＋零售加工"等新模式，促进多元食品国际市场大流通，为消费者提供更优质、更实惠的俄罗斯谷物代餐麦麸球、澳大利亚亚麻籽燕麦等跨境电商食品，并运用 AR 展示等数字技术向国外消费者推介我国五常大米、清远鸡等本土优质食品。助力国内国际双循环。二是构筑三产融合新链条。推动本土食品龙头企业通过建设优质农产品产业融合示范区，打造标准化种植养殖示范基地，并协同开展学校团餐、企业团餐等食品订单化生产，推进农产品集约化批发采购、搭建智慧中央厨房等方式与家庭农场、农村合作社等食品新型经营主体共筑利益联结机制，并运用乡村数字藏品设计、村官电商直播带货、网络社区在线团购等数字化方式，践行"线上电商平台＋移动 App＋线下门店零售"等新型经营模式，以及"线上拼团＋线下自提"等社区电商营销新策略，推动食品产业链现代化转型、农民增收致富。

三、数字食安素养多维培育，开创食品安全现代化"营养健康文明"

开创食品安全现代化"营养健康文明"离不开食品安全数字宣传科普、数字素养提升和数字档案建设，通过全方位培育数字食安素养，引导消费者注重营养安全和膳食均衡，并在全社会形成健康氛围。

一方面，数字科普宣传，培育营养安全意识。一是革新数字科普方式。依托大数据、AR 等前沿数字技术，借助小红书、微博及微信等数字传播平台构建健康科普交流平台，拓宽食品科普宣传渠道，聚焦中老年人、青少年、孕妇等多种类型消费者，发挥新华网等权威媒体、中国营养学会等第三方机构、社区居委会等多元主体食品安全科普宣传作用，运用 ChatGPT、情景模拟等数字技术设计食安科普电子手册、宣讲小视频等，提升食品安全科普趣味性、精准性和有效性。二是培育营养安全意识。政府修订与实施预包装食品营养标签通则等国家标准，强制食品企业标示糖、饱和脂肪酸等营养健康成分信息，同时，定期举办营养安全公益课堂、营养互动讲座等，拓宽消费者营养安全信息获取渠道；食品生产企业主动使用天然甜味物质、甜味剂等无害食品取代蔗糖，在食品包装突出"低糖、低脂、低油"等营养标签标示，并新增营养声称和营养成分功能声称，积极践行健康中国战略；电商平台推出健康食品折扣券、优惠红包；并帮助消费者明确超量油盐等的健康危害和均衡营养素等的健康益处，引导其主动践行"三减"政策，鼓励其遵循"一荤一素一菌菇"等现代化饮食方式，并激励消费者购买健康饮食电子菜谱、精准营养食品及膳食补充剂等，扩大优质肉蛋奶等食品消费量，共同培育消费者营养安全意识。

另一方面，数字素养提升，引导膳食均衡偏好。一是提升数字食安素养。政府部门运用大数据、云计算等技术分析食品消费趋势，以及消费者健康水平及健康需求，适时推出个性化、定制化电子膳食指南，并运用在线直播、专家云解答等方式在线普及食品安全知识，建设营养健康食育体系，加强农田种植采摘、厨房烹饪、食育讲座等校园食育课堂试点建设，推进食育教材、家庭读本编制进程，全方位提升消费者数字食安素养。二是引导膳食均衡偏好。推动社交电商、生鲜电商、外卖 App 等食品在线消费平台积极应用图像识别、机器视觉等数字技术，对食品品类名称、营养元素含量、摄入量参考值及单餐卡路里等信息进行可视化、全面化展示，并对消费者饮食优化方式、菜品购买渠道等进行立体式呈现，协调引导消费者认同、接受"地中海膳食模式""低糖控油控盐"等膳食健康饮食模式，推广限盐勺、限油壶等合理膳食厨具，从而引导消费者膳食均衡偏好。

再有，数字档案建设，共建社会健康氛围。一是设立数字诚信档案。政府通过"定期考核、智能立档、精准分析"，在实施食品安全信用风险量化评分与分级分类监管的基础上，设立食品生产经营主体诚信分类数据库，在生鲜电商、外卖平台、在线商家等建立智慧诚信档案，借助大数据技术对其供应资质、流通许可、失信行为等进行数字化分析，并对其诚信水平进行动态评估和公示。此外，建立食品企业诚信红黑榜制度与"一网通办"信用修复配套机制。树立食品企业诚实守信的先进典型，以社会舆论监督企业失信行为。二是营造社会健康氛围。政府运用大数据、云计算等数字技术分析预测人民群众食品消费结构特征及变化趋势，并且出资创建慢性病防控示范点，提高消费者对自身健康水平和健康趋势的知晓程度和掌控能力；食品企业研发膳食健康个人数字档案，并根据消费者食品购买品类及时更新和优化；权威专家和媒体及时追踪、解读和分析"食安云治理"内容，并用简明有趣的方式向公众呈现；食品行业协会开创智慧健康 e 站；激励消费者主动参与食品安全风险在线曝光，并积极参与所遇食品安全事件在线维权，共同营造社会健康文明氛围。

四、数字食安技术研发创新，助力食品安全现代化"绿色生态治理"

通过数字技术攻关、数字平台搭建及数字场景应用，推广食安绿色技术、营造低碳节约环境并完善生态溯源系统，推动数字食安技术研发创新，为助力食品安全现代化"绿色生态治理"提供技术支撑。

第一，数字技术攻关，拓展绿色循环功能。一是研发绿色低碳技术。打造食品生产绿色工厂，并运用区块链、物联网等推动种养一体化、低碳物流、精准降污、有机污染修复等绿色低碳技术研发创新，实现饲料结构优化、化肥减量提效，协同助力高标准农田建设、生态环境云端监测，促进绿色低碳技术应用推广。二是促进资源动态循环。以"低耗降碳"为目标，打造食品绿色低碳产业园区，在全域范围内推进农业绿色发展先行区等，并研发区域食品生产废弃物智慧循环系统，联动家庭农场、食品龙头企业、农业科技园等多元主体，对作物秸秆、林果残渣等进行全域循环利用，助推食品产业链整体减碳增质。

第二，数字平台搭建，营造低碳节约环境。一是建设智慧环保平台。引导生鲜电商等食品龙头企业构建节能环保发展联盟，运用数字孪生技术搭建食品生产智慧平台，积极探索食品绿色生产碳账户、节能数据共享平台、排污智能监测系统等，提升联盟主体节能环保责任意识。二是倡导低碳消费理念。建设食品低碳消费大数据平台并对其进行数据分析，有针对性地对高碳消费者推广低碳消费理念，引导其按需购买。食品企业通过开展产品碳足迹认证、促进食品包装精简化践行低碳理念。此外，餐饮企业可通过标语引导、优惠奖励等激励消费者选择小份菜、可循环餐盒等低碳行为，电商平台通过创立饮食消费"碳账单"提升消费者低碳消费意识，引导食品消费方式低碳转型。

第三，数字场景应用，完善生态溯源系统。一是拓展数字监管场景。通过应用 AI 预警、智能甄别、防伪标签等数字化方式，大力推进阳光工厂、透明厨房等食品安全行动，拓宽食品安全监管场景。如实施食品安全智慧召回制度。加快气相色谱检测法、纳氏试剂快速检测法等食品数字监测技术应用推广，联合公检法等部门搭建食品安全监管生态，聚焦虚假宣传、非法添加等开展严厉打击，落实问题食品企业主动召回与政府责令召回。建设涵盖食品质量智能检测、营养含量 AI 计算、食品安全监管云端披露等食品安全监管大数据平台，实现食品安全时空、全过程数字化监管。二是打造生态溯源系统。以"互联网＋追溯技术"为手段，基于信息可视化、5G 等数字技术构建食品安全可追溯平台，并以食品安全溯源码为载体，依托二维码、射频标识技术践行"赋码准出、一品一码"食品安全智慧监管，构建食品安全生态溯源系统，对产地环境、入市批次、绿色认证、生态效益等关键信息上链存储，并实现食品信息快速采集与分析，实现食品原料供应、生产加工、仓储物流及消费等环节大数据全链条追溯。促进食品产业绿色化、生态化发展。

五、数字文化价值挖掘传承，推动食品安全现代化"和平互鉴进程"

通过数字文化挖掘、数字体验互促及数字理念互鉴，树立国潮品牌标杆、助力非遗饮食传承及共商食安跨界治理，实现食品安全数字文化价值挖掘传承，推动食品安全现代化"和平互鉴进程"。

首先，数字文化挖掘，树立国潮品牌标杆。一是挖掘数字文化价值。运用元宇宙、人工智能、混合现实等数字技术将我国各地域悠久的饮食文化与独特的地理风貌，以及各民族独有的民俗风情和节庆特征等相互融合，深入发掘各地村庄村落、文化祠堂等所具有的人文功能，运用 AR、VR 等数字技术打造历史美食 VR 城、饮食文化公社等数字销售场所，提高数字饮食文化价值。二是树立国潮品牌标杆。运用大数据、云计算等数字技术预测我国休闲、养生等饮食文化趋势，助推老字号食品、民族食品等传统品牌与新兴食品品牌跨界联名，将东方美学、国风 IP 等通过定制化、个性化设计融入食品包装图案及形态特征，并动态分析供需数据，提升食品国潮品牌市场需求响应能力。

其次，数字体验互促，助力非遗饮食传承。一是创新数字多维体验。运用全息呈现、感知交互等数字技术，推动我国饮食文化与高清影视、在线游戏等领域深度融合、协同创新，并同时开发饮食变迁云视听、饮食文化云展览、饮食故事云阅读、饮食品味云体验，并在线下打造非遗美食智能体验区，线上线下融合，共同提升中华民族饮食文化表现力和影响力。二是传承非遗饮食文化。建立非遗饮食文化数据库，邀请各地非遗饮食文化名人，运用云端研学、3D实景、AR互动等方式传播非遗美食制作过程、技艺要点等信息，设计并推广非遗食品数字名录，提升消费者对非遗饮食文化的认同感和自豪感，并鼓励其在小红书、微博及微信等社交媒体中分享，促进非遗饮食文化传播。

再次，数字理念互鉴，共商食安跨界治理。一是数字理念互鉴共享。运用大数据、物联网等数字技术构建全球食品安全命运共同体，依托"一带一路"沿线国家，建设国际食品安全文化共享平台，促进食品安全治理方式深度交流和精准互鉴，推动我国民族传统饮食文化、新时代食安治理理念全球传播共享。二是食安治理跨界协作。以"社会共治、和平互鉴"为主要导向和实现目标，搭建食品安全风险事件平台和食品安全数据共享系统，明确全球食品安全风险时空分布、演变机制、发展态势和应急措施，提升各国食品安全风险动态预警和应急响应能力，并促进各国政府部门跨境联动，协同开展食品跨境贸易互促、食安技术联合攻关，共同促进食品安全跨界治理协作。

六、本章小结

本章提出数字经济赋能食品安全现代化的未来愿景。通过数字资源要素精准应用、数字产业链条智慧融合、数字食安素养多维培育、数字食安技术研发创新及数字文化价值挖掘传承，从而实现食品安全现代化"市场高质量供给"、践行食品安全现代化"惠民富民目标"、开创食品安全现代化"营养健康文明"、助力食品安全现代化"绿色生态治理"及推动食品安全现代化"和平互鉴进程"，以此提出数字经济赋能食品安全现代化的支撑保障，为我国食品安全现代化提供思路。

第十四章 数字经济赋能食品安全现代化的支撑保障

我国食品安全现代化关乎经济社会高质量发展、"大食物观"食品安全战略积极推进及消费者健康营养水平不断提升。亟需通过强化政策支持引导、推动数字设施革新、践行食安人才培育、加大技术资金投入及开展全球文化交流，进一步整合食品安全现代化资源要素、重塑食品安全现代化产业链条、构筑食品安全现代化知识网络、实现食品安全现代化智慧治理及助力食品安全现代化多方参与，从而明确数字经济赋能食品安全现代化的支撑保障，为实现我国食品安全现代化提供思路。

一、强化政策支持引导，整合食品安全现代化资源要素

一是鼓励资源开发，强化政策法规支持力度。遵循"大食物观"实践思路，以规划引领为目标导向，因地制宜依据我国各地的地理位置区域布局、生态环境承载能力、水源土壤成分结构、食品资源种类现状等重要因素，细化新型食品资源开发规则办法和开发主体合作机制，在土地流转使用、资源开发途径等方面强化政策供给并不断完善，以实现林粮林菌、藻类贝类等新型食品资源开发利用效率、综合管理等方面的制度创新，协同促进食品资源高效开采技术、绿色生产技术等前沿技术在全国各地推广普及，着力推动植物肉、植物奶等未来食品新型产业可持续发展，在夯实食品安全数量安全的基础上保障高质量食品可持续供给。二是整合资源要素，健全食品安全标准建设。聚焦新型食品资源开采情况，对其开展全方位、多维度的深入实地调研，并运用大数据等数字技术，依据食品种类特征、营养成分、能量含量等资源数据开展可视化整合汇集和精准分析，从而依据地理区位、营养目标、开采步骤及发展阶段等制定食品安全资源整合规划，并进一步依据国际食品安全标准特征、标准执行等完善食品安全标准建设，从智慧种植养殖、智能加工包装、绿色冷链物流、云端精准销售等方面全面强化相应政策扶持体系。

二、推动数字设施革新，重塑食品安全现代化产业链条

一是推进食品安全智慧设施研发应用。推动大数据、物联网、人工智能等数字技术在食品安全产业链中的创新性研发应用。重点突破食品"以销定产"生产信息、种类形态个性化定制信息等数据的自动汇集和分析，帮助食品企业开展精准化、智能化的食品营养设置、产量评估等，并通过设立食品销售智能预测系统提升数字设施应用效率，帮助小农户、家庭农场等经营主体与电商平台等大型经营主体精准衔接，通过重塑食品安全现代化产业链条开展联农带农、助力共同富裕。二是推进食品安全智能追溯体系建设。聚焦生鲜乳品、瓜果蔬菜、猪肉牛肉等传统食品安全风险发生频率高，以及植物肉、植物奶及3D打印食品等易于标识的新型食品开展重点食品安全质量数据分析和可视化追溯工作，推进新型云端监控、检验可视化等新型数字技术在呈现食品产地智慧设施、智能仓储车间、机械加工环境、冷链物流状态、自动分销渠道、虚拟零售环境等方面开展深入运用，在驱动食品产业链数字化、智慧化转型的过程中，归集实际中可能存在的问题及弊端，并定期反馈给研发人员，推动数据智能分析、可视化呈现等技术更新，确保食品安全数据精准度与有效性，提升食品安全追溯效率和食品安全现代化整体水平。

三、践行食安人才培育，构筑食品安全现代化知识网络

一是打造高素质食品安全人才队伍。一方面，出台食品安全现代化人才引进标准。以新时代我国人才强国战略为导向，大力吸引"计算机""云计算""人工智能""农业企业管理"等专业高端人才，推动食品安全现代化团队建设，着力打造权威性强、专业素质优的食品安全现代化专家智库，并科学制定人员编制标准，以多方合力提升食品安全决策科学化、智慧化水平。另一方面，实施食品安全现代化人才能力提升工程。建设食品安全现代化管理培训云基地，根据食品安全监管执法人员、专家智库人才等差异化职能和角色，科学确立各人才岗位食品安全培训目标，推进分层次、分类型人才专业化教育培训。此外，着力推动食品安全监管人员定期继续教育，加强食品安全监管人员专业素养和食品安全意识评估。二是开展食品安全多元化知识创新。发挥食品安全人才在构筑食品安全现代化知识网络中的重要性，通过为其设立职业生涯

规划，鼓励相关人员前往新加坡、德国等国际食品安全管理前沿区域，以及国内深圳、上海等国内食品安全管理前沿城市展开食品安全现代化交流。同时，设立食品安全现代化管理创新奖励和认可机制，激励人才参加国际食品安全发展研讨会和高等科研院校等举行的相关课程，以跟踪食品安全风险治理、数字化监管等方面的前沿趋势及法规变化，在高素质人才队伍中打造具有创新性和前瞻性的食品安全现代化知识网络。

四、加大技术资金投入，实现食品安全现代化智慧治理

一是加大食品安全技术资金投入力度。一方面，夯实食品安全现代化生产根基。在不断优化及完善传统食品生产补贴资金发放制度的同时，以提高食品生产监管主体种粮积极性、新型食品开采积极性为目标，设计稳定性高的食品安全基础生产资金，夯实食品安全生产基础。另一方面，设立食品安全技术研发创新性资金。通过统筹协调，完善与智慧生产、绿色加工、低碳物流等食品安全新型技术研发工作等相匹配的技术经费保障机制，根据我国全国各地收入水平、食品产业规模、新型食品种类、智慧监管方式、多元监督主体、居民人口特征等核心要素，推动各级政府切实保障食品安全新型技术研发所需资金，将食品安全新型技术研发应用、广泛推广等经费纳入食品安全现代化监管预算，重点保障食品安全智能化数据分析平台、食品可视化快检室等基础设施建设。二是促进食品安全智慧治理应用实践。推动食品安全现代化智慧治理在全国各地食品安全监管部门、食品龙头企业、农业现代化产业示范园区、新型农村经营合作社、智慧家庭农场及新农人等主体实现全覆盖。协同加强资金精准监控、经费核验预警等方面的现代化监督管理工作，以确保食品安全技术资金能够专款专用和安全高效运行。通过要求各级各地政府对食品安全技术研发、设备采购等资金使用情况在食品安全经费信息共享平台开展定期汇报，保障食品安全技术研发资金落实到位、智慧治理高效应用。

五、开展全球文化交流，助力食品安全现代化多方参与

一是食品安全文化融合交流。一方面，打造全国食品经营主体信用数据平台，聚焦食品质量安全智慧审查、价格动态监督、广告规范监测和智能抽检结果等展开数据精准化记录，并定期开展大数据分析及可视化展示，推动食品安

全各主体依据可视化结果开展食品安全风险规避、风险监控等方面的交流，提升风险应对能力。另一方面，在全球范围内开展食品安全文化交流。挖掘我国各地食品安全风俗文化、总结凝练国际食品安全成功经验，并在各地监管机构开展动态宣传和传播，促进全球食品安全文化共商互鉴。二是食品安全主体跨界共治。聚焦政府监管部门，食品科技企业、电商平台等生产经营主体，第三方行业机构，权威媒体及消费者等多元主体在营养健康、风险规避等方面的食品安全实际需求，探索建立全球多元主体信息共享、精准互动、共同参与、合作共赢的食品安全跨界治理平台，进一步助力我国食品安全现代化进程。具体来说，政府以提升全域食品安全治理水平为目标，辨明各省各市食品安全治理情境、治理主体和治理特征，并进行针对性、指导性监管。食品科技企业、电商平台等生产经营主体以提升食品质量和品牌声誉为目标，主动上传食品安全资源采集、科技化加工、智能化包装等相关数据，并开展食品供应链全程可视化管理。食品行业协会等第三方机构以践行社会责任为目标，以共享食品安全检验检疫数据，为食品安全跨界治理提供数据支持。权威媒体以精准披露和科普宣传为目标，及时跟踪食品安全风险事件进程和处理进展，并运用小程序、短视频等数字化手段和渠道及时在线分享食品健康菜品和烹饪信息，提升跨境治理中的信息透明度。消费者以提升自身膳食健康水平为目标，在食品营养分析平台进行食品健康消费经历及膳食搭配重点为主题展开经验分享，倒逼食品科技企业等主体优化食品营养质量和健康水平，由此，激励多元主体参与食品安全现代化进程。

六、本章小结

本章明确数字经济赋能食品安全现代化的支撑保障。通过强化政策支持引导、推动数字设施革新、践行食安人才培育、加大技术资金投入及开展全球文化交流，进一步整合食品安全现代化资源要素、重塑食品安全现代化产业链条、构筑食品安全现代化知识网络、实现食品安全现代化智慧治理及助力食品安全现代化多方参与，从而明确数字经济赋能食品安全现代化的支撑保障，为实现我国食品安全现代化提供实践思路。

参 考 文 献

白洁，郭永玉，杨沈龙．人在丧失控制感后会如何：来自补偿性控制理论的揭示［J］. 中国临床心理学杂志，2017，25（5）：982－985，981.

包金龙，袁勤俭．电商平台信息线索类型及其对消费决策影响研究［J］. 兰州学刊，2020（1）：109－119.

保海旭，陶荣根，张晓卉．从数字管理到数字治理：理论、实践与反思［J］. 兰州大学学报（社会科学版），2022，50（5）：53－65.

曹高辉，李荣华，梅潇，等．信息构建视角下的在线健康信息平台评价研究［J］. 情报科学，2020，38（5）：34－42.

曹雅宁，柯青．为什么人们对虚假健康信息的易感性不同：基于信息加工过程组态的分析［J］. 现代情报，2023，43（1）：40－54.

钞小静．数字经济赋能中国式产业现代化［J］. 人文杂志，2023，321（1）：22－26.

陈珏颖，徐邵文，钱静斐．农产品质量安全信用体系建设的国际经验及启示［J］. 世界农业，2023（8）：5－12.

陈默，韩飞，王一琴，等．食品质量认证标签的消费者偏好异质性研究：随机 n 价拍卖实验的证据［J］. 宏观质量研究，2018，6（4）：112－121.

陈琦，王冠楠，赵蒙，等．农产品区块链溯源系统对消费者重购意愿影响研究［J］. 中国地质大学学报（社会科学版），2022，22（5）：100－111.

陈思源，崔子杰，刘丹飞，等．区块链在产品溯源和包装防伪上的应用进展［J］. 包装工程，2023，44（1）：91－100.

陈锡文．当前农业农村的若干重要问题［J］. 中国农村经济，2023（8）：2－17.

陈晓红，李杨扬，宋丽洁，等．数字经济理论体系与研究展望［J］. 管理世界，2022，38（2）：13－16，208－224.

陈义涛，赵军伟，袁胜军．电商直播中心理契约到消费意愿的演化机制：卷入度的调节作用［J］. 中国流通经济，2021，35（11）：44－55.

陈俞全．农业文化遗产参与农食系统转型的现实意义与关键议题［J］. 中国农业大学学报（社会科学版），2022，39（3）：74－87.

陈志钢，徐孟．大食物观引领下低碳减排与粮食安全的协同发展：现状、挑战与对策［J］. 农业经济问题，2023（6）：77－85.

程国强．大食物观：结构变化、政策涵义与实践逻辑［J］．农业经济问题，2023（5）：49－60．

崔剑峰．感知风险对消费者网络冲动购买的影响［J］．社会科学战线，2019（4）：254－258．

但斌，吴胜男，王磊．生鲜农产品供应链"互联网＋"农消对接实现路径：基于信任共同体构建视角的多案例研究［J］．南开管理评论，2021，24（3）：81－93．

邓衡山，孔丽萍．机构性质、社会共治与食品安全认证的有效性［J］．农业经济问题，2022（4）：27－37．

狄琳娜，于燕燕．我国网购平台进口生鲜食品安全保障机制研究：基于全球新冠疫情背景的分析［J］．价格理论与实践，2020，437（11）：120－123．

丁强，王华华．特大城市数字化治理的风险类型及其防控策略分析［J］．上海行政学院学报，2021，22（4）：72－81．

丁声俊．大食物观提出的客观依据、深远意义及落实举措［J］．中州学刊，2023（5）：58－66．

丁炜，程璐璐，姚璇．"浙食链"与全球二维码迁移计划实施［J］．条码与信息系统，2023（4）：21－23．

董晓波．新型数字基础设施驱动农业农村高质量发展的创新路径［J］．学习与实践，2023，467（1）：33－42．

董银果，钱薇雯．农产品区域公用品牌建设中的"搭便车"问题：基于数字化追溯、透明和保证体系的治理研究［J］．中国农村观察，2022，168（6）：142－162．

窦悦．信息生态视角下"3×3"应急情报体系构建研究［J］．图书情报工作，2020，64（15）：82－89．

杜建国，张雨奇．供需双侧视角下绿色食品购买行为的引导政策研究［J］．软科学，2023，37（11）：122－130．

杜黎明．中国式现代化理论的实践根基研究［J］．兰州学刊，2023（11）：5－14．

樊博，贺春华，白晋宇．突发公共事件背景下的数字治理平台因何失灵："技术应用—韧性赋能"的分析框架［J］．公共管理学报，2023，20（2）：140－150，175．

樊胜根，张玉梅．践行大食物观促进全民营养健康和可持续发展的战略选择［J］．农业经济问题，2023（5）：11－21．

范建华，邓子璇．数字文化产业赋能乡村振兴的复合语境、实践逻辑与优化理路［J］．山东大学学报（哲学社会科学版），2023，256（1）：67－79．

范文芳，王千．个性化智能推荐对消费者在线冲动购买意愿的影响研究［J］．管理评论，2022，34（12）：146－156，194．

范毅伦，吕胜蓝，郭杰，等．可视化中的标签放置方法综述［J］．计算机辅助设计与图形学学报，2023，35（8）：1162－1174．

费威. 我国跨境电商进口食品安全的监管应对 [J]. 学习与实践, 2019 (12): 66 - 74.

冯锋. 大数据提升国家治理决策水平的逻辑探析 [J]. 东岳论丛, 2022, 43 (6): 149 - 155, 192.

付豪, 赵翠萍, 程传兴. 区块链嵌入、约束打破与农业产业链治理 [J]. 农业经济问题, 2019 (12): 108 - 117.

付佳, 喻国明. 广告中第一人称与第三人称的叙事效果: 基于元分析范式的一项研究 [J]. 西南民族大学学报 (人文社会科学版), 2022, 43 (7): 137 - 146.

高阔. 充分激发各民族企业家铸牢中华民族共同体意识的作用 [J]. 中南民族大学学报 (人文社会科学版), 2023, 43 (5): 47 - 52, 182 - 183.

高鸣, 姚志. 保障种粮农民收益: 理论逻辑、关键问题与机制设计 [J]. 管理世界, 2022, 38 (11): 86 - 102.

高奇琦. 智能革命与国家治理现代化初探 [J]. 中国社会科学, 2020, 295 (7): 81 - 102, 205 - 206.

高秦伟. 消费者知情权保护与食品科技的规制 [J]. 学术研究, 2018 (7): 48 - 57, 177.

高腾飞, 陈刚, 陈颖. 数字服务化视角下的企业管理变革: 内在逻辑、动力基础与实践路径 [J]. 贵州社会科学, 2022 (2): 135 - 143.

高笑. 跨境电商进口对我国国内消费的影响效应及结构异质性分析 [J]. 商业经济研究, 2022 (12): 56 - 59.

耿建光, 李大林. 支持数字线索的产品数字空间管理框架研究与应用 [J]. 现代制造工程, 2022 (2): 31 - 36.

耿鹏鹏, 罗必良. 在中国式现代化新征程中建设农业强国: 从产品生产到社会福利的发展模式转换 [J]. 南方经济, 2023 (1): 1 - 14.

郭广珍, 陈茜怡, 陈尚轩. 数字信任的经济学分析 [J]. 南方经济, 2023 (9): 1 - 24.

韩保江, 孙生阳. 建设农业强国的基本逻辑、主要特征与实现途径 [J]. 社会科学辑刊, 2023 (4): 112 - 121, 241.

韩放. 基于电商数据的网购感知风险测度及消费者行为探究 [J]. 现代商业, 2021 (25): 16 - 18.

韩旭东, 刘闯, 刘合光. 农业全链条数字化助推乡村产业转型的理论逻辑与实践路径 [J]. 改革, 2023, 349 (3): 121 - 132.

何可, 宋洪远. 资源环境约束下的中国粮食安全: 内涵、挑战与政策取向 [J]. 南京农业大学学报 (社会科学版), 2021, 21 (3): 45 - 57.

何秋蓉, 孙远明, 毛宜军, 等. 新的柱形二维条码生成方法及应用 [J]. 计算机应用, 2018, 38 (S2): 317 - 320.

何秀荣. 农业强国若干问题辨析 [J]. 中国农村经济, 2023 (9): 21 - 35.

洪银兴, 任保平. 数字经济与实体经济深度融合的内涵和途径 [J]. 中国工业经济, 2023,

419（2）：5-16.

侯彩霞，张梦梦，赵雪雁，等．性别差异视角下中国家庭食物浪费行为的神经机制研究［J］．自然资源学报，2022，37（10）：2531-2543.

胡春华，赵慧，童小芹，等．推荐系统对消费者网购支出的影响研究［J］．中国管理科学，2020，28（6）：158-170.

胡马琳．我国0-3岁婴幼儿照护服务制度变迁：轨迹、逻辑与趋势［J］．理论月刊，2022（6）：127-135.

胡新艳，陈卓，罗必良．建设农业强国：战略导向、目标定位与路径选择［J］．广东社会科学，2023（2）：5-14，286.

胡颖廉．"中国式"市场监管：逻辑起点、理论观点和研究重点［J］．中国行政管理，2019（5）：22-28.

胡颖廉．从产业安全到营养安全：食品安全管理体制改革的逻辑：以保健食品为例［J］．学术研究，2023，458（1）：55-62.

胡颖廉．食品安全理念与实践演进的中国策［J］．改革，2016（5）：25-40.

黄建伟，陈玲玲．国内数字治理研究进展与未来展望［J］．理论与改革，2019（1）：86-95.

黄少安．从供求两侧考虑我国农业安全［J］．农业经济问题，2021（8）：4-11.

黄思皓，邓富民，肖金岑．网络直播平台观众的冲动购买决策研究：基于双路径影响视角［J］．财经科学，2021（5）：119-132.

黄晓慧，聂凤英．数字化驱动农户农业绿色低碳转型的机制研究［J］．西北农林科技大学学报（社会科学版），2023，23（1）：30-37.

黄亚南，李旭．自律还是监管：农民专业合作社实施农产品安全自检行为的决定因素［J］．干旱区资源与环境，2019，33（10）：35-40.

黄泽颖．我国粮食制品FOP均衡营养标签运作机制设想［J］．粮食与油脂，2020，33（9）：15-17.

霍红，张晨鑫．在线评论质量丰富度对购买异质性产品的影响［J］．企业经济，2018，37（6）：77-83.

计晗，许佳伟，聂凤英．小农经济条件下农业农村现代化：历史探索与经验启示［J］．南京农业大学学报（社会科学版），2021，21（5）：20-30.

贾培培，李东进，金慧贞，等．信誉标签结构线索对消费者健康食品购买意愿的影响研究［J］．南开管理评论，2020，23（2）：179-190.

贾若男，王晰巍，范晓春．社交网络用户个人信息安全隐私保护行为影响因素研究［J］．现代情报，2021，41（9）：105-114，143.

姜长云，王一杰，李俊茹．科学把握中国式农业农村现代化的政策寓意和政策导向［J］．南京农业大学学报（社会科学版），2023，23（2）：1-12.

姜英华．新时代国家经济治理体系和治理能力现代化研究［J］．上海经济研究，2020（7）：
49－57．

蒋玉，于海龙，丁玉莲，等．电子商务对绿色农产品消费溢价的影响分析：基于产品展示
机制和声誉激励机制［J］．中国农村经济，2021（10）：44－63．

焦世奇．"一带一路"背景下黎阳贡面跨境电商发展现状及策略［J］．食品研究与开发，
2023，44（16）：229－230．

焦世奇．宝应莲藕跨境电商产业高质量发展路径研究［J］．食品研究与开发，2023，44
（14）：225－226．

焦媛媛，李智慧，付轼辉，等．产品信息、预设同侪反应与购买意愿：基于社交网络情景
［J］．管理科学，2020，33（1）：100－113．

阚为，钱伟．基层社会治理共同体构建中的公众参与：理论逻辑与嵌入路径［J］．贵州社
会科学，2021（8）：88－95．

柯平，彭亮．图书馆高质量发展的赋能机制［J］．中国图书馆学报，2021（4）：48－60．

孔海东，张培，刘兵．价值共创行为分析框架构建：基于赋能理论视角［U］．技术经济，
2019（6）：99－108．

孔祥智，何欣玮．筑牢建设农业强国的基础：大食物观下中国的粮食安全［J］．河北学刊，
2023，43（3）：120－130．

蓝乐琴．互联网＋食品安全监管体系建设与管理实施研究［J］．重庆大学学报（社会科学
版），2019，25（3）：84－93．

黎映川，蓝雯琳，付玉龙，等．包装创新设计中的智能技术专利数据可视化分析［J］．包
装工程，2021，42（2）：57－63．

李波，张春燕，张俊飚．食品企业质量安全意识提升的演化博弈逻辑：基于乳制品行业消
费者重复购买行为［J/OL］．中国管理科学，1－15［2023－10－19］．https：//doi.org/
10.16381/j.cnki.issn1003－207x.2021.1521.

李芳，刘新民，王松．个性化推荐的信息呈现、心理距离与消费者接受意愿：基于解释水
平理论的视角［J］．企业经济，2018，37（5）：109－115．

李芳，周鼎．在线数据库交互式信息可视化出版策略研究［J］．科技与出版，2021（9）：
65－69．

李锋，周舟．数据治理与平台型政府建设：大数据驱动的政府治理方式变革［J］．南京大
学学报（哲学·人文科学·社会科学），2021，58（4）：53－61．

李国胜．论乡村振兴中产业兴旺的战略支撑［J］．中州学刊，2020（3）：47－52．

李涵，唐一凡，青平．营养信息对消费者食品网购意愿的影响［J］．西北农林科技大学学
报（社会科学版），2022，22（6）：121－129．

李佳．基于大数据云计算的智慧物流模式重构［J］．中国流通经济，2019，33（2）：
20－29．

李龙飞，张国良．算法时代"信息茧房"效应生成机理与治理路径：基于信息生态理论视角 [J]．电子政务，2022（9）：51-62．

李鸣，冯蕾，李大婧．3D打印技术在果蔬食品中的应用及研究进展 [J]．江苏农业科学，2023，51（2）：20-27．

李淑娜．疫情防控常态化下网络群体情绪的正向引导 [J]．人民论坛，2020，679（24）：72-73．

李婷婷，周莎莎，陈远高，等．信息线索对知识付费用户满意度的影响 [J]．图书情报知识，2023，40（5）：127-136．

李文龙．运动训练中食品营养搭配探索：以"2023国际食品安全与健康大会"为例 [J]．核农学报，2023，37（10）：2109-2110．

李震．数字经济赋能新发展格局：理论基础、挑战和应对 [J]．社会科学，2022，499（3）：43-53．

李宗伟，张艳辉，张春凯．信息加工视角下移动端与PC端的促销效果差异研究 [J]．管理学报，2021，18（10）：1533-1542．

励汀郁，普蓂喆，钟钰．食物安全还是资源安全："大食物观"下对中国食物缺口的考察 [J]．经济学家，2023，293（5）：109-117．

梁飞，马恒运，刘瑞峰．消费者信任对可追溯食品偏好和支付意愿影响研究：基于中国大中型城市可追溯富士苹果消费者的问卷调查 [J]．农业经济与管理，2019（6）：85-98．

廖小军，赵婧，饶雷，等．未来食品：热点领域分析与展望 [J]．食品科学技术学报，2022，40（2）：1-14，44．

林光彬，郑川．农产品价格管理政策的中国理论与中国方案 [J]．经济与管理评论，2018，34（2）：33-50．

刘成，郑晓冬，李姣媛，等．食品可追溯信息的消费者偏好研究 [J]．北京航空航天大学学报（社会科学版），2019，32（1）：98-105．

刘春明，郝庆升，周杨，等．电商平台中绿色农产品消费者信息采纳行为及影响因素研究：基于信息生态视角 [J]．情报科学，2019，37（7）：151-157．

刘鸿超，王晓伟，陈卫洪．基于区块链技术的农产品安全生产机制研究 [J]．农业经济问题，2021（11）：66-76．

刘奂辰，王君．美国婴儿配方食品生产管理法规制定沿革及启示 [J]．现代预防医学，2019，46（9）：1576-1578，1609．

刘鹏，张伊静．中国式政策示范效果及其影响因素：基于两个示范城市建设案例的比较研究 [J]．行政论坛，2020，27（6）：65-73．

刘晓洁，贺思琪，陈伟强，等．可持续发展目标视野下中国食物系统转型的战略思考 [J]．中国科学院院刊，2023，38（1）：112-122．

刘亦文，陈熙钧，高京淋，等．媒体关注与重污染企业绿色技术创新 [J]．中国软科学，

2023（9）：30－40.

刘振中．乡村振兴战略背景下优化农村现代供应链与扩大农村内需研究［J］．贵州社会科学，2022（6）：152－160.

卢敬锐，石佳子，刘晨，等．面向物联网食品货架期监测智能包装研究进展［J］．包装工程，2023，44（19）：58－66.

路玉彬，周振，张祚本，等．改革开放40年农业机械化发展与制度变迁［J］．西北农林科技大学学报（社会科学版），2018，18（6）：18－25.

罗良文，梁圣蓉．新发展格局下需求侧管理的内涵、特点、难点及途径［J］．新疆师范大学学报（哲学社会科学版），2021，42（5）：29－37.

马超．媒介接触对传染病疫情不确定性感知的影响：风险感知的中介作用与情绪反应的调节作用［J］．新闻记者，2020，452（10）：57－72.

马克思．资本论［M］．北京：人民出版社，1975.

马也骋．基于RFID技术的生鲜品电商包装系统设计［J］．食品与机械，2018，34（1）：100－103.

毛中根，王鹏帆．中国消费政策演进历程、逻辑和取向［J］．改革，2023（8）：54－65.

毛子骏，黄膺旭，徐晓林．信息生态视角下智慧城市信息安全风险分析及应对策略研究［J］．中国行政管理，2019（9）：123－129.

莫祖英，刘欢，盘大清．社交媒体用户虚假信息验证行为影响模型实证研究［J］．信息资源管理学报，2023，13（4）：72－83.

倪国华，牛晓燕，刘祺．对食品安全事件"捂盖子"能保护食品行业吗：基于2896起食品安全事件的实证分析［J］．农业技术经济，2019（7）：91－103.

牛建国，夏飞龙．AIGC促进跨境电商高质量发展的机制研究［J］．企业经济，2023（10）：85－94.

潘娜，黄婉怡．信任、技术接受与数字参与：公众参与食品追溯体系的使能因素实证研究［J］．中国行政管理，2023（6）：99－110.

潘善琳，崔丽丽．SPS案例研究方法：流程、建模与范例［M］．北京：北京大学出版社，2016.

潘文静，孙纪开，方洁．食品安全虚假信息的接触和接受：感知威胁的中介作用和健康信息素养的调节作用［J］．国际新闻界，2022，44（10）：74－95.

青平，王玉泽，李剑，等．大食物观与国民营养健康［J］．农业经济问题，2023（5）：61－73.

邱俊杰，Benfica Rui，余劲．乡村产业数字化转型升级内涵特征、驱动机制与实现路径［J］．西北农林科技大学学报（社会科学版），2023，23（5）：53－66.

任立肖，宋宣，张丽，等．区块链视角下食品供应链多方演化博弈模型［J］．食品与机械，2021，37（11）：232－239.

沈费伟．乡村技术赋能：实现乡村有效治理的策略选择 [J]．南京农业大学学报（社会科学版），2020，20（2）：1-12.

石静，朱庆华．多源质量信息对再制造产品线上销售的影响机理研究 [J]．管理评论，2021，33（11）：199-208.

史高嫣．中国跨境电商市场的食品安全监管制度 [J]．食品与机械，2022，38（5）：43-46，52.

史彦龙．基于因子分析和 Logistic 回归的进口食品安全风险认知及其影响因素分析 [J]．食品安全质量检测学报，2022，13（3）：978-985.

史彦泽，费威，王阔．直播电商背景下消费者食品购买意愿影响因素分析 [J]．经济与管理，2022，36（6）：77-83.

司林波，裴索亚．人与自然和谐共生的中国式现代化：生成逻辑、时代意蕴与治理图景 [J]．西北大学学报（哲学社会科学版），2023，53（3）：159-168.

宋良多．平面设计在食品包装中的使用价值分析：评《食品包装设计》[J]．食品安全质量检测学报，2021，12（20）：8303-8304.

宋若琳，郭晓晖．我国营养标签的新变化对食品消费市场的启示 [J]．食品工业科技，2022，43（20）：11-17.

苏冰涛．中国城乡居民食品消费碳足迹的变化趋势 [J]．中国人口·资源与环境，2023，33（3）：13-22.

苏岚岚．数字治理促进乡村治理效能提升：关键挑战、逻辑框架和政策优化 [J/OL]．农业经济问题，1-18 [2024-04-02]．https：//doi.org/10.13246/j.cnki.iae.20230928.001.

苏玉波，王樊．大食物观的生成逻辑、内涵意蕴与实践进路 [J]．学习与实践，2023（7）：44-53.

孙娟娟．科学型规制的演变与架构：以转基因食品规制为例 [J]．中国科技论坛，2022（10）：25-30，51.

谭砚文，李丛希，宋清．区块链技术在农产品供应链中的应用：理论机理、发展实践与政策启示 [J]．农业经济问题，2023（1）：76-87.

唐赫，许博洋．消费者食品安全治理意愿的实证归因：基于计划行为理论的链式中介与调节模型 [J]．中国食品卫生杂志，2022，34（6）：1275-1281.

唐惠敏．数字技术赋能乡村振兴的理论阐释与实践发展 [J]．农村经济，2022（9）：42-51.

涂永前，王晓天．消费者知情权、政府信息供给义务与我国转基因食品标识制度的完善 [J]．学术论坛，2019，42（3）：52-60.

汪丽华．"互联网＋"背景下网络食品安全监管策略 [J]．食品与机械，2022，38（4）：95-98.

王波，刘同山．大食物观下建设农业强国保障粮食安全的挑战及其应对［J］．农村经济，2023（4）：1-9.

王定科．以信息化建设提升食品企业管理效能：评《食品企业管理》［J］．食品安全质量检测学报，2023，14（17）：323-324.

王定祥，胡建，李伶俐，等．数字经济发展：逻辑解构与机制构建［J］．中国软科学，2023，388（4）：43-53.

王恩胡，李录堂．中国食品消费结构的演进与农业发展战略［J］．中国农村观察，2007（2）：14-25.

王二朋，高志峰．食品质量属性及其消费偏好的研究综述与展望［J］．世界农业，2020（7）：17-24.

王绩凯，屈鹏峰，邓陶陶，等．我国预包装食品标签中营养成分功能声称使用现况调查［J］．食品工业科技，2018，39（21）：306-309.

王建华，布玉婷．城乡居民生鲜农产品购买渠道迁徙意愿的演化机制：来自微观调查数据的实证分析［J］．农村经济，2021，467（9）：109-117.

王俊晶，敖丽娟，单希彦，等．基于数字化赋能视角的信息价值形成过程研究：以我国农村数字化转型为例［J］．情报科学，2023，41（9）：173-182.

王可山，郝裕，秦如月．农业高质量发展、交易制度变迁与网购农产品消费促进：兼论新冠疫情对生鲜电商发展的影响［J］．经济与管理研究，2020，41（4）：21-31.

王可山．食品安全社会共治：理论内涵、关键要素与逻辑结构［J］．内蒙古社会科学，2022，43（1）：128-136，213.

王娜，马尹岚．平台经济赋能乡村振兴的理论探源与路径重构［J］．学习与探索，2023，330（1）：153-158.

王鹏飞，贾林祥．认知重评策略对大学生生活满意度的影响：网络交往的中介效应［J］．心理研究，2021，14（6）：565-573.

王翔．大数据赋能的地方性差异：基于地方司法治理实践的比较分析［J］．中国行政管理，2022，441（3）：65-73.

王宣珂，高海伟．新时代中国式现代粮食供应链构建［J］．中国流通经济，2023，37（7）：40-47.

王瑛瑶，赵佳，梁培文，等．预包装食品正面营养标签应用现状及效果［J］．营养学报，2021，43（2）：111-114.

王月辉，刘爽，唐胜男，等．B2C社交电商平台顾客在线购物体验质量测量与实证研究［J］．北京理工大学学报（社会科学版），2021，23（3）：71-85.

韦彬，林丽玲．网络食品安全监管：碎片化样态、多维诱因和整体性治理［J］．中国行政管理，2020（12）：27-32.

魏胜，胡沐芸．有机食品价格对消费者购买意愿的影响：基于不同调节变量的实证检验

［J］. 税务与经济，2023（3）：84-90.

文丰安. 数字乡村建设：重要性、实践困境与治理路径［J］. 贵州社会科学，2022（4）：147-153.

文洪星，黄晓凤，韩青，等. 基于媒体报道食品安全事件的贸易冲击与市场转移效应［J］. 农业技术经济，2022（12）：131-144.

文晓巍，杨朝慧，陈一康，等. 改革开放四十周年：我国食品安全问题关注重点变迁及内在逻辑［J］. 农业经济问题，2018（10）：14-23.

翁润生. 提升食品安全治理成效浙江深入推进"浙食链"全环节应用［J］. 食品安全导刊，2021（23）：19.

邬晓燕. 数字化赋能生态文明转型的难题与路径［J］. 人民论坛，2022，733（6）：60-62.

吴丁娟. 大数据背景下医疗数据的隐私关注及其影响因素：基于保护动机理论的实证研究［J］. 河南师范大学学报（哲学社会科学版），2020，47（5）：23-29.

吴林海，陈宇环，尹世久. 中国食品安全战略：科学内涵、战略目标与实施路径［J］. 江西社会科学，2022，42（2）：112-123，207.

吴林海. 食品安全风险：引发因素、传导机制、演化特征及治理［J］. 江西社会科学，2023，43（9）：176-186.

吴鹏，黄斯骏. 跨境电商进口食品安全监管的困境与出路［J］. 食品科学，2022，43（15）：396-403.

武舜臣，王金秋. 粮食收储体制改革与"去库存"影响波及［J］. 改革，2017（6）：86-94.

肖捷，栾静，韩晴晴，等. 信息丰富度与绿色消费：自我建构和时间距离视角［J］. 管理科学，2022，35（4）：18-31.

谢康，刘意，肖静华，等. 政府支持型自组织构建：基于深圳食品安全社会共治的案例研究［J］. 管理世界，2017（8）：64-80，105.

谢艳乐，祁春节. "菜篮子"产品供需适配性：机理、效应与治理路径［J］. 农业经济问题，2021（12）：55-68.

辛良杰. 中国居民膳食结构升级、国际贸易与粮食安全［J］. 自然资源学报，2021，36（6）：1469-1480.

熊先兰，罗广源. 大数据背景下食品药品突发事件社会舆情治理对策探讨［J］. 湖南科技大学学报（社会科学版），2020，23（3）：170-177.

徐国冲. 从一元监管到社会共治：我国食品安全合作监管的发展趋向［J］. 学术研究，2021（1）：50-56.

徐娟，杜家明. 智慧司法实施的风险及其法律规制［J］. 河北法学，2020，38（8）：188-200.

徐亚东. 建党百年中国农地制度变迁：动态演进与逻辑 [J]. 农业经济问题，2021（12）：16-36.

许宪春，任雪，常子豪. 大数据与绿色发展 [J]. 中国工业经济，2019，373（4）：5-22.

许志中，张诚，刘祖云. 农业技术何以重塑乡村：基于个体、家庭、村落的三维考察 [J]. 农村经济，2023（3）：108-117.

燕连福，毛丽霞. 全面推进乡村振兴的主要任务、现实挑战与实践路径 [J]. 西北农林科技大学学报（社会科学版），2023，23（4）：9-19.

杨恒，金兼斌. 知识缺失还是知识自负？知识水平对公众食品安全信心的影响研究 [J]. 华中农业大学学报（社会科学版），2022（6）：172-183.

杨鸿雁，田英杰. 机器学习在食品安全风险预警及抽检方案制订中的应用研究 [J]. 管理评论，2022，34（11）：315-323.

杨玲，田志龙，李连翔，等. 促进大中小企业融通创新的政府赋能机制：基于宜昌市依托龙头企业的公共技术服务中心的案例研究 [J]. 中国软科学，2023，388（4）：86-97.

杨少文，熊启泉. 中国式现代化下粮食安全的内容架构、现状与趋势 [J]. 华南农业大学学报（社会科学版），2023，22（5）：1-12.

杨晓波，吴晓露. 食品安全信息公开风险反向评估模式研究 [J]. 浙江学刊，2022（2）：68-76.

叶笛，林伟沣. 虚拟品牌社区用户参与价值共创行为的驱动因素 [J]. 中国流通经济，2021，35（10）：93-105.

叶丽莎，戴亦舒，董小英. "移动互联网＋乡村"模式的赋能机制：基于"腾讯为村"的案例研究 [J]. 中国软科学，2021，371（11）：57-66.

易加斌，李霄，杨小平，等. 创新生态系统理论视角下的农业数字化转型：驱动因素、战略框架与实施路径 [J]. 农业经济问题，2021，499（7）：101-116.

易前良，唐芳云. 平台化背景下我国网络在线内容治理的新模式 [J]. 现代传播（中国传媒大学学报），2021，43（1）：13-20.

殷冉，俞晔，李静静，等. 跨境电商进口食品监管现状分析及对策 [J]. 食品安全质量检测学报，2021，12（3）：1160-1165.

尹世久，王敬斌，吴林海. 食品安全风险库兹涅茨曲线存在吗：基于网络报道省际事件的经验证据 [J]. 中国流通经济，2021，35（12）：3-15.

尹西明，陈劲，海本禄. 新竞争环境下企业如何加快颠覆性技术突破：基于整合式创新的理论视角 [J]. 天津社会科学，2019（5）：112-118.

于爱芝，曹景晟，欧阳日辉. 电商平台上动物福利产品溢价实现机理探究：基于京东商城交易数据的实证检验 [J]. 中央财经大学学报，2023（1）：92-104.

于安龙. 论新阶段推进农业农村现代化的价值意蕴、特征规律与实践路径：基于中国式现代化的视角 [J]. 经济社会体制比较，2023（5）：1-9.

于达尔汗. 论消费者食品安全知情权保护的立法完善 [J]. 苏州大学学报（哲学社会科学版），2018，39（5）：96-104.

于灏，王鼎立，白丽，等. 内容策略视域下的企业号短视频用户参与行为研究 [J]. 情报科学，2023，41（11）：85-93，150.

于晓华，喻智健，郑适. 风险、信任与消费者购买意愿恢复：以新发地疫情食品谣言事件为例 [J]. 农业技术经济，2022（1）：4-18.

余东华，李云汉. 数字经济时代的产业组织创新：以数字技术驱动的产业链群生态体系为例 [J]. 改革，2021（7）：24-43.

余鲲鹏，李伟. 基于技术接受模型的食品区块链溯源系统消费者使用意愿研究 [J]. 中国软科学，2023（8）：62-72.

袁红，叶新杰. 信息线索分布对用户搜索努力的影响研究 [J]. 情报理论与实践，2019，42（2）：31-37.

臧雷振，潘晨雨. 中国社会治理体制变迁的轨迹、逻辑与动阻力机制：基于历史制度主义视角 [J]. 学习与探索，2021（11）：34-42，191.

曾新安，曹诗林，马骥，等. 预制食品供应链品质监控与区块链溯源技术研究进展 [J]. 中国食品学报，2022，22（10）：48-57.

张邦辉，吴健，寇桂涛. 社区居家养老服务的赋能方式与赋能路径组合 [J]. 改革，2021（12）：127-139.

张蓓，刘凯明，招楚尧. 消费者线上体验、产品卷入度与重购意愿 [J]. 统计与信息论坛，2021，36（12）：103-115.

张蓓，马如秋，刘凯明. 新中国成立70周年食品安全演进、特征与愿景 [J]. 华南农业大学学报（社会科学版），2020，19（1）：88-102.

张蓓，马如秋. 食品安全风险数字化治理逻辑与优化路径：基于信息生态系统视角 [J]. 东岳论丛，2023，44（2）：128-136，192.

张蓓，区金兰，马如秋. 中国农村食品安全监管复杂性及其化解 [J]. 世界农业，2021（8）：24-32.

张蓓，叶丹敏，马如秋. 跨境电商食品安全风险表征及协同治理 [J]. 人文杂志，2021，306（10）：115-121.

张蓓，招楚尧，赖恒坚，等. 综合质量、消费情境与临期食品购买意愿：价格敏感度的中介与食品安全素养的调节 [J]. 贵州财经大学学报，2022（1）：36-45.

张博，胡莹. 基于沉浸体验的标签式导航转场方式研究 [J]. 包装工程，2020，41（6）：205-210.

张德海，金月，杨利鹏，等. 乡村特色产业价值共创：瓶颈突破与能力跃迁：基于本土龙头企业的双案例观察 [J]. 中国农村观察，2022（2）：39-58.

张洪胜，谢月星，杨高举. 制度型开放与消费者福利增进：来自跨境电商综试区的证据

［J］. 经济研究，2023，58 (8)：155 - 173.

张洁，廖貅武. 虚拟社区中顾客参与、知识共享与新产品开发绩效 ［J］. 管理评论，2020，
32 (4)：117 - 131.

张丽媛，刘峻，章若红. 食品接触产品标签标识监管现状与常见问题分析 ［J］. 食品安全
质量检测学报，2021，12 (13)：5100 - 5105.

张露丹，夏琳琳，郭雪莲，等. 餐饮食品图形化营养信息标识在模拟点餐中的使用效果评
价 ［J］. 卫生研究，2023，52 (3)：434 - 439.

张树华，王阳亮. 制度、体制与机制：对国家治理体系的系统分析 ［J］. 管理世界，2022，
38 (1)：107 - 118.

张顺，费威，佟烁. 数字经济平台的有效治理机制：以跨境电商平台监管为例 ［J］. 商业
研究，2020 (4)：49 - 55.

张婷. 新发展阶段的大食物观：科学内涵、理论进路与现实向度 ［J］. 理论月刊，2023
(3)：14 - 23.

张薇. 食品工业安全规制、技术创新及质量提升关系研究 ［J］. 经济纵横，2022 (9)：
87 - 94.

张喜才. 中国农产品冷链物流经济特性、困境及对策研究 ［J］. 现代经济探讨，2019
(12)：100 - 105.

张小允，许世卫. 新发展阶段提升中国农产品质量安全保障水平研究 ［J］. 中国科技论坛，
2022 (9)：155 - 162.

张宇东，李东进，金慧贞. 安全风险感知、量化信息偏好与消费参与意愿：食品消费者决
策逻辑解码 ［J］. 现代财经（天津财经大学学报），2019，39 (1)：86 - 98.

张玉磊. 跨界公共危机治理行动者网络：一种新的解释框架 ［J］. 上海大学学报（社会科
学版），2023，40 (1)：74 - 92.

张玉英，谢远涛. 食品安全强制责任保险缓解信任品市场失灵的路径演化分析 ［J］. 统计
与信息论坛，2022，37 (6)：101 - 114.

张郁，陈磊. 文化自信语境下传统节日食品包装展示特征研究 ［J］. 食品与机械，2023，
39 (3)：103 - 107，113.

赵德余，唐博. 食品安全共同监管的多主体博弈 ［J］. 华南农业大学学报（社会科学版），
2020，19 (5)：80 - 92.

赵谦，索逸凡. 食品安全社会共治的主体结构论 ［J］. 西南大学学报（社会科学版），
2022，48 (4)：64 - 75.

赵崤含，张夏恒，潘勇. 跨境电商促进"双循环"的作用机制与发展路径 ［J］. 中国流通
经济，2022，36 (3)：93 - 104.

赵殷钰，方非凡，韩昕儒. 收入质量对农户膳食质量的影响：基于陕西省农户调查的实证
分析 ［J］. 资源科学，2023，45 (8)：1546 - 1559.

钟迪茜，罗秋菊，李兆成．农业展促进有机农产品消费的作用机制及媒介效果：基于采纳过程模型的解释［J］．旅游学刊，2023，38（11）：68-79.

钟颖琦，黄祖辉．食品安全信息标签猪肉的消费偏好与生产意愿差异研究［J］．农业现代化研究，2022，43（1）：38-47.

周洁红，金宇，王煜，等．质量信息公示、信号传递与农产品认证：基于肉类与蔬菜产业的比较分析［J］．农业经济问题，2020，489（9）：76-87.

周立．从农业大国迈向农业强国：兼论大农业、大安全、大食政［J］．求索，2023（1）：105-112.

周小理，马思佳，欧阳博雅，等．膳食结构新需求下营养主导型农业的对策研究［J］．食品工业，2021，42（7）：212-215.

周雄勇，朱庆华，许志端．数字追溯对食品企业创新行为的影响：知识整合的中介效应和环境动态性的调节效应［J］．中国管理科学，2023，31（3）：186-195.

周应恒，王善高，严斌剑．中国食物系统的结构、演化与展望［J］．农业经济问题，2022，505（1）：100-113.

周云令，魏娜，郝晓秀，等．智能包装技术在食品供应链中的应用研究进展［J］．食品科学，2021，42（7）：336-344.

周芸帆，邓淑华．中国式现代化语境下建设农业强国的核心要义与实践布局［J］．学术探索，2023（6）：8-14.

朱丽娜．电商主播特征、心理距离与消费意愿［J］．商业经济研究，2022（19）：84-87.

朱天义，黄慧晶．乡村振兴中基层有为政府与有效市场的衔接机制：基于"情境-策略"的分析框架［J］．江西师范大学学报（哲学社会科学版），2022，55（1）：110-122.

朱秀梅，林晓玥．企业数字化转型价值链重塑机制：来自华为集团与美的集团的纵向案例研究［J］．科技进步与对策，2023，40（17）：13-24.

朱哲毅，陆梦婷，刘增金，等．网络餐饮、食品安全与社会共治［J］．财经研究，2023，49（4）：124-138.

Aday S，Aday M S. Impact of COVID-19 on the Food Supply Chain［J］. Food Quality and Safety，2020，4（4）：167-180.

Aguinis H，Bradley K J. Best Practice Recommendations for Designing and Implementing Experimental Vignette Methodology Studies［J］. Organizational Research Methods，2014，17（4）：351-371.

Ahearn M C，Armbruster W，Young R. Big Data's Potential to Improve Food Supply Chain Environmental Sustainability and Food Safety［J］. International Food and Agribusiness Management Review，2016，19（1030-2016-83146）：155-171.

Ajzen I. Consumer Attitudes and Behavior：The Theory of Planned Behavior Applied to Food Consumption Decisions［J］. Italian Review of Agricultural Economics，2015，70（2）：

121 - 138.

Aksoy N C, Yazici N. Does Justice Affect Brand Advocacy? Online Brand Advocacy Behaviors as a Response to Hotel Customers' Justice Perceptions [J]. Journal of Retailing and Consumer Services, 2023, 73: 103310.

Allende A, Bover - Cid S, Fernández P S. Challenges and Opportunities Related to the Use of Innovative Modelling Approaches and Tools for Microbiological Food Safety Management [J]. Current Opinion in Food Science, 2022, 45: 100839.

Alrobaish W S, Vlerick P, Luning P A, et al. Food Safety Governance in Saudi Arabia: Challenges in Control of Imported Food [J]. Journal of Food Science, 2021, 86 (1): 16 - 30.

Anders S, Schroeter C. Estimating the Effects of Nutrition Label Use on Canadian Consumer Diet - health Concerns Using Propensity Score Matching [J]. International Journal of Consumer Studies, 2017, 41 (5).

Anderson C L, Agarwal R. Practicing Safe Computing: A Multimethod Empirical Examination of Home Computer User Security Behavioral Intentions [J]. MIS Quarterly, 2010, 34 (3): 613 - 643.

Andrews D A, Zinger I, Hoge R D, et al. Does Correctional Treatment Work? A Clinically Relevant and Psychologically Informed Meta - analysis [J]. Criminology, 1990, 28 (3): 369 - 404.

Andries M, Haddad V. Information Aversion [J]. Journal of Political Economy, 2020, 128 (5): 1901 - 1939.

Anissa B P, Abate G, Bernard T, et al. Is the Local Wheat Market a "market for lemons"? Certifying the Supply of Individual Wheat Farmers in Ethiopia [J]. European Review of Agricultural Economics, 2021, 48 (5): 1162 - 1186.

Anselmsson J, Bondesson N V, Johansson U. Brand Image and Customers' Willingness to Pay a Price Premium for Food Brands [J]. Journal of Product & Brand Management, 2014, 23 (2): 90 - 102.

Antonio U C, Rosa C L, María M R, et al. From Control Systems to Safety Culture in the Global Foodservice Outlet Arena: A Balearic Islands Perspective [J]. Trends in Food Science & Technology, 2023, 136.

Appelhanz S. A Book Review of Empowering Green Initiatives with IT: A Strategy and Implementation Guide [J]. Journal of Cleaner Production, 2016, 110.

Armstrong B, Bhattachary D, Bogdan A, et al. Digital Methods of Social Science in Food Regulation: Case Studies from the Food Standards Agency [J]. Journal of Risk Research, 2023, 26 (8): 855 - 865.

Auler D P, Teixeira R, Nardi V. Food Safety as a Field in Supply Chain Management Studies: A Systematic Literature Review [J]. International Food and Agribusiness Management Review, 2017, 20 (1): 99 – 112.

Bahn R A, Yehya A A K, Zurayk R. Digitalization for Sustainable Agri – food Systems: Potential, Status, and Risks for the MENA Region [J]. Sustainability, 2021, 13 (6): 3223.

Ballco P, Gracia A. Tackling Nutritional and Health Claims to Disentangle Their Effects on Consumer Food Choices and Behaviour: A Systematic Review [J]. Food Quality and Preference, 2022, 101: 104634.

Barreiro – Hurle J, Gracia A, De – Magistris T. The Effects of Multiple Health and Nutrition Labels on Consumer Food Choices [J]. Journal of Agricultural Economics, 2010, 61 (2): 426 – 443.

Bauer R A. Consumer Behavior as Risk Taking [M] // Marketing: Critical Perspectives on Business and Management. New York, NY: Routledge, 2001: 568.

Bech – Larsen T, Tsalis G. Impact of Cooking Competence on Satisfaction with Food – related Life: Construction and Validation of Cumulative Experience & Knowledge Scales [J]. Food Quality and Preference, 2018, 68.

Beck M R, Gregorini P. Animal Design through Functional Dietary Diversity for Future Productive Landscapes [J]. Frontiers in Sustainable Food Systems, 2021, 5: 546581.

Behnke K, Janssen M. Boundary Conditions for Traceability in Food Supply Chains Using Blockchain Technology [J]. International Journal of Information Management, 2020, 52: 101969.

Benedicktus R L. Psychological Distance Perceptions and Trust Beliefs for Internet – Only and Hybrid Retailers: Implications for Marketers [M]. Florida State University, 2008.

Bergh D D, Ketchen Jr D J, Orlandi I, et al. Information Asymmetry in Management Research: Past Accomplishments and Future Opportunities [J]. Journal of Management, 2019, 45 (1): 122 – 158.

Beth A, Darren B, Alex B, et al. Digital Methods of Social Science in Food Regulation: Case Studies from the Food Standards Agency [J]. Journal of Risk Research, 2023, 26 (8): 855 – 865.

Bhattacharya C B, Sen S. Doing Better at Doing Good: When, Why, and How Consumers Respond to Corporate Social Initiatives [J]. California Management Review, 2004, 47 (1): 9 – 24.

Borda D, Mihalache O A, Dumitraşcu L, et al. Romanian Consumers' Food Safety Knowledge, Awareness on Certified Labelled Food and Trust in Information Sources [J]. Food

Control, 2021, 120: 107544.

Boutros A B, Roberts R K. Assessing Food Safety Culture: A Comparative Study between Independent and Chain Mexican and Chinese Restaurants [J]. Food Protection Trends, 2023, 43 (1).

Boyce J, Broz C C, Binkley M. Consumer Perspectives: Take – out Packaging and Food Safety [J]. British Food Journal, 2008, 110 (8): 819 – 828.

Brandstetter S, Ruter J, Curbach J, et al. A Systematic Review on Empowerment for Healthy Nutrition in Health Promotion [J]. Public Health Nutrition, 2015, 18 (17): 3146 – 3154.

Caswell J A, Mojduszka E M. Using Informational Labeling to Influence the Market for Quality in Food Products [J]. American Journal of Agricultural Economics, 1996, 78 (5): 1248 – 1253.

Chai D, Meng T, Zhang D. Influence of Food Safety Concerns and Satisfaction with Government Regulation on Organic Food Consumption of Chinese Urban Residents [J]. Foods, 2022, 11 (19): 2965.

Chang H H, Lu Y Y, Lin S C. An Elaboration Likelihood Model of Consumer Respond Action to Facebook Second – Hand Marketplace: Impulsiveness as a Moderator [J]. Information & Management, 2020, 57 (2): 103171.

Chang Y, Iakovou E, Shi W. Blockchain in Global Supply Chains and cross Border Trade: A Critical Synthesis of the State – of – the – art, Challenges and Opportunities [J]. International Journal of Production Research, 2020, 58 (7): 2082 – 2099.

Chang, Christina Ling – Hsing, and Sheng Wu. Social Network Service Based on ABC Theory [J]. Human Systems Management, 2021, 40 (4): 535 – 547.

Chen C C, Tseng Y D. Quality Evaluation of Product Reviews Using an Information Quality Framework [J]. Decision Support Systems, 2011, 50 (4): 755 – 768.

Chen K, Wang X, Song H. Food Safety Regulatory Systems in Europe and China: A Study of How Co – regulation Can Improve Regulatory Effectiveness [J]. Journal of Integrative Agriculture, 2015, 14 (11): 2203 – 2217.

Chen M Y, Lai L J, Chen H C, et al. Development and Validation of the Short – Form Adolescent Health Promotion Scale [J]. BMC Public Health, 2014, 14: 1 – 9.

Chen M Y, Wang E K, Yang R J, et al. Adolescent Health Promotion Scale: Development and Psychometric Testing [J]. Public Health Nursing, 2003, 20 (2): 104 – 110.

Chen Q, Xu B, Huang W, et al. Edible Flowers as Functional Raw Materials: A Review on Anti – aging Properties [J]. Trends in Food Science & Technology, 2020, 106.

Chen Y, Chen A, Zhang H. The Application of Food Safety Standards in Food Safety Management Practices [J]. International Journal of Food Science and Agriculture, 2023, 7 (2).

Cheng P, Wei J, Ge Y. Who Should Be Blamed? The Attribution of Responsibility for a City Smog Event In China [J]. Natural Hazards, 2017, 85 (2): 669 – 689.

Chenhao Q, Yuhan L, Cecil B, et al. A Perspective on Data Sharing in Digital Food Safety Systems [J]. Critical Reviews in Food Science and Nutrition, 2022, 63 (33): 1 – 17.

Chopdar, Prasanta Kr, Justin Paul, and Jana Prodanova. Mobile Shoppers' Response to Co-vid – 19 Phobia, Pessimism and Smartphone Addiction: Does Social Influence Matter? [J]. Technological Forecasting and Social Change, 2022, 174: 121249.

Ciulli F, Kolk A, Boe – Lillegraven S. Circularity Brokers: Digital Platform Organizations and Waste Recovery in Food Supply Chains [J]. Journal of Business Ethics, 2020, 167: 299 – 331.

Collis B, Baxter W, Baird H M, et al. Signs of Use Present a Barrier to Reusable Packaging Systems for Takeaway Food [J]. Sustainability, 2023, 15 (11): 8857.

Contreras C P A, Cardoso R C V, da Silva L NN, et al. Street Food, Food Safety, and Regulation: What is the Panorama in Colombia: A Review [J]. Journal of Food Protec-tion, 2020, 83 (8): 1345 – 1358.

Costello K L, Veinot T C. A Spectrum of Approaches to Health Information Interaction: From Avoidance to Verification [J]. Journal of the Association for Information Science and Technology, 2020, 71 (8): 871 – 886.

Cowburn G, Stockley L. Consumer Understanding and Use of Nutrition Labelling: A Sys-tematic Review [J]. Public Health Nutrition, 2005, 8 (1): 21 – 28.

Dai X, Wu L. The Impact of Capitalist Profit – seeking Behavior by Online Food Delivery Platforms on Food Safety Risks and Government Regulation Strategies [J]. Humanities and Social Sciences Communications, 2023, 10 (1): 1 – 12.

David A, Ganeshkumar C, Sankar J G. Impact of Food Safety and Standards Regulation on Food Business Operators [C] //AU Virtual International Conference on "Entrepreneur-ship & Sustainability in Digital Era" under the theme of "Challenges of Organizational & Business Management in Dynamic Digital Dimension". 2022, 3 (1): 355 – 363.

De Boeck E, Jacxsens L, Bollaerts M, et al. Interplay between Food Safety Climate, Food Safety Management System and Microbiological Hygiene in Farm Butcheries and Affiliated Butcher Shops [J]. Food Control, 2016, 65: 78 – 91.

DelVecchio D. Consumer Perceptions of Private Label Quality: The Role of Product Category Characteristics and Consumer Use of Heuristics [J]. Journal of Retailing and Consumer Services, 2001, 8 (5): 239 – 249.

Dipali Y, Gautam D, Shubham K. Food Safety Standards Adoption and Its Impact on Firms' Export Performance: A Systematic Literature Review [J]. Journal of Cleaner Production, 2021, 329.

Doinea M, Boja C, Batagan L, et al. Internet of Things Based Systems for Food Safety Management [J]. Informatica Economica, 2015, 19 (1): 87.

Donaghy J A, Danyluk M D, Ross T, et al. Big Data Impacting Dynamic Food Safety Risk Management in the Food Chain [J]. Frontiers in Microbiology, 2021, 12: 668196.

Dong X, Wang T. Social Tie Formation in Chinese Online Social Commerce: The Role of IT Affordances [J]. International Journal of Information Management, 2018, 42: 49 – 64.

DuBenske L L, Burke Beckjord E, Hawkins R P, et al. Psychometric Evaluation of the Health Information Orientation Scale: A Brief Measure for Assessing Health Information Engagement and Apprehension [J]. Journal of Health Psychology, 2009, 14 (6): 721 – 730.

Dutta – Bergman M J. Developing a Profile of Consumer Intention to Seek out Additional Information Beyond a Doctor: The Role of Communicative and Motivation Variables [J]. Health Communication, 2005, 17 (1): 1 – 16.

Dutta – Bergman M J. Theory and Practice in Health Communication Campaigns: A Critical Interrogation [J]. Health Communication, 2005, 18 (2): 103 – 122.

Dzwolak W. Assessment of HACCP Plans in Standardized Food Safety Management Systems – The Case of Small – sized Polish Food Businesses [J]. Food Control, 2019, 106.

Eisenberger, Robert, et al. Reciprocation of Perceived Organizational Support [J]. Journal of Applied Psychology, 2001, 86 (1): 42.

Ellington C, Wisdom D. The Cause and Effect of the Nutrition Transition in Nigeria: Analysis of the Value of Indigenous Knowledge and Traditional Foods in Enugu State, Igboland [J]. Journal of Ethnic Foods, 2023, 10 (1).

Fan H. Theoretical Basis and System Establishment of China Food Safety Intelligent Supervision in the Perspective of Internet of Things [J]. IEEE Access, 2019, 7: 71686 – 71695.

Fang B, Zhu X. High Content of Five Heavy Metals in Four Fruits: Evidence from a Case Study of Pujiang County, Zhejiang Province, China [J]. Food Control, 2014, 39.

Filieri R, Alguezaui S, McLeay F. Why Do Travelers Trust Trip Advisor? Antecedents of Trust towards Consumer – generated Media and Its Influence on Recommendation Adoption and Word of Mouth [J]. Tourism Management, 2015, 51: 174 – 185.

Filieri R, Hofacker C F, Alguezaui S. What Makes Information in Online Consumer Reviews Diagnostic over Time? The Role of Review Relevancy, Factuality, Currency, Source Credibility and Ranking Score [J]. Computers in Human Behavior, 2018, 80: 122 – 131.

Fleming K，Thorson E，Zhang Y. Going beyond Exposure to Local News Media：An Infor-mation‐processing Examination of Public Perceptions of Food Safety ［J］. Journal of Health Communication，2006，11（8）：789‐806.

Floyd D L，Prentice‐Dunn S，Rogers R W. A Meta‐analysis of Research on Protection Mo-tivation Theory ［J］. Journal of Applied Social Psychology，2000，30（2）：407‐429.

Flynn K，Villarreal B P，Barranco A，et al. An Introduction to Current Food Safety Needs ［J］. Trends in Food Science & Technology，2019，84：1‐3.

Fortin N D. Food Regulation：Law，Science，Policy，and Practice ［M］. John Wiley & Sons，2022.

Friedlander A，Zoellner C. Artificial Intelligence Opportunities to Improve Food Safety at Re-tail ［J］. Food Protection Trends，2020，40（4）.

Fritsche J. Recent Developments and Digital Perspectives in Food Safety and Authenticity ［J］. Journal of Agricultural and Food Chemistry，2018，66（29）：7562‐7567.

Fuchs K，Barattin T，Haldimann M，et al. Towards Tailoring Digital Food Labels：Insights of a Smart‐RCT on User‐specific Interpretation of Food Composition Data ［C］//Pro-ceedings of the 5th International Workshop on Multimedia Assisted Dietary Manage-ment. 2019：67‐75.

Galvez J F，Mejuto J C，Simal‐Gandara J. Future Challenges on the Use of Blockchain for Food Traceability Analysis ［J］. TrAC Trends in Analytical Chemistry，2018，107：222‐232.

Gao H，Dai X，Wu L，et al. Food Safety Risk Behavior and Social Co‐governance in the Food Supply Chain ［J］. Food Control，2023，152：109832.

Garcia Martinez M，Verbruggen P，Fearne A. Risk‐based Approaches to Food Safety Regu-lation：What Role for Co‐regulation ［J］. Journal of Risk Research，2013，16（9）：1101‐1121.

Gasaluck P，Srithamma L，Kongmanklang C. Microbial and Heavy Metal Contamination Mo-nitoring of Ready‐to‐eat Food ［J］. International Journal of Food，Nutrition and Public Health，2012，5（1/2/3）：213.

Ghali‐Zinoubi Z，Toukabri M. The Antecedents of the Consumer Purchase Intention：Sensi-tivity to Price and Involvement in Organic Product：Moderating Role of Product Regional I-dentity ［J］. Trends in Food Science & Technology，2019，90：175‐179.

Gizaw Z. Public Health Risks Related to Food Safety Issues in the Food Market：A Systemat-ic Literature Review ［J］. Environmental Health and Preventive Medicine，2019，24：1‐21.

Gong C，Yuan Y. Analysis of the Application of Blockchain in Ecological Food Safety Management [J]. International Journal of Food Science and Agriculture, 2023, 7 (2).

Gorla N, Somers T M, Wong B. Organizational Impact of System Quality, Information Quality, and Service Quality [J]. The Journal of Strategic Information Systems, 2010, 19 (3): 207 - 228.

Grau - Noguer E, Suppi R, Rodríguez - Sanz M, et al. Digitalization and Official Food Safety Inspections at Retail Establishments [J]. Food Control, 2023, 154: 109950.

Gu S, Slusarczyk B, Hajizada S, et al. Impact of the Covid - 19 Pandemic on Online Consumer Purchasing Behavior [J]. Journal of Theoretical and Applied Electronic Commerce Research, 2021, 16 (6): 2263 - 2281.

Guthrie J F, Fox J J, Cleveland L E, et al. Who Uses Nutrition Labeling, and What Effects Does Label Use Have on Diet Quality [J]. Journal of Nutrition Education, 1995, 27 (4): 163 - 172.

Hajirahimova M, Ismayilova M. Big Data Visualization: Existing Approaches and Problems [J]. Problems of Information Technology, 2018, 9 (1): 65 - 74.

Hammoudi A, Hoffmann R, Surry Y. Food Safety Standards and Agri - food Supply Chains: An Introductory Overview [J]. European Review of Agricultural Economics, 2009, 36 (4): 469 - 478.

Han J W, Zuo M, Zhu W Y, et al. A Comprehensive Review of Cold Chain Logistics for Fresh Agricultural Products: Current Status, Challenges, and Future Trends [J]. Trends in Food Science & Technology, 2021, 109: 536 - 551.

Hassanein K, Head M. Manipulating Perceived Social Presence through the Web Interface and Its Impact on Attitude towards Online Shopping [J]. International Journal of Human - Computer Studies, 2007, 65 (8): 689 - 708.

Hayes, A. F. Introduction to Mediation, Moderation, and Conditional Process Analysis: A Regression - Based Approach [M]. New York: Guilford Press, 2013.

Hellali W, Korai B, Lambert R. Food from Waste: The Effect of Information and Attitude towards Risk on Consumers' Willingness to Pay [J]. Food Quality and Preference, 2023, 110: 104945.

Henson S, Caswell J. Food Safety Regulation: An Overview of Contemporary Issues [J]. Food Policy, 1999, 24 (6): 589 - 603.

Henson, S. and Traill, B. The Demand for Food Safety Market Imperfections and the Role of Government [J]. Food Policy, 1993, 18: 2.

Hidalgo G, Monticelli J M, Pedroso J, et al. The Influence of Formal Institution Agents on Coopetition in the Organic Food Industry [J]. Journal of Agricultural & Food Industrial Organization, 2022, 20 (2): 61 - 74.

Ho, Han - Chiang, et al. Understanding the Role of Attitude Components in Co - branding: A Comparison of Spanish and Taiwanese Consumers [J]. Journal of International Consumer Marketing, 2019, 31 (3): 203 - 224.

Hobbs J E, et al. Traceability in the Canadian Red Meat Sector: Do Consumers Care [J]. Canadian Journal of Agricultural Economics/revue Canadienne Dagroeconomie, 2005, 53 (1): 6 - 47.

Hong W, Mao J, Wu L, et al. Public Cognition of the Application of Blockchain in Food Safety Management: Data from China's Zhihu Platform [J]. Journal of Cleaner Production, 2021, 303: 127044 - 127052.

Hou A M, Grazia C, Malorgio G. Food Safety Standards and International Supply Chain Organization: A Case Study of the Moroccan Fruit and Vegetable Exports [J]. Food Control, 2015, 55.

Hu X, Chen X, Davison R M. Social Support, Source Credibility, Social Influence, and Impulsive Purchase Behavior in Social Commerce [J]. International Journal of Electronic Commerce, 2019, 23 (3): 297 - 327.

Hu, Guangyu, et al. Information Disclosure during the COVID - 19 Epidemic in China: City-level Observational Study [J]. Journal of Medical Internet Research, 2020, 22 (8): e19572.

Huffman E W, Shogren F J, Rousu M, et al. Consumer Willingness to Pay for Genetically Modified Food Labels in a Market with Diverse Information: Evidence from Experimental Auctions [J]. Journal of Agricultural and Resource Economics, 2003, 28 (3): 481 - 502.

Hutchinson J, Lai F, Wang Y. Understanding the Relationships of Quality, Value, Equity, Satisfaction, and Behavioral Intentions among Golf Travelers [J]. Tourism Management, 2009, 30 (2): 298 - 308.

Ikonen I, Sotgiu F, Aydinli A, et al. Consumer Effects of Front - of - package Nutrition labeling: An Interdisciplinary Meta - analysis [J]. Journal of The Academy of Marketing Science, 2020, 48: 360 - 383.

Ippolito P M, Mathios A D. New Food Labeling Regulations and the Flow of Nutrition Information to Consumers [J]. Journal of Public Policy & Marketing, 1993, 12 (2): 188 - 205.

Jatib I. Food Safety and Quality Assurance Key Drivers of Competitiveness [J]. International Food and Agribusiness Management Review, 2003, 6 (1030 - 2016 - 82620).

Jaworowska A, Blackham T, Davies I G, et al. Nutritional Challenges and Health Implications of Takeaway and Fast Food [J]. Nutrition Reviews, 2013, 71 (5): 310 - 318.

Jeremy B P D. The Regulation of Digital Food Platforms in the UK [J]. Food Law & Policy,

2021, 2 (1): 53－106.

Jiang D, Zhang G. Marketing Clues on the Label Raise the Purchase Intention of Genetically Modified Food [J]. Sustainability, 2021, 13 (17): 9970.

Jin C, Bouzembrak Y, Zhou J, et al. Big Data in Food Safety－A Review [J]. Current Opinion in Food Science, 2020, 36: 24－32.

John D, Emmanuel L, Zeenatu A, et al. Ghana's Indigenous Food Technology: A Review of the Processing, Safety, Packaging Techniques and Advances in Food Science and Technology [J]. Food Control, 2021, 127.

Jones A, Neal B, Reeve B, et al. Front－of－pack Nutrition Labelling to Promote Healthier Diets: Current Practice and Opportunities to Strengthen Regulation Worldwide [J]. BMJ Global Health, 2019, 4 (6): e001882.

Jung J, Sekercioglu F, Young I. Ready－to－eat Meat Plant Characteristics Associated with Food Safety Deficiencies during Regulatory Compliance Audits, Ontario, Canada [J]. Journal of Food Protection, 2023, 86 (9): 100135.

Kalpana S, Priyadarshini S R, Leena M M, et al. Intelligent Packaging: Trends and Applications in Food Systems [J]. Trends in Food Science & Technology, 2019, 93: 145－157.

Kamilaris A, Fonts A, Prenafeta－Boldy X F. The Rise of Blockchain Technology in Agriculture and Food Supply Chains [J]. Trends in Food Science & Technology, 2019, 91: 640－652.

Kang J W, Namkung Y. The Information Quality and Source Credibility Matter in Customers' Evaluation Toward Food O2O Commerce [J]. International Journal of Hospitality Management, 2019, 78: 189－198.

Kanter R M. Power Failure in Management Circuit [J]. Harvard Business Review, 1979, 57 (4): 65－75.

Kautish P, Paco A, Thaichon P. Sustainable Consumption and Plastic Packaging: Relationships among Product Involvement, Perceived , Marketplace Influence and Choice Behavior [J]. Journal of Retailing and Consumer Services, 2022, 67: 103032.

Keating C B, Katina P F, Bradley J M. Complex System Governance: Concept, Challenges, and Emerging Research [J]. International Journal of System of Systems Engineering, 2014, 5 (3): 263－288.

Kim Y G, Woo E. Consumer Acceptance of a Quick Response (QR) Code for the Food Traceability System: Application of an Extended Technology Acceptance Model (TAM) [J]. Food Research International, 2016, 85: 266－272.

King H. Digital Technology to Enable Food Safety Management Systems [M]. King H.

Food Safety Management Systems: Achieving Active Managerial Control of Foodborne Illness Risk Factors in a Retail Food Service Business. Cham: Springer International Publishing, 2020: 121 - 137.

King T, Cole M, Farber J M, et al. Food Safety for Food Security: Relationship between Global Megatrends and Developments in Food Safety [J]. Trends in Food Science & Technology, 2017, 68: 160 - 175.

Kramer J, Scott W G. Food Safety Knowledge and Practices in Ready - to - eat Food Establishments [J]. International Journal of Environmental Health Research, 2004, 14 (5): 343 - 350.

Kudashkina K, Corradini M G, Thirunathan P, et al. Artificial Intelligence Technology in Food Safety: A Behavioral Approach [J]. Trends in Food Science & Technology, 2022, 123: 376 - 381.

Lam H, Remais J, Fung M, et al. Food Supply and Food Safety Issues in China [J]. The Lancet, 2013, 381 (9882).

Lam T K, Heales J, Hartley N, et al. Consumer Trust in Food Safety Requires Information Transparency [J]. Australasian Journal of Information Systems, 2020, 24: 232 - 256.

Lancaster J L, Woldorff M G, Parsons L M, et al. Automated Talairach Atlas Labels for Functional Brain Mapping [J]. Human Brain Mapping, 2000, 10 (3): 120 - 131.

Laszlo A, Krippner S. Systems Theories: Their Origins, Foundations, and Development [J]. Advances in Psychology - Amsterdam, 1998, 126: 47 - 76.

Laux C, Hurburgh C R. Using Quality Management Systems for Food Traceability [J]. Journal of Industrial Technology, 2010, 26 (3).

LeBlanc D I, Villeneuve S, Beni L H, et al. A National Produce Supply Chain Database for Food Safety Risk Analysis [J]. Journal of Food Engineering, 2015, 147: 24 - 38.

Lee H, Yeon C. Blockchain - based Traceability for Anti - counterfeit in Cross - border E - commerce Transactions [J]. Sustainability, 2021, 13 (19): 11057.

Leong C M L, Pan S L, Ractham P, et al. ICT - enabled Community Empowerment in Crisis Response: Social Media in Thailand Flooding 2011 [J]. Journal of The Association for Information Systems, 2015, 16 (3): 174 - 212.

Li Z, Sha Y, Song X, et al. Impact of Risk Perception on Customer Purchase Behavior: A Meta - analysis [J]. Journal of Business & Industrial Marketing, 2020, 35 (1): 76 - 96.

Likar K, Jevšnik M. Cold Chain Maintaining in Food Trade [J]. Food Control, 2006, 17 (2): 108 - 113.

Limareva N S, Shaltumaev T S, Shchedrina T V, et al. European Trends in Providing Food

Safety in Training of Technology Students in Conditions of the Development of Digital Technologies [C] //IOP Conference Series: Materials Science and Engineering. IOP Publishing, 2019: 012100.

Lin C F. Blockchainizing Food Law: Promises and Perils of Incorporating Distributed Ledger Technologies to Food Safety, Traceability, and Sustainability Governance [M] //Food Safety and Technology Governance. Routledge, 2022: 74 – 102.

Lin Q, Wang H, Pei X, et al. Food Safety Traceability System Based on Blockchain and EP-CIS [J]. IEEE Access, 2019, 7: 20698 – 20707.

Lin X, Featherman M, Brooks S L, et al. Exploring Gender Differences in Online Consumer Purchase Decision Making: An Online Product Presentation Perspective [J]. Information Systems Frontiers, 2019, 21 (5): 1187 – 1201.

Ling E K, Wahab S N. Integrity of Food Supply Chain: Going Beyond Food Safety and Food Quality [J]. International Journal of Productivity and Quality Management, 2020, 29 (2): 216 – 232.

Littler D, Melanthiou D. Consumer Perceptions of Risk and Uncertainty and the Implications for Behaviour towards Innovative Retail Services: The Case of Internet Banking [J]. Journal of Retailing and Consumer Services, 2006, 13 (6): 431 – 443.

Liu Q, Zhang X, Huang S, et al. Exploring Consumers' Buying Behavior in a Large Online Promotion Activity: The Role of Psychological Distance and Involvement [J]. Journal of Theoretical and Applied Electronic Commerce Research, 2020, 15 (1): 66 – 80.

Liu, Qian, et al. Health Communication through News Media During the Early Stage of the COVID – 19 Outbreak in China: Digital Topic Modeling Approach [J]. Journal of Medical Internet Research, 2020, 22 (4): e19118.

Liu, Zhe, Anthony N. Mutukumira, and Hongjun Chen. Food Safety Governance in China: From Supervision to Coregulation [J]. Food Science & Nutrition, 2019, 7 (12): 4127 – 4139.

Luo J, Chen T, Pan J. Evolutionary Dynamics of Health Food Safety Regulatory Information Disclosure from the Perspective of Consumer Participation [J]. Food Science & Nutrition, 2019, 7 (12): 3958 – 3968.

Ma C, Wang D, Hu Z, et al. Considerations of Constructing Quality, Health and Safety Management System for Agricultural Products Sold Via E – commerce [J]. International Journal of Agricultural & Biological Engineering, 2018, 11 (1).

Machado Nardi V A, Auler D P, Teixeira R. Food Safety in Global Supply Chains: A Literature Review [J]. Journal of Food Science, 2020, 85 (4): 883 – 891.

Manning L, Baines R N. Effective Management of Food Safety and Quality [J]. British Food

Journal, 2004, 106 (8): 598 - 606.

Martin T, Dean E, Hardy B, et al. A New Era for Food Safety Regulation in Australia [J]. Food Control, 2003, 14 (6): 429 - 438.

Mirsch T, Lehrer C, Jung R. Digital Nudging: Altering User Behavior in Digital Environments [C]. Proceedings of 13th International Conference on Wirtschaftsinformatik, 2017: 634 - 648.

Morales - de la Peña M, Welti - Chanes J, Martín - Belloso O. Novel Technologies to Improve Food Safety and Quality [J]. Current Opinion in Food Science, 2019, 30: 1 - 7.

Mu W, van Asselt E D, Van der Fels - Klerx H J. Towards a Resilient Food Supply Chain in the Context of Food Safety [J]. Food Control, 2021, 125: 107953.

Mutaqin D J. Determinants of Farmers' Decisions on Risk Coping Strategies in Rural West Java [J]. Climate, 2019, 7 (1): 7.

Nam S. Moderating Effects of Consumer Empowerment on the Relationship between Involvement in Eco - friendly Food and Eco - friendly Food Behaviour [J]. International Journal of Consumer Studies, 2020, 44 (4): 274 - 305.

Niu H M, Wang J Y, Yao X J, et al. Application of Droplet Digital Polymerase Chain Reaction in Food Safety Detection [J]. Journal of Food Safety and Quality, 2020, 11 (24): 9295 - 9300.

Nordhagen S, Lambertini E, DeWaal C S, et al. Integrating Nutrition and Food Safety in Food Systems Policy and Programming [J]. Global Food Security, 2022, 32: 100593.

North D C, Thomas R. The Rise of West World: A New Economic History [M]. Cambridge: Cambridge University Press, 1973: 76107.

Orús C, Gurrea R, Flavián C. Facilitating Imaginations through Online Product Presentation Videos: Effects on Imagery Fluency, Product Attitude and Purchase Intention [J]. Electronic Commerce Research, 2017, 17: 661 - 700.

Otsuki T, Wilson J S, Sewadeh M. Saving Two in a Billion: Quantifying the Trade Eeffect of European Food Safety Standards on African Exports [J]. Food Policy, 2001, 26 (5): 495 - 514.

Panghal A, Chhikara N, Sindhu N, et al. Role of Food Safety Management Systems in Safe Food Production: A Review [J]. Journal of Food Safety, 2018, 38 (4): e12464.

Parreira V R, Farber J M. The Role of Policy and Regulations in the Adoption of Big Data Technologies in Food Safety and Quality [M] //Harnessing Big Data in Food Safety. Cham: Springer International Publishing, 2022: 151 - 160.

Pauline S, Liesbeth J, Peter V. Towards a Food Safety Culture Improvement Roadmap: Diagnosis and Gap Analysis through a Conceptual Framework as the First Steps [J]. Food

Control, 2023, 145.

Pei X, Tandon A, Alldrick A, et al. The China Melamine Milk Scandal and Its Implications for Food Safety Regulation [J]. Food Policy, 2011, 36 (3): 412 - 420.

Peng L, Shui S, Li Z, et al. Food Delivery Couriers and Their Interaction with Urban Public Space: A Case Study of a Typical "Takeaway Community" in the Wuhan Optics Valley Area [J]. Sustainability, 2022, 14 (10): 6238.

Peng L, Zhang W, Wang X, et al. Moderating Effects of Time Pressure on the Relationship between Perceived Value and Purchase Intention in Social E - commerce Sales Promotion: Considering the Impact of Product Involvement [J]. Information & Management, 2019, 56 (2): 317 - 328.

Pererson N A, Lowe J D, Aquilino M L, et al. Linking Social Cohesion and Gender to Intrapersonal and Interactional Empowerment: Support and New Implications for Theory [J]. Journal of Community Psychology, 2005, 33 (2): 233 - 244.

Perkins D D, Zimmerman M A. Empowerment Theory, Research, and Application [J]. American Journal of Community Psychology, 1995, 23 (5): 569 - 579.

Petran R L, White B W, Hedberg C W. Health Department Inspection Criteria More Likely to Be Associated With Outbreak Restaurants in Minnesota [J]. Journal of Food Protection, 2012, 75 (11): 2007 - 2015.

Plambou B A, Gashaw A, Tanguy B, et al. Is the Local Wheat Market a "market for lemons"? Certifying the Supply of Individual Wheat Farmers in Ethiopia [J]. European Review of Agricultural Economics, 2021, 48 (5): 1162 - 1186.

Portanguen S, Tournayre P, Sicard J, et al. Toward the Design of Functional Foods and Biobased Products by 3D Printing: A Review [J]. Trends in Food Science & Technology, 2019, 86: 188 - 198.

Powell A D, Jacob J C, Chapman J B. Enhancing Food Safety Culture to Reduce Rates of Foodborne Illness [J]. Food Control, 2011, 22 (6): 817 - 822.

Prasetya B. Challenge and Innovation on Formulation and Implementation Standard for Agricultural Based Product in New Normal toward Global Food Security [J]. IOP Conference Series: Earth and Environmental Science, 2022, 1024 (1).

Prashar D, Jha N, Jha S, et al. Blockchain - based Traceability and Visibility for Agricultural Products: A Decentralized Way of Ensuring Food Safety in India [J]. Sustainability, 2020, 12 (8): 3497.

Prause L, Hackfort S, Lindgren M. Digitalization and the Third Food Regime [J]. Agriculture and Human Values, 2021, 38: 641 - 655.

Qi L, Xu M, Fu Z, et al. C 2 SLDS: A WSN - based Perishable Food Shelf - life Prediction and LSFO Strategy Decision Support System in Cold Chain Logistics [J]. Food Control, 2014, 38.

Qi X, Chan J H, Hu J, et al. Motivations for Selecting Cross-border E-commerce as a Foreign Market Entry Mode [J]. Industrial Marketing Management, 2020, 89: 50-60.

Qian C, Liu Y, Barnett-Neefs C, et al. A Perspective on Data Sharing in Digital Food Safety Systems [J]. Critical Reviews in Food Science Nutrition, 2022, 63 (33): 1-17.

Resende-Filho M A, Hurley T M. Information Asymmetry and Traceability Incentives for Food Safety [J]. International Journal of Production Economics, 2012, 139 (2): 596-603.

Rezgar M, Yuqing Z. International Diffusion of Food Safety Standards: The Role of Domestic Certifiers and Inernational Trade [J]. Journal of Agricultural and Applied Economics, 2017, 49 (2).

Rijks J M, Montizaan M G E, Dannenberg H, et al. European Community Food Safety Regulations Taking Effect in the Hunted Game Food Chain: An Assessment With Stakeholders in the Netherlands [M] //Game Meat Hygiene: Food Safety and Security. Wageningen Academic Publishers, 2017: 245-258.

Rizou M, Galanakis I M, Aldaboud T M S, et al. Safety of Foods, Food Supply Chain and Environment within the COVID-19 Pandemic [J]. Trends in Food Science & Technology, 2020, 102: 293-299.

Rogers E M, Singhal A. Empowerment and Communication: Lessons Learned from Organizing for Social Change [J]. Annals of the International Communication Association, 2003 (1): 67-85.

Rogers R W. A Protection Motivation Theory of Fear Appeals and Attitude Change [J]. The Journal of Psychology, 1975, 91 (1): 93-114.

Rosenthal A, Guedes A M M, dos Santos K M O, et al. Healthy Food Innovation in Sustainable Food System 4.0: Integration of Entrepreneurship, Research, and Education [J]. Current Opinion in Food Science, 2021, 42: 215-223.

Rungtusanatham M, Wallin C, and Eckerd S. The Vignette in a Scenario-based Role-playing Experiment [J]. Journal of Supply Chain Management, 2011, 47 (3): 9-16.

Samuel E, Alex O, Chibuzo O. Organisational Learning and Sustainability of Service-based Firms: A Canonical Correlation Analysis [J]. International Journal of Construction Management, 2023, 23 (13).

Sanlier N, Konaklioglu E. Food Safety Knowledge, Attitude and Food Handling Practices of Students [J]. British Food Journal, 2012, 114 (4): 469-480.

Santeramo F G, Lamonaca E. Objective Risk and Subjective Risk: The Role of Information in

Food Supply Chains [J]. Food Research International, 2021, 139: 109962.

Seaman P, Eves A. The Management of Food Safety: The Role of Food Hygiene Training in the UK Service Sector [J]. International Journal of Hospitality Management, 2006, 25 (2): 278 - 296.

Seghezzi A, Mangiaracina R. On - demand Food Delivery: Investigating the Economic Performances [J]. International Journal of Retail & Distribution Management, 2021, 49 (4): 531 - 549.

Slovic P. Perception of Risk [J]. Science, 1987, 236 (4799): 280 - 285.

Smigic N, Djekic I, Martins M L, et al. The Level of Food Safety Knowledge in Food Establishments in Three European Countries [J]. Food Control, 2016, 63: 187 - 194.

Soloman B B. Empowerment: Social Work in Oppressed Communities [M]. New York: Columbia University Press, 1976: 16 - 18.

Song C, Guo C, Hunt K, et al. An Analysis of Public Opinions Regarding Take - away Food Safety: A 2015 - 2018 Case Study on Sina Weibo [J]. Foods, 2020, 9 (4): 511.

Song J, Zahedi F. Web Design in E - commerce: A Theory and Empirical Analysis [J]. ICIS 2001 Proceedings, 2001, 24: 205 - 220.

Soroya S H, Farooq A, Mahmood K, et al. From Information Seeking to Information Avoidance: Understanding the Health Information Behavior during a Global Health Crisis [J]. Information Processing & Management, 2021, 58 (2): 102440.

Spreitzer G M. Social Structural Characteristics of Psychological Empowerment [J]. Academy of Management Journal, 1996, 39 (2): 483 - 504.

Spreitzer M G. Psychological Empowerment in the Workplace: Dimensions, Measurement, and Validation [J]. The Academy of Management Journal, 1995, 38 (5): 1442 - 1465.

Swift C, Levin G. Empowerment: An Emerging Mental Health Technology [J]. Journal of Primary Prevention, 1987, 8: 71 - 94.

Tang E, Fryxell G E, Chow C S F. Visual and Verbal Communication in the Design of Eco - label for Green Consumer Products [J]. Journal of International Consumer Marketing, 2004, 16 (4): 85 - 105.

Thomas K W, Velthouse B A. Cognitive Elements of Empowerment: An "interpretive" Model of Intrinsic Task Motivation [J]. Academy of Management Review, 1990, 15 (4): 666 - 681.

Tolstoy D, Nordman E R, HåNell S M, et al. The Development of International E - commerce in Retail SMEs: An Effectuation Perspective [J]. Journal of World Business, 2021, 56 (3): 101165.

Trope Y, Liberman N, Wakslak C. Construal Levels and Psychological Distance: Effects on

Representation, Prediction, Evaluation, and Behavior [J]. Journal of Consumer Psychology, 2007, 17 (2): 83 – 95.

Trudel R. Sustainable Consumer Behavior [J]. Consumer Psychology Review, 2019, 2 (1): 85 – 96.

Unnevehr L J, Jensen H H. HACCP as a Regulatory Innovation to Improve Food Safety in the Meat Industry [J]. American Journal of Agricultural Economics, 1996, 78 (3): 764 – 769.

Uyttendaele M, Franz E, Schlüter O. Food Safety, a Global Challenge [J]. International Journal of Environmental Research and Public Health, 2016, 13 (1): 67.

Vanderroost M, Ragaert P, Devlieghere F, et al. Intelligent Food Packaging: The Next Generation [J]. Trends in Food Science & Technology, 2014, 39 (1): 47 – 62.

Vega – Zamora M, Torres – Ruiz F J, Parras – Rosa M. Towards Sustainable Consumption: Keys to Communication for Improving Trust in Organic Foods [J]. Journal of Cleaner Production, 2019, 216: 511 – 519.

Vemula S R, Gavaravarapu S R M, Mendu V V R, et al. Use of Food Label Information by Urban Consumers in India – A Study among Supermarket Shoppers [J]. Public Health Nutrition, 2014, 17 (9): 2104 – 2114.

Wallace C A, Sperber W H, Mortimore S E. Food Safety for the 21st Century: Managing HACCP and Food Safety throughout the Global Supply Chain [M]. John Wiley & Sons, 2018.

Ware C. Information Visualization: Perception for Design [M]. Morgan Kaufmann, 2019.

Weber E U, Blais A R, Betz N E. A Domain – specific Risk – attitude Scale: Measuring Risk Perceptions and Risk Behaviors [J]. Journal of Behavioral Decision Making, 2002, 15 (4): 263 – 290.

Wengle S. When Experimentalist Governance Meets Science – based Regulations: The Case of Food Safety Regulations [J]. Regulation & Governance, 2016, 10 (3): 262 – 283.

Wessler R A, Wessler R L. The Principle and Practice of Rational – Emotive Therapy [M]. San Francisco: Jossey – Bass Publishers, 1980.

Wiśniewska M. Just Culture and the Reporting of Food Safety Incidents [J]. British Food Journal, 2023, 125 (1).

Wiśniewska, Małgorzata, and Eugenia Czernyszewicz. Survey of Young Consumer's Attitudes Using Food Sharing Attitudes and Behaviors Model [J]. British Food Journal, 2023, 125 (1): 242 – 261.

Wilk V, Harrigan P, Soutar G N. Navigating Online Brand Advocacy (OBA): An Exploratory Analysis [J]. Journal of Marketing Theory and Practice, 2018, 26 (1 – 2): 99 – 116.

Wilson T P, Clarke W R. Food Safety and Traceability in the Agricultural Supply Chain: Using the Internet to Deliver Traceability [J]. Supply Chain Management: An International Journal, 1998, 3 (3): 127-133.

Wolfinbarger M, Gilly M C. Shopping Online for Freedom, Control, and Fun [J]. California Management Review, 2001, 43 (2): 34-55.

Wu Y, Liu P, Chen J. Food Safety Risk Assessment in China: Past, Present and Future [J]. Food Control, 2018, 90: 212-221.

Xi X, Wei S, Lin K L, et al. Digital Technology, Knowledge Level, and Food Safety Governance: Implications for National Healthcare System [J]. Frontiers in Public Health, 2021, 9: 753950.

Xiong X, Yuan F, Huang M, et al. Comparative Evaluation of Web Page and Label Presentation for Imported Seafood Products Sold on Chinese E-commerce Platform and Molecular Identification Using DNA Barcoding [J]. Journal of Food Protection, 2020, 83 (2): 256-265.

Xu Y, Li X, Zeng X, et al. Application of Blockchain Technology in Food Safety Control: Current Trends and Future Prospects [J]. Critical Reviews in Food Science and Nutrition, 2022, 62 (10): 2800-2819.

Yang R, Du R, Qi Y, et al. Influence of Traceability Information Display on Consumption-Behaviour in Cross-Border E-Commerce [R]. EasyChair, 2022.

Yi Y, Gong T. Customer Value Co-creation Behavior: Scale Development and Validation [J]. Journal of Business Research, 2013, 66 (9): 1279-1284.

Yiannas F. A New Era of Food Transparency Powered by Blockchain [J]. Innovations: Technology, Governance, Globalization, 2018, 12 (1-2): 46-56.

Yin C, Li K, Zhang Y, et al. Research on Digital Lifestyle and Food Safety Risk Information Sharing Intention [C] //2019 International Joint Conference on Information, Media and Engineering (IJCIME). IEEE, 2019: 251-255.

Yu L, Li H, He W, et al. A Meta-analysis to Explore Privacy Cognition and Information Disclosure of Internet Users [J]. International Journal of Information Management, 2020, 51: 102015.

Yu Z, Jung D, Park S, et al. Smart Traceability for Food Safety [J]. Critical Reviews in Food Science and Nutrition, 2022, 62 (4): 905-916.

Zaichkowsky, Judith Lynne. The Personal Involvement Inventory: Reduction, Revision, and Application to Advertising [J]. Journal of Advertising, 1994, 23 (4): 59-70.

Zha X, Yang H, Yan Y, et al. Exploring the Effect of Social Media Information Quality, Source Credibility and Reputation on Informational Fit-to-task: Moderating Role of Focused Immersion [J]. Computers in Human Behavior, 2018, 79: 227 - 237.

Zhang J, Cai Z, Cheng M, et al. Association of Internet Use with Attitudes toward Food Safety in China: A Cross - sectional Study [J]. International Journal of Environmental Research and Public Health, 2019, 16 (21): 4162.

Zhang M, Jin Y, Qiao H, et al. Product Quality Asymmetry and Food Safety: Investigating the "one farm household, two production systems" of Fruit and Vegetable Farmers in China [J]. China Economic Review, 2017, 45: 232 - 243.

Zhang, Xin, et al. Blockchain - based Safety Management System for the Grain Supply Chain [J]. IEEE Access 8 (2020): 36398 - 36410.

Zhao G, Liu S, Lopez C, et al. Blockchain Technology in Agri - food Value Chain Management: A Synthesis of Applications, Challenges and Future Research Directions [J]. Computers in Industry, 2019, 109: 83 - 99.

Zhao J, Gerasimova K, Peng Y, et al. Information Asymmetry, Third Party Certification and the Integration of Organic Food Value Chain in China [J]. China Agricultural Economic Review, 2020, 12 (1).

Zhao Y, Talha M. Evaluation of Food Safety Problems Based on the Fuzzy Comprehensive Analysis Method [J]. Food Science and Technology, 2021, 42: e47321.

Zhou J, Jin Y, Liang Q. Effects of Regulatory Policy Mixes on Traceability Adoption in Wholesale Markets: Food Safety Inspection and Information Disclosure [J]. Food Policy, 2022, 107: 102218.

Zhou L, Zhang C, Liu F, et al. Application of Deep Learning in Food: A Review [J]. Comprehensive Reviews in Food Science and Food Safety, 2019, 18 (6): 1793 - 1811.

Zhou, Weike, et al. Effects of Media Reporting on Mitigating Spread of COVID - 19 in the Early Phase of the Outbreak [J]. Mathematical Biosciences and Engineering, 2020, 17 (3): 2693 - 2707.

Zhu W, Mou J, Benyoucef M. Exploring Purchase Intention in Cross - border E - commerce: A Three Stage Model [J]. Journal of Retailing and Consumer Services, 2019, 51: 320 - 330.

Zhu, Xinyi, Iona Yuelu Huang, and Louise Manning. The Role of Media Reporting in Food Safety Governance in China: A Dairy Case Study [J]. Food Control, 2019, 96: 165 - 179.

Zohra G, Maher T. The Antecedents of the Consumer Purchase Intention: Sensitivity to Price and Involvement Inorganic Product: Moderating Role of Product Regional Identity [J]. Trends in Food Science & Technology, 2019, 90: 175 - 179.

后　记

　　食品安全是关乎全球和谐稳定的重大战略问题。食品安全是构建"大食物观"供给体系、实施乡村振兴战略、助力膳食结构优化、推进生态文明建设及促进世界繁荣兴盛的重要基点。在食品安全战略不断推进的背景下，将食品安全纳入中国式现代化范畴，是对中国式现代化这个时代命题的理论探索和实践创新。食品安全现代化是中国式现代化的重要基础，也是我国驱动食品产业高质量发展、提升人民群众幸福感和获得感、迈进全面建设社会主义现代化国家新征程的必然举措。数字经济的迅猛发展加快跨境电商、数字餐饮服务等新场景、新业态、新模式的涌现，同时带来源头风险难识别、智慧监管难应用、主体素养难提升等巨大挑战。数字经济赋能食品安全现代化进程面临优质供给难革新、冷链流通难推广、营养需求难转型、生态场景难搭建、智慧监管难应用等问题，亟需厘清其演进逻辑与理论框架、辨析其面临窘境与关键症结、探究其实践视角与多维探索、提出其未来愿景与支撑保障，这对驱动消费者膳食营养健康转型、助力食品产业高质量发展、践行"大食物观"食品安全战略尤为重要。

　　近年来，我们长期开展食品安全数字化治理、食品安全现代化治理及食品安全与消费者行为的科学研究。在主持完成国家社科基金青年项目"供应链核心企业主导的农产品质量安全管理研究"、国家自然科学基金青年项目"农产品伤害危机责任归因与消费者逆向行为形成机理研究"和国家自然科学基金面上项目"生鲜电商平台产品质量安全风险社会共治研究""消费者食品安全风险响应与引导机制研究：以跨境电商为例"过程中，我们在《China Management Study》（SSCI收录）《管理评论》《中国农村经济》《农业经济问题》《农业技术经济》《改革》《经济管理》《人文杂志》《东岳论丛》等国内外权威期刊上发表学术论文80余篇。在上述课题研究成果基础上，我们深化食品安全管理理论研究和定量化研究，努力在研究角度、研究内容和研究方法等方面进行积极探索，探索具有中国特色并为全球食品安全多方主体所借鉴的管理理论与方法，为加强我国食品安全管理提供科学依据和管理启示。

本书主要是我们和研究生团队合作完成的科研成果。其中，张蓓负责本书的总体框架设计以及各章提纲构建、主体内容撰写、修改润色和总体把关等，并负责全书的统稿。马如秋负责第一章、第二章、第三章、第四章、第五章、第六章、第七章、第八章、第十一章、第十二章、第十三章和第十四章的写作。朱吉婵负责第一章、第八章、第九章、第十章和第十一章的写作及全书校对。张雅竹参与了第二章、第十章和第十一章的写作；黄圆珍参与了第七章和第十一章的写作；招楚尧参与了第九章和第十一章的写作；区金兰和胡金月参与了第十一章的写作；吴婷参与了第十一章和第十四章的写作；杨颖和方静参与了第八章的写作；黄蕙翰参与了第十章的写作；张诚参与了参考文献汇编和校对。研究生团队还参与了本书的问卷调查、数据录入和分析等工作。还在写作过程中引用并参考了许多国内外学者的研究成果，我们在参考文献中一一加以标注，在此深表感谢！

践行大食物观，守护"舌尖上的安全"任重而道远。在数字经济蓬勃发展背景下开启食品安全现代化新征程，其机遇与挑战并存，亟需加强理论研判与实践探索。在以往长期研究中我们积累了较为丰硕的相关研究成果，我们将坚守"持续开展食品安全管理研究"的初心，以此书研究框架为依托，向广大读者们奉献更多、更好的研究成果。

张　蓓　马如秋　朱吉婵

二零二三年秋于华南农业大学